ハヤカワ文庫NF

〈NF363〉

〈数理を愉しむ〉シリーズ

リスク・リテラシーが身につく統計的思考法

初歩からベイズ推定まで

ゲルト・ギーゲレンツァー

吉田利子訳

早川書房

6631

CALCULATED RISKS

How to Know When Numbers Deceive You

by

Gerd Gigerenzer

Translated by
Toshiko Yoshida
Published 2010 in Japan by
HAYAKAWA PUBLISHING, INC.
This book is published in Japan by
direct arrangement with
BROCKMAN, INC.

母に

目次

第一部　知る勇気

リスク・リテラシーが身につく統計的思考法

初歩からベイズ推定まで

第一部　知る勇気

1　不確実性

死と税金のほかには、確実なものは何もない。
——ベンジャミン・フランクリン

スーザンの悪夢

一九九〇年代半ば、定期健康診断でヴァージニアの病院に行った二六歳のシングル・マザー、スーザンはＨＩＶ検査を受けた。違法ドラッグの経験はあるが、静脈注射はしなかったし、ＨＩＶ感染の危険があるとは思っていなかった。しかし数週間後に出た結果は陽性だった。当時としては死病の告知を受けたのと同じだ。スーザンはショックで頭がおかしくなりそうだった。噂が広まって、感染を恐れた同僚たちはスーザンのデスクの受話器に触れようとしなくなり、結局、彼女は仕事を失った。やがてスーザンはＨＩＶ感染者のための共同施設に移った。そこで六人の住人と避妊具を使わずにセックスした。「どうせもうウイルスに感染しているのだから、予防したってしょうがない」と思ったからだ。病気をうつしてはいけないので七歳の息子にキスするのもやめたし、食事の用意をしてやるのさえ不安だった。息子の健康を守ろうと物理的に遠ざけなければならないのは、とても辛いことだった。何カ月かして、彼女は気管支炎になった。治療してくれた医師は、HIV感染を調べる血液検査をしようと言った。「いまさら、どうして?」と彼女は思った。

検査結果は陰性だった。最初の検査で採取された血液サンプルが再検査され、これも陰性という結果が出た。いったい何があったのか? ヴァージニアの病院でデータがコンピュータに打ち込まれるとき、スーザンの検査結果とHIV陽性患者の検査結果がたまたま入れ替わったらしかった。この間違いはスーザンに誤った絶望を与えただけではなく、べつの患者に誤った希望を与えたわけである。

HIV検査結果に偽陽性があるとは、スーザンは知らなかった。病院関係者は一度も、それぞれの血液サンプルについて二つのHIV検査(ELISA法とウェスタン・ブロット法)を行なっている研究所が時々ミスを犯すなどと教えてはくれなかった。それどころかHIV検査の結果は絶対に間違いない、と繰り返して言われた。一方の結果が偽陽性だとしても、もうひとつの検査でも陽性と「確認」されれば、その診断は絶対確実だということだった。

結局、スーザンは誤診されて九カ月も苦しんだのだが、それもこれも理由はたったひとつ、病院関係者がHＩＶ検査に間違いはないと信じ込んでいたためだった。その後、スーザンは検査結果が確実だと誤解させて苦しめたと医師を告訴した。裁判は多額の和解金で決着し、スーザンは家を購入した。またドラッグをやめ、信仰に目覚めた。悪夢はスーザンの人生を変えた。

プロザックの副作用

友人の精神科医はうつ病患者にプロザックを処方している。薬の多くがそうであるように、プロザックにも副作用がある。友人は患者ひとりひとりに、この薬をのむと三〇パーセントから五〇パーセントの確率で性的問題、つまり勃起不全や性的関心の喪失が起こることがあります、と説明してきた。これを聞くと、患者の多くは不安な落ち着かないようすになった。しかし、さらに詳しいことを尋ねようとはしなかった。それが友人には不思議だった。本書で紹介する考え方を知ったあと、友人はリスクを説明する方法を変えた。いまでは、プロザックを処方した患者一〇人のうち三人から五人くらいが性的問題を経験します、と説明する。数学的にはこの数字と以前のパーセンテージとは同じことを意味している。しかし心理的には大違いなのだ。パーセンテージではなく頻度で副作用のリスクの説明をすると、以前の患者ほどプロザックをのむのを不安に思わないらしい。さらに、自分がその三人か五人のうちの一人だったらどうすればいいでしょうか、と尋ねてくる。ここにいたって初めて精神科医は、「三〇パーセントから五〇パーセントの確率で性的問題が生じる」という言葉の意味を患者がどう理解しているか、一度もチェックしたことがないのに気づいた。結局、患者の多くは自分の性的出会いのうち三〇パーセントから五〇パーセントが失敗に終わるのだろう、と思っていたことがわかった。友人の精神科医は何年ものあいだ、自分が言ったつもりのことと患者が聞き取ったことには違いがあるのを知らなかったのである。

最初の乳房X線検査《マンモグラフィー》

女性が四〇歳になると、かかりつけの産婦人科医はふつう、そろそろ二年に一度は乳房X線検査をしたほうがいいですね、と言う。家族的なつきあいのある友人で、乳がんの症状もなく、近親者にがん患者もいない女性を考えてみよう。医師の助言に従って彼女は最初の乳房X線検査を受ける。結果は陽性だった。彼女は、この結果を知って涙にくれつつ、陽性とはどういう意味なのだろうと考えている。あなたは彼女にどう話をすればいいだろう。彼女は絶対確実に乳がんなのだろうか、それともその確率は九九パーセントか、九五パーセントか、九〇パーセントか、五〇パーセントか、それ以下なのか？

この疑問に答えるために必要な情報を、二つのやり方でお教えしよう。まず、ふつうの医学文献のように確率を示す。わけがわからない、とお思いになったとしても、心配はいらない。ほとんどとは言わないまでも、多くのひとは混乱する。それがこの実験の眼目なのだから。次に同じ情報を、混乱を洞察に変えるやり方でお教えする。では、用意はよろしいかな？

四〇歳の女性が乳がんにかかる確率は一パーセントである。また乳がん患者が、乳房X線検査で陽性になる確率は九〇パーセントである。乳がんではなかったとして、それでも検査結果が陽性になる確率は九パーセントである。さて、検査結果が陽性と出た女性が実際に乳がんである確率はどれくらいか？

たぶん、回答への道は五里霧中じゃないかと感じておられるだろう。しばし霧をそのままにして、混乱を味わっていただきたい。あなたと同じ状況に置かれれば、たいていのひとは、友人の検査結果は陽性だったのだから乳がんである確率は九〇パーセントではないか、と考える。だが、確信はもてない。確率をどう判断していいか、わからないからだ。

さて今度は同じ情報を確率ではなくわたしが「自然頻度」と呼ぶものでお教えしよう。

一〇〇人の女性を考えよう。このうち一人は乳がんで、たぶん検査結果は陽性である。乳がんではない残りの九九人のうち、九人はやはり検査結果が陽性になる。したがって、全部で一〇人が陽性である。陽性になった女性たちのうち、ほんとうに乳がんなのは何人だろう?

今度は検査結果が陽性と出た女性のうち、ほんとうに乳がんにかかっているのは一名ということが簡単におわかりになっただろう。したがって友人が乳がんである確率は九〇パーセントではなく、一〇パーセントだ。あなたの頭のなかの霧も晴れたことと思う。乳房X線検査が陽性だというのは良いニュースではない。だが、関連の情報を自然頻度で考えれば、検査結果が陽性と出たからといって、大半は乳がんではないことが理解できる。

DNA検査

あなたが殺人の容疑で裁判にかけられたと想像してほしい。あなたが有罪だという証拠はたったひとつ、だがそれが決定打になるかもしれない。あなたのＤＮＡが被害者から発見されたものと一致した。この一致は何を意味するか？　裁判所は専門家を証人として召喚し、専門家はこう証言した。

「この一致が偶然である可能性は一〇万分の一です」

あなたはもう刑務所入りは免れないと思うだろう。だが、この専門家が同じ情報を違った表現で伝えたらどうだろう。

「一〇万人に一人は一致するでしょう」

それでは、と当然考えることになる。この殺人を犯した可能性がある人間は何人いるのか？　あなたが成人人口一〇〇万人という都会に住んでいれば、ＤＮＡが被害者から発見されたサンプルと一致する市民は一〇人いる。この証拠だけであなたが刑務所に放り込まれるとは考えにくい。

テクノロジーには心理学が必要

スーザンの苦しみは確実性の幻を物語っている。プロザックとＤＮＡの話の要点は、リスクの伝え方ということだ。乳房Ｘ線検査のシナリオのテーマは、数字から結論を引き出すとはどういうことか、である。この本では、この種の状況で使えるツールをお教えする。つまり、不確実性をどう理解し、伝えるかということだ。

単純なツールのひとつは、わたしが「フランクリンの法則」と呼ぶものである。「死と税金のほかには、確実なものは何もない」ということだ。スーザンが（それに医師たちが）学校でこの法則を学んでいたら、すぐに違う血液サンプルでもう一度ＨＩＶ検査をしてくれと言っただろうし、たぶんそれで、ＨＩＶと診断されて暮らすという悪夢を経験せずにすんだだろう。しかし、だからといって第二の検査結果が絶対的に確実だというのではない。最初の検査結果の間違いが、二つの検査結果の取り違えという偶然のせいだったら、第二の検査でそれが判明するだろう（実際にあとで判明したように）ということだ。そうではなく、間違いが彼女の血液中にＨＩＶ抗体とそっくりの抗体があるためだったとしたら、第二の検査で第一の検査結果が裏づけられるだろう。だが間違いのリスクがどのようなものであれ、検査結果は絶対ではないと彼女に説明する責任が医師にはあった。残念なことにスーザンのケースは例外ではない。本書には医学専門家、法律の専門家、その他の専門職がしろうとに、DNA鑑定やHIV検査その他の現代技術は絶対に間違わない、と断言する事例が登場するはずだ。

フランクリンの法則は、わたしたちが不確実性という薄闇のなかで暮らしていることを思い出し、確実性という幻に惑わされないように気をつけるのに役立つ。だが、一歩進んでリスクをどう扱うかは教えてくれない。その一歩は先のプロザックの話のなかで説明したリスク理解の助けになる心理的ツールにある。「リスクについて考え、語るときには、確率ではなく頻度を使え」というものだ。これから見るように頻度のほうがリスクを伝えやすい理由はいくつかある。「三〇パーセントから五〇パーセントの確率で性的問題が生じる」という精神科医の言葉では「頻度のもとになる集団」がわからない。そのパーセンテージはプロザックを服用する患者集団についていっているのか、それともある個人の性的出会いについていっているのか？　精神科医からすればプロザックを服用する患者であることははっきりしているが、患者のほうは自分個人の性的出会いのことだと思う。それぞれが自分の立場で頻度のもととなる集団を選択している。だが、「一〇人の患者のうち三人」というふうに頻度で表わせば、基本の集団がはっきりするから誤解は減る。

わたしはこの本で、最新のテクノロジーの世界につきまとう多くの不確実性をみなさんがもっとよく理解できるよう、心理的なツールをご紹介しようと思う。最高のテクノロジーも理解されてこそ価値があるのだから。

2 確実性という幻

知る勇気をもて！

——カント

基本的に人間には確実性を求めたがる心理的傾向があるようだ。単純な対象を見るときの視覚にも、この傾向が反映されている。知覚システムは無意識レベルで機械的に不確実性を確実性に変える。たとえば奥行きの両義性と奥行きの錯覚がそれである。図２－１のネッカー・キューブには奥行きの両義性がある。二次元の線画ではどの面が表でどの面が裏だかわからないからだ。ただし、この図を見るとき、両義性のある奥行きは見えない。瞬間的に見ているのは、どちらかの図形だ。だがじっと見ていると、見方がくるりと変わることに気づくだろう。さっきとは別の見方をしている。それでも同時に二つの見方をすることはない。

奥行きの錯覚を示すロジャー・シェパードの「向きを変えたテーブル」（図２－２）を

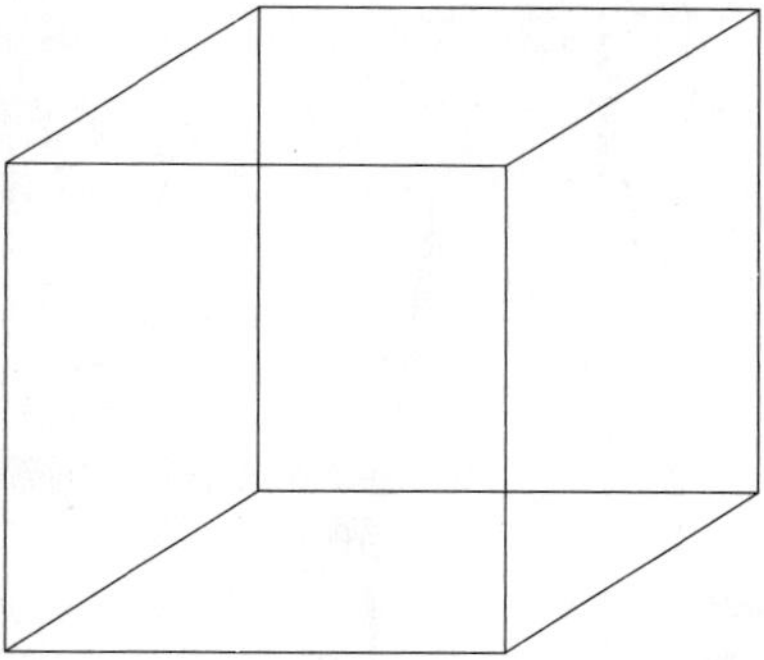

図2-1　ネッカー・キューブ。図を見つめていると、2つの見方を行ったりきたりすることがわかる。ひとつは手前に飛び出している立方体、もうひとつは引っ込んでいる立方体である。

見ると、人間の知覚システムが不確実な手がかりから確実性をつくり上げることがわかる。みなさんはたぶん、左側のテーブルのほうが右側のテーブルより細長いと思われるだろう。だがこの二つのテーブルはまったく同じ形、同じ面積だ。図形を図ってみればわかる。ある講演のとき、この図形を使ったことがある。聴衆の医師たちが抱く（間違いは多いかもしれないが、正しいか間違っているかのどちらかで、疑わしいのではないという）確信に疑問を投げかけたかったからだ。ところが医師の一人はどうしてもテーブルの形が同じだと信じようとはしなかった。いくら賭けますかと聞くと、彼は二五〇ドルと答えた。講演が終わるころ、その医師の姿は消えていた。

わたしたちの心には何が起こっているのだ

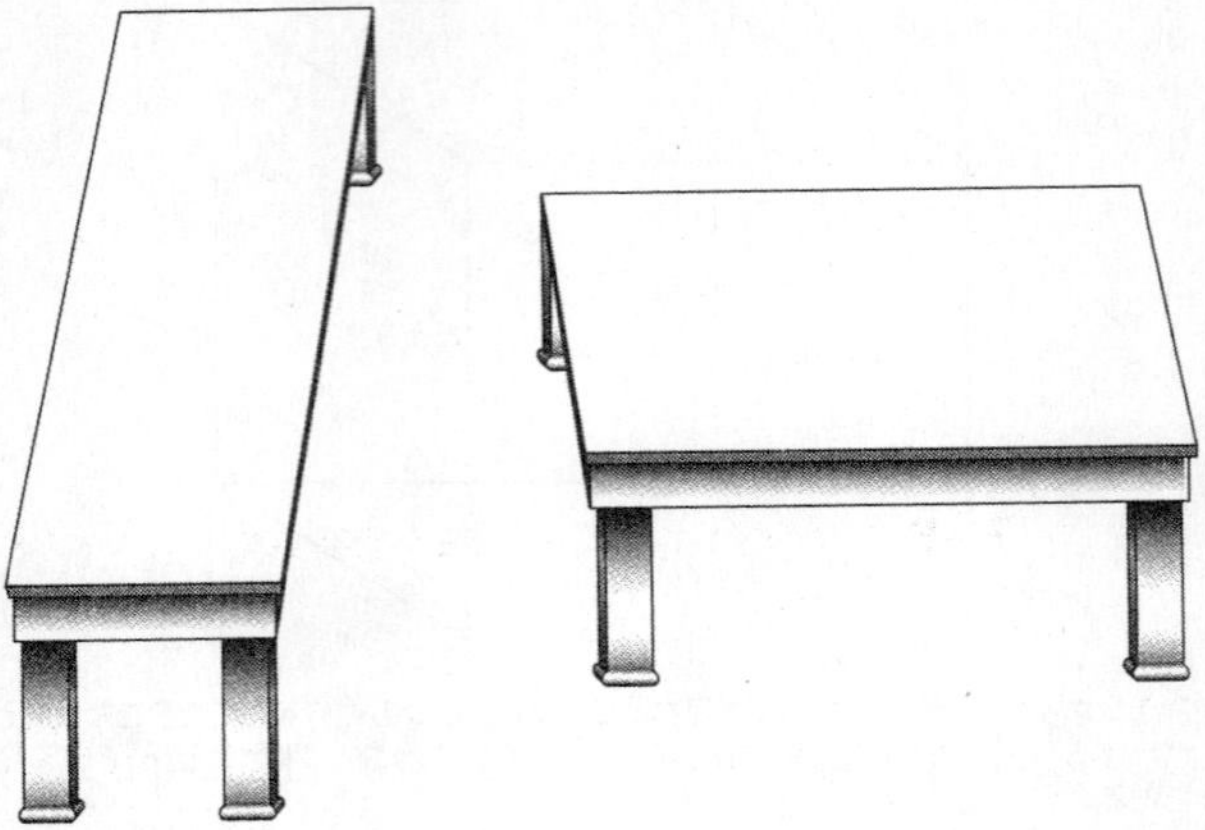

図 2-2　向きを変えたテーブル。この２つのテーブルは大きさも形もまったく同じだ。この錯覚図形はロジャー・シェパードの作品。（1990）（Reproducted with permission of W.H.Freeman and Company.）

ろう？　人間の知覚システムは無意識のうちに不十分な情報（この場合で言えば二次元の絵）から三次元の物体をつくり上げる。二つのテーブルの長いほうの側面を考えてみよう。網膜には同じ長さが投影されている。だが絵のなかの知覚的な手がかりは、左側のテーブルの長いほうの側面は奥に延びているが右側のはそうではないと感じさせる（短い側面については逆）。知覚システムは網膜に映じた線について、奥に延びているほうが実際にはもう一つの線より長いと判断し、修正を加えているのだ。この修正によって左側のテーブルのほうが細長く見える。

ただし知覚システムが幻の確実性にだまされるわけではないことにご注意いただきたい。幻の確実性を体験しているのは、わたしたちの意識だ。知覚システムは不十分で両義性のある情報を分析し、いちばんあたっていそうな推量を決定的製品として意識に「売り込む」。奥行きや方向、長さに関する推論は神経機構によって機械的に提供される。つまり、錯覚についてどれほど理解したとしても、錯覚そのものは事実上、克服できない。二つのテーブルをもう一度見ていただきたい。錯覚だとわかってもやはり違った形に見えるはずだ。何が起こっているか理解したのちも、無意識はあいかわらず同じ推量を意識に送り続ける。一九世紀の偉大な科学者ヘルマン・フォン・ヘルムホルツは知覚の推論的な性格を指して「無意識の推論」という言葉を使った。確実性という幻は、大きさや形という最も初歩的な知覚体験にすでに現われている。だがつくられた確実性を信じてしまうのは、直接的な知覚体験の場合だけではない。

技術と確実性

指紋は絶対だと思われてきた。指紋とはそれぞれの個人に独特のもので、幼いころから年を取るまで変わらない。同じ遺伝子をもつ一卵性双生児でも、指紋は異なる。犯罪現場で発見された指紋と容疑者の指紋が一致したら、陪審員は誰も無罪とは考えないだろう。指紋という証拠は絶対に確かなもの、フランクリンの法則の大いなる例外のように思われる。

指紋の活用に科学的な根拠を与えたのは一九世紀イギリスの科学者で、チャールズ・ダーウィンの従兄弟にあたるサー・フランシス・ゴルトンだった。ゴルトンは指紋を構成する弧や渦巻き、輪に目をつけ、任意の二つの指紋が一致する確率は六四〇億分の一と推計した。ゴルトンは指紋全体を考えたのではなく、指紋の流れが途切れたり枝分かれしたりしている部分（「類似性のポイント」）に着目した。彼の場合はすべてのポイントを使うと推定していて、ふつう指紋にはそのようなポイントが三五から五〇ある。しかし現在、容疑者と犯罪現場で発見された指紋を照合する場合には、八から一六ポイントを比較し、これが一致すれば一致と判断する（場所によっては違うところもある）。ところがイギリスではポイントごとの比較に頼るのではなくて、鑑定者の全体的な印象を基準にする方法がとられている。この方法だと一致するかしないかは主観的な判断に左右される。しかも――ポイントの照合と全体的な印象の――どちらの方法の有効性も科学的に検証されていない。指紋専門家には判断根拠になる統計はほとんどないのである。

実際に犯罪現場で発見される指紋には、ことを複雑化させる二つの要素が入り込む。たいていは指紋が不完全なこと、それに「潜在」指紋であることだ。指紋が不完全であれば、全部ではなくて一部のポイントしか照合できない。ゴルトンの統計的分析と現代の応用も、この場合にはあまり有効ではない。第二の複雑化の要素は、犯罪現場で発見されるのはほとんどが潜在指紋だということである。これらの指紋は化学薬品で処理するか、紫外線を当てて見えるようにして、作業しなければならない。このようなフィルターのかかった証拠と、コントロールされた状況で採取された容疑者のはっきりした指紋を照合することに、どれほどの信憑性があるのだろうか？ これらの不確実性と手続き上の困難さを考えた場合、指紋はどこまで確実な証拠なのだろう？ 答えはわからない。信頼できる科学的研究は見あたらない。

ただ、最近アメリカ連邦捜査局（ＦＢＩ）が初めて、指紋の信憑性についてテストを行なった。一九九八年、一九九一年にペンシルヴェニアで起こった強盗事件で逃亡用の車を運転した罪に問われたバイロン・ミッチェルという人物が控訴した。一審の有罪判決の根拠は二つの潜在指紋で、ひとつは問題の車のハンドル、もうひとつはシフトレバーで発見された。ＦＢＩは一致したとされる指紋の信憑性を調べることにし、潜在指紋とミッチェル氏の指紋を各州法執行機関の五三の研究所に送った。回答があった三五の研究所のうち八カ所は一方の指紋に一致が認められなかったと答え、六カ所がもう一方の指紋が一致しなかったと答えた。平均して五回に一回は一致しなかったことになる。この結果は指紋の信憑性にかなりの疑問を投げかけている。アメリカ司法研究所はやっと指紋の効力について調べる研究に資金を出すことを決めた。

指紋はゴルトンの推論に基づき、一世紀以上も確実な証拠として認められてきた。だがゴルトンの推測は理想的な条件を想定しているが、不完全な潜在指紋という実世界ではそんな理想的な条件はあり得ない。ゴルトンの独創的な研究から一〇〇年近くたって、DNA鑑定が法廷に導入され、公的当局や多くの専門家はこの新しい技術に確実性という幻を被いかぶせた。第10章で見るとおり、DNA鑑定も「絶対確実」だと宣言されている。指紋、DNA鑑定、HIV検査その他の優れた新しいテクノロジーには絶対に間違いはないというフィクションは、夜毎に現われては無意識の深い願望を満たしてくれる夢のようなものなのである。

権威と確実性

わたしは子どものころ、サクランボを食べたあとは決して水を飲んではいけない、と言い聞かされた。水を飲めば具合が悪くなり、悪くすると死んでしまうというのだ。この警告を疑おうという気はまったく起こらなかった。ところがある日、イギリス人の友人とたらふくサクランボを食べることになったが、この友人は水を飲むと危険だという話は聞いたことがなかった。ぞっとしたことに、友人はサクランボをいくつか食べたあと、水のグラスに手をのばした。わたしは止めようとしたが、無駄だった。彼は笑い飛ばしただけで水を飲み、何事も起こらなかった。死ぬどころか、気分が悪くもならなかった。この経験がわたしの誤解を正してくれた。サクランボについてのわたしの思い込みには、ほかの多くの食品や食べ方の信念と同じく根拠がなかった。ただし、だからといってこの種の思い込みが常に間違いだというのではない。食べ物や健康、その他生死に直接かかわることについて、警告を無批判に受け入れるという一般的な傾向には根拠がないわけではない。この場合には、どの食べ物が毒でどれが無害かというような危険の可能性については、直接試してみようとするよりも幻の確実性を信じ込むほうが適応的で、人類、とくに子どもたちを長年守ってきたのだろう。同じく幼い子どもたちが価値観やルール、物語などをすなおに信じることも、社会集団や文化に溶け込みやすくさせる。社会的なしきたりは――家族で学ぶものでも、もっと広く文化集団から学ぶものでも――初歩的な知覚と同じように幻の確実性の源泉なのである。

幻の確実性は人間の知覚的、感情的、文化的遺産の一部だ。この幻の確実性は環境について、必ずしも正しくはないにしても有効なイメージを与えてくれるし、同時に安全だという安心感を与えてくれる。本屋に行って宗教や精神世界のコーナーをのぞいてみれば、いかに多くのひとが手っ取り早い信念を得たがっているかがよくわかるだろう。人間は歴史を通じて宗教、占星術、占いなど、確実性を約束してくれる信念体系を生み出してきた。人々——とくにひどく苦しんでいる人々——は、これらのなかに安らぎを見出す。確実性は商品になった。この商品は保険会社、投資アドバイザー、選挙キャンペーン、医療業界などによって、世界中で販売されている。一七世紀のヨーロッパでは、生命保険を買うとは、著名人の寿命を相手に賭けをすることだった。たとえばパリ市長は三年以内に死ぬか、というぐあいだ。市長が賭けた期間内に死ねば、ちょっとした金が転がり込む。現在の保険会社は、生命保険は安全と確実性を売る商品で、遺された者の経済的安定のために自分自身の寿命を相手に賭けをするのが倫理的な義務だ、と説得する。政党も同じように確実を願う心を煽りたてる。一九九八年のドイツの総選挙の際には、国中の街路にキリスト教民主同盟のポスターが貼り出されたが、それには「リスクではなく、確実さを」と書いてあった。この約束はヘルムート・コール首相率いる党の独占商品ではなかった。他の政党も選挙で確実性を宣伝していた。

確実性という幻は政治的、経済的目標のためのツールとしても生み出され、利用される。最近では、たとえばイギリス、アイルランド、ポルトガル、フランス、スイスで狂牛病（牛海綿脳症、略称ＢＳＥ）騒ぎが起こったとき、ドイツ政府はドイツではＢＳＥの心配はないと宣言した。「ドイツの牛肉は安全だ」この言葉は農業者協会会長や農業大臣、政府官僚の口から何度も繰り返された。ドイツ国民はこのメッセージを聞きたがった。イギリスの牛肉は輸入禁止となり、お客は肉屋でドイツで育った牛の肉かどうか聞きなさいと助言された。外国は注意が行き届かず、管理もしっかりしていない、というのだった。

二〇〇〇年、ドイツがついに相当数を対象としたBSE検査を始めたところ、病気が見つかって、国民は仰天した。閣僚が辞任に追い込まれ、牛肉価格は急落して、外国はドイツ産牛肉の輸入を禁止した。政府はようやく、ドイツの牛は安全だという幻にあまりに長いあいだしがみついていた、と認めた。

ところが確実を約束するというゲームは終わらなかった。プレイヤーが変わっただけだった。スーパーマーケットや肉屋は、お客を安心させようとビラやパンフレットを作った。「当店の牛肉にはBSEの心配はありません」自分のところの牛は幸せなことにエコロジカルな牧場で育てられたから安全だと説明する者も、実際に検査を受けているから安全だという者もあった。だが検査には多くの誤りがあることに触れる者は誰もいなかった。検査に合格したのに実際にはBSEだった牛が発見されたと新聞が報じたとき、国民はまたもショックを受けた。また確実性の幻が消えたのだ。政府にとっても肉屋にとってもスーパーマーケットにとっても、第一目標はBSEに関する情報ではなく安心感だった。

政治やマーケティングのキャンペーンは、幻の確実性が生まれたり消えたりするのは個人の心だけではないことを教えている。自分たちの製品に過誤がある可能性を公然と否定する専門職と、そういうメッセージを聞きたがり、信じたがり、社会的な権威に屈服したがるクライアントなど、多くの関係者が確実性の創造と売り込みに関与しているだろう。それに、この幻はすべての人々を対象にしているのでもなく、またすべての人々が幻を受け入れるのでもない。特定の聴衆のためにつくり出されることがある。たとえばイェール大学ロースクールのジェイ・カッツ教授は、外科医の友人と乳がん治療につきまとう不確実性について議論したときのことを語っている。議論のなかでは二人とも、どの治療法がベストなのかは誰にもわからない、ということで一致した。ところがカッツが友人に、患者にはどう説明するのかと尋ねると、友人は先日の乳がん患者には思い切った外科手術がベストだと言って、ぜひとも手術を受けるべきだと思わせた、と答えた。カッツは、それでは話が違うではないかと指摘した。どうして突然、ベストな治療法にそれほどの確信がもてたのか？　すると友人は、その患者のことはよく知らないと認めたうえで、だが、患者たちは——先の女性患者を含め——治療法選択には不確実性がつきものだという事実を受け入れることも理解することもできないだろう、と答えた。彼に言わせれば、患者は確実性という幻を欲するものだし、その患者はその幻を手に入れたのである。

このあとで、確実性という幻がどのようにつむぎだされるのか、どんな動機や心情がはたらいているのかを詳しく見ていただこうと思う。まず医師と患者の関係を舞台裏から、確実性の幻の功罪を議論する医師の観点で見てみよう。

確実性と責任についての医師の見解

二〇〇〇年にわたしは医師会や健康保険会社の代表を含めた六〇人の医師たちが集まる会合に出席した。全員が、医師と患者が単なる信念や好み、慣習ではなく、入手可能な科学的根拠に基づいて医学的な決定を下すという「科学的根拠に基づく医療」に関心をもっていた。参加者は欧州数カ国とアメリカ合衆国から会議場となった景色のよいリゾート地にやってきて、二日間をともに過ごした。会議の議題はリスクの伝達、医師と患者のコミュニケーション、それに健康診断についての一般大衆の知識をいかにして改善するか、ということである。会議の雰囲気は和気藹々《わきあいあい》としていた。主催者の温かな人柄と風光明媚な土地柄のおかげで、参加者のあいだには信頼感と共通の問題意識が生まれていた。二日目、医師の責任と患者側の幻の確実性について、激しい議論が交わされた。以下はこのときのやりとりである。

A医師　医者は、自分たちが患者について抱いているイメージの被害者ですよ。われわれは、情報を与えても患者には理解できないと思っている。

世界保健機関（WHO）の代表　アメリカでは、医師と患者の交流時間は平均して五分間です。情報の大半は、患者には理解できない言葉で伝えられる。患者はどうしたって、インフォームド・コンセント（説明を受けたうえでの同意）の実践を学ぶよりは、「運命」だとか「神さまにおまかせするしかない《インシャラー》」という気分になります。すべては神のご意志だ、あるいは医者が決めることだ、自分が心配したってしかたない、と思うじゃないですか？　医学研究所の推計によれば、アメリカの病院では、防止できたはずの医療過誤や事故で年に四万四〇〇〇人から九万八〇〇〇人が死んでいます。まるで、死はひとつの人生からもっと良い人生への好ましい移行だと考える社会にいるようですよね。

B医師　それは言いすぎじゃないですか？　それでは自動車事故やエイズの死者よりも、医療過誤や医療事故で死ぬひとのほうが多いことになる。

WHO　これはニューヨーク、コロラド、ユタ州の病院の記録をもとにした数字です。こういう医療過誤は防げたはずのものです。アレルギーの既往歴がある患者に、医師がカルテを見ないで抗生物質を処方したというようなミスです。医学一般の問題として、航空業界と違い、医師個人を罰することなく過誤を報告させるシステムがないってことがありますね。パイロットは匿名で「ニアミス」を報告して、中央のデータベースに加え、ほかのパイロットがそれを参考にして、航空業界の安全性を高めることができる。航空業界は第二次世界大戦以降、安全なシステムの構築を重点にしてきました。アメリカではそれ以後、航空事故の死傷者は減り続けています。一九九八年にはアメリカの商業用航空業界では死者は一人もいなかった。だが、保健の面ではそういうシステムがありません。

A医師　女性が健康診断を受けるのは、自分ががんではないことを確かめたいからです。だが、乳房X線検査は確実じゃない。一〇パーセントのがんは見逃されます。それに検診にはメリットとコストがありますが、ほとんどの女性はそれを知らされていない。だから、知らないんですよ。

B医師　（何やら皮肉げにつぶやいたあと）インフォームド・コンセント、あれは政治的に正しい《ポリティカリー・コレクト》お話にすぎませんね。ある治療法のメリットとコストを患者に説明しようとしたところで、患者にはとても理解できません。それに、医者にもわからないことがあるなんて言おうものなら、患者はますます不安がりますよ。

C医師　そのとおり。控えめに見ても患者の六〇パーセントは、治療について自分で決めるような知的能力をもってはいません。

乳がんの専門家　患者の話ではなく、医師の話をしましょう。医師への継続的な教育の大半は、薬品会社が実施するセミナーです。街で最高のホテル、贅沢なディナー、パートナー同伴のセミナーですよ。われわれが医師の教育のためにもっと中立な立場でセミナーを開催しようとしても、うちの研究所が用意してくれるのは殺風景な講堂だけで、飲み物を用意する金もなく、ファスト・フードでさえ出せないんです。これじゃ、医師たちは参加したがりません。患者の知的能力ということでは、わたしはホルモン療法のメリットとコストについて患者と話し合うことに決めています。うつ状態が改善されるが、乳がんのリスクは一・四倍に高まるというようなことですね。問題は女性のIQが低くて、自分で決定できないということではないんです。情報を与えられれば、彼女たちは自分で決断しますよ。わたしの問題は、患者たちが自分で決断を下し始めてから、同僚がうちに紹介してくる患者が減ったということなんです。

A医師 うちで講演をしたときには、女性たちは不安になってぞろぞろと出ていきましたよ。確実性を約束してくれるナチュラル・ヒーラーのところへ戻った者もあります。

B医師 だが、患者に自分で決めさせるなんて、よくできますね？ 患者に意思決定を任せて、それでも責任ある医師といえるんですか？

O教授 ちょっと待ってください。わたしには二人息子がいまして、どちらも学校に通っています。その学校では、具合が悪いから帰りたいと生徒が言うと、校医のところへ行かされる規則になっています。校医はすべての子どもにX線検査をするんです。手が痛いと言えば手のX線検査、胸が痛いと言えば胸のX線検査です。それも、念のためなんですよ。たいていは、骨折はしていない、すりきずがひどいだけだろうという結論になります。子どものなかにはただ、さぼりたくてどこかが痛いと言い出し、X線検査をされるのも出てきます。うちの子どもたちには、X線検査を受けてはいけない、お父さんが医師なんだと校医に話しなさい、と言ってあります。父親として私には息子たちへの責任があります。その責任をほかの医師に委ねるわけにはいきません。

B医師　インフォームド・コンセントという議論は——メリットとかコストとか——ずれていると思いますね。医師と患者の話し合いは儀式ですよ。この儀式のなかには、偽陽性が入り込む余地はないんです。

（数人の医師がざわざわして）　そうそう、儀式だ。そうなんですよ。

医師会会長　患者は安心したがっているんです。不安から解放され、正しい手に委ねられていると思いたい。たとえ状態が前より良くはならなくても。自分の苦しみに貼るレッテルが欲しいのです。患者の不安を取り除いてやる医師は良い医師です。何かをしてやらなければなりませんからね。何もしないということはできない。患者は失望し、さらには怒り出しますよ。ほとんどの処方には、科学的に立証されている効果などないが、軟膏を出せば医師も患者も製薬会社もハッピーってわけです。

放射線科医　医者を動かしているのは金じゃない、ひとを救うという使命感です。英雄という医師像です。ヒロイズムは自己欺瞞で、進歩の最大の障害ですがね。

医師会会長　医師が患者に「要治療数（NNT）」をもちだして説明すれば、プラシーボ効果は消えます。結局、一人の患者に治療効果を上げるためには、何人の患者に治療を施す必要があるかという「要治療数」とは、一人が救われるために何人が苦しまなければばいけないか、ということですからね。患者は治してもらうために医師のもとへやってくるのであって、一人が救われるために何人が傷つけられなければならないかを教えてもらいにくるわけじゃない。

C医師　健康に関して言えば、儀式はつきものですよ。検診なんか、経済的にみたら引き合わないことが多い。その分の税金をほかのもっと役立つことに使ったほうがいいくらいなものだ。だが、医師と患者の関係という観点からすれば引き合うんです。

医師会会長　医学がほんとうに進歩をしている領域に対しては、世論はすぐに関心を失ってしまう。そして、価値があるか疑わしい領域や治療法にすべてが集中します。そこでは医師は多すぎるし、資金は少なすぎるし、インセンティブは間違っている。ぎゅうぎゅうに押し込められて異常行動を起こすラットの群れを思い出しますね。それに無謬という理想がある。患者は、医師は決して間違いをしないと思いたがるし、医師は患者の幻想を助長しようと努める。

WHO　不確実性というのは、開業医には脅威です。「わかりません」なんて言えるものではありませんからね。

この議論を見ると、確実性という幻について医師たちが抱く複雑な動機、感情、信念がよくわかる。いずれについても、議論の参加者は確実性という幻の存在を否定していない。

医師たちはそれぞれのやり方でこの難題と格闘している。医師は患者の幻想を打ち砕き、治療にかかわる不確実性をはっきりと伝えるべきか？　医師は自分にわからないとき、常に「わかりません」と言うべきか？

この会議で一方のグループの医師たちは不確実性を完全に明かすべきではないと信じている。ほとんどの患者にはそもそも不確実性が理解できず、話せばますます混乱して、確実性を約束してくれるほかのヒーラーに走る、と信じている医師もいる。現実的な制約があるとほのめかす医師もある。平均五分という時間で、患者にリスクを充分に説明することは難しい。これらの医師たちの見解では、患者は情報を求めているのではなく、安心させてもらいたがっている。患者との話し合いは、治してもらえると思わせるための儀式だ。

第二のグループは対照的に、患者が求めているのは権威と安心感だけではない、多くの患者は不確実性に対応できると確信している。たとえば乳がん専門医は患者を知的に劣った人間として扱う同僚たちの権威的な態度を快く思っていない。彼は医師と患者の関係では双方ともに無知な部分があり、情報を有する患者は必ずしも医師に歓迎されないと指摘した。彼の経験では、患者に情報を提供すると、紹介されてくる患者が減少する。

医師会会長は、確実性の保証にしてもインフォームド・コンセントにしても、すべての状況におけるベストの選択とはいえない、という挑戦的な主張を展開した。彼が根拠に挙げたのはプラシーボ効果である。プラシーボ効果は医学界や心理療法の世界ではよく知られた現象で、患者が治療の効果を信じていれば、それだけである程度の効果があがる傾向がある。この現象を説明する考え方の一つは、患者の信念が残っていた免疫システムの力を奮い起こすきっかけになるということだ。ゴールが間近だと気づいた長距離ランナーが最後の力を振り絞るのに似ている。会長は、医師が治療にともなう実際のリスクを説明したとたん、つまり医師が権威ではなく理性に基づいた役割を演じたとたん、プラシーボ効果が失われるだろうと指摘した。確かに幻想が治癒力を持つなら問題が生じる。知ることの利益は絶対ではなく、信念にも効果があるかもしれないというわけだ。

この議論では、医師と患者の目標が食い違い、それどころか対立する可能性が浮き彫りになった。校医は日常的にX線検査をする。校医の目標は骨折を見逃したという非難から自分を守ることだ。だがO教授の目標はX線検査の害から息子たちを守ることである。選択肢のそれぞれ——X線検査をするかしないか——に、子どもたちにとってのメリットとコストがあるが、その功罪は校医にとってのそれとは違う。乳がん専門医はホルモン療法のメリットとコストを教え、女性たちが何を重要と考えるかをもとに決断できるようにしている。たとえばうつ状態を緩和するほうが乳がん発症の危険率を下げるより重要だと考える女性もあるだろうし、逆もあるだろう。専門医の説明は女性にとっては利益だが、ぜひともホルモン療法を受けさせたいと思い、患者自身に考えさせようとは思わない医師仲間にとっては、必ずしも利益ではない。WHO代表は、アメリカの病院で毎年、防ぐことができたはずの過誤で亡くなっている患者数としてショッキングな数字を挙げたが、患者の利益になる航空業界のような安全システムは病院にはない。航空業界の安全はパイロットにとっても直接的な関心事である。乗客が航空機事故で死ねば、パイロットもほぼ助からない。だが患者と医師となると状況は違う。

医師と患者では治療をめぐる利害が違うからこそ、患者には情報を提供して、その情報をもとに自分で治療法を選択できるようにすべきなのだ。患者の選択と医師の選択は違っていいし、また常に同じであるはずはない。良い医師は患者にお互いの関心事の違いを隠さないだろう。確実性の幻――治療にはメリットだけあってコストはないとか、ベストな治療法はたった一つしかないというような――は、自ら決断をくだすときに心理的障害になる。

カントの夢

「啓蒙とは何か？」という小論文のなかで、哲学者のイマヌエル・カントは次のように記している。

啓蒙とは、自分で自分に課した未熟から立ち上がることだ。未熟とは、よそからの指導なしには自分の理解力を行使できないということである。この未熟さは、その理由が理解の不足にあるのではなく、よそからの指導なしに自らの理性を用いる勇気のなさとためらいにあるとき、自ら課したものとなる。知る勇気をもて！

明快で見事な姿勢ではないか。鍵は「勇気」という言葉である。なぜ勇気が必要かといえば、自分自身の理性を使って考えれば、自由と自立を感じられるだけでなく、罰や苦痛を味わうこともあり得るからだ。カント自身もそれを体験している。この文章を書いて数年後、彼は――彼の理性的な思考がキリスト教の教義の確実性を脅かすのではないかと怖れた――政府によって、宗教的なテーマに関する執筆と講義を禁じられた。一般に未熟さの克服とは、それまで信じてきた物語や事実、価値観の欠陥に気づくことを意味する。確実性に疑問をもつことは、多くの場合、社会的権威を疑うことでもある。

個人にとっても社会にとっても、不確実性に耐えて生きることを学ぶのは厳しい仕事だ。人類の歴史の大半を動かしてきたのは、神や運命が自分たちの血族、人種、宗教に最高の価値があると決めたと信じ、したがって対立する思想を、その思想に毒された人間もろとも滅ぼす権利があると思い込んだ人々だった。現代社会は不確実性と多様性に対する許容力を広げる方向へはるかな歩みを続けてきた。だがわたしたちはいまもなお、カントが思い描いたような勇気と知識のある存在には程遠い。この目標はラテン語ではたった二つの言葉で表わされる。Sapere aude ――「知る勇気をもて」である。

3　数字オンチ

数学って難しい。それより、ショッピングに行きましょうよ！

——バービー

二〇世紀はじめに空想科学小説の父H・G・ウェルズはこう予言したという。「そのうち、統計的な考え方は、市民生活にとって読み書きと同様に不可欠なものになるだろう」二〇世紀の終わりに、数学者のジョン・アレン・パウロスは、この点でわたしたちがどのくらい進歩したか——あるいは進歩しなかったか——を調べた。彼はベストセラーになった『数字オンチの諸君！』という本で、土曜日の降水確率は五〇パーセント、日曜日の降水確率も五〇パーセント、したがって週末の降水確率は一〇〇パーセントです！　と言ったアメリカのテレビの天気予報解説者の話を紹介している。

不確実性を適切に判断できないのは、もちろんアメリカ人だけではない。「パーセント」は、ドイツのメディアで最も頻繁に使われる言葉の一つだ。ある調査で一〇〇〇人の

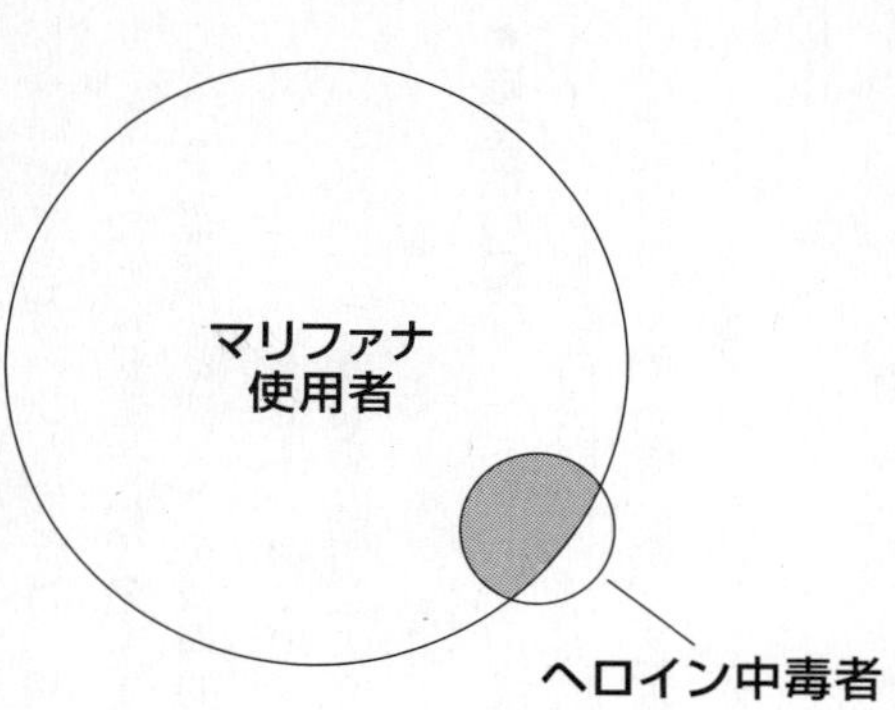

図3-1　マリファナ使用者とヘロイン中毒者。ヘロイン中毒者の大半はマリファナ使用者(小さな縁の黒い部分)。この事実から、マリファナ使用者の大半はヘロイン中毒者だという結論が出てくるだろうか?

ドイツ人に、「四〇パーセント」という言葉の意味は、(a)四分の一、(b)一〇のうちの四、(c)四〇人ごとに一人、のどれでしょう、と尋ねた。回答者の三分の一は間違った答えを選んだという。為政者も数字オンチを免れない。たとえばドラッグ濫用の危険について、バイエルン州のある長官は、ヘロイン中毒者の多くはマリファナを使った経験があるから、マリファナの使用者はそのうちヘロイン中毒になる、と発言した。図3-1を見れば、この結論が間違っていることは一目瞭然だ。確かにヘロイン中毒者はマリファナ使用者でもある。これは小さな円の黒い部分で示されている。だが、だからといってマリファナ使用者の大半がヘロイン中毒者というわけではない。ヘロイン中毒者を示す黒い部分は、マリファナ使用者のごく一部に過ぎない。くだんの長官はこの間違った結論をもとに、マリファナを合法化すべきではないと主張した。マリファナ合法化に関する意見はともかくとして、この長官の結論のもとになった考え方は間違っている。

西欧諸国ではほとんどの子どもが読み書きを教えられるが、おとなになっても数字を正しく理解できないひとは多い。パウロスらはこれを、「数字オンチ（innumeracy）」と呼んだ。わたしは日常生活で最も重要な数字オンチ、つまり統計数字オンチを取り上げる。これは不確実性とリスクを合理的に考えられないという性向だ。したがって本書では「数字オンチ」とは統計数字オンチのことを指す。確実性という幻は数字オンチとどう関係するか？　以下で概要を説明しよう。

●確実性の幻

フランクリンの法則は、確実性の幻にだまされず、確実性から不確実性に移行するための心理的ツールである。たとえば1章で紹介したスーザンは（厳しい道を通って）ようやく、ＨＩＶ検査機関にも間違いがあることを学んだ。確実性から不確実性に移行したのである。

●リスクに関する無知

これは、個人的あるいは専門的にかかわりのあるリスクがどれほど大きいかをおおざっぱにさえも理解できないという、数字オンチの基本形だ。確実性の幻と違うのは、不確実性の存在はわかっているが、それがどの程度の大きさかがわからないということである。リスクに関する無知を克服する主なツールは、さまざまなかたちの情報収集である（科学文献など）。7章ではＨＩＶ検査について、偽陽性を含めた種々のリスクについて詳しいことをお教えしよう。

●リスクの伝達ミス

このかたちの数字オンチは、リスクを理解してはいるのだが、他人にわかるように伝えられない。この種の数字オンチを克服する心理的ツールは、理解しやすい説明の仕方である。たとえば1章のプロザックの話は、リスクの伝達ミス――患者に理解できる方法で説明できなかった――とその克服方法を示している。

●的外れな考え方

このかたちの数字オンチはリスクを知っているが、そこからどんな結論あるいは意味を引き出すべきかがわからない。たとえば医師は臨床試験の誤差の率も、基準となる疾病の有病率も知っているが、検査結果が陽性と出た患者が実際にその病気にかかっている確率を引き出せないことが多い（1章）。自然頻度のような考え方は、結論を出すのに有効である（4章）。

数字オンチ――リスクに関する無知、リスクの伝達ミス、的外れな考え方――は、確実性が約束された世界からフランクリンの法則が貫徹する世界に移ったとたん、問題になる。何度も言うようだが、数字オンチは個人の問題に限らない。特定のリスクに関する無知や伝達ミスは、たとえば社会のさまざまなグループが自分たちの利益のためにつくり出したり、広めたりすることもあるのだ。

リスク

「リスク」という言葉にはいくつかの意味がある。わたしが使っているリスクという言葉は不確実性とかかわるが、必ずしも飛行機事故のような危険な出来事だけを指すのではない。無事に着陸するというような良い結果もまた不確実なのだ。否定的な結果だけを意味しないもう一つの理由は、ある観点からは否定的な結果でも、別の観点からは肯定的な結果だという状況があるためだ。たとえばカジノのギャンブルで一カ月分の給料をすってしまうというのは、ギャンブラーにとっては否定的な結果だが、カジノにとっては好ましい結果である。

本書では、経験的データに基づいて確率や頻度のように数字で不確実性を表わすことができるとき、これをリスクと呼ぶ。この数字は決まっていなくてもいい。経験に照らして更新してかまわない。経験的証拠がなくて、考えうる結果のそれぞれに数字をあてはめることができない、あるいはあてはめることが好ましくない状況では、「リスク」の代わりに「不確実性」という言葉を使う。不確実性すなわち混沌というわけではない。がんの治療法が見つかるかどうかは不確実だが、これは混沌とは何の関係もない。

不確実性をリスクと呼べるのはどんな場合か？　答えは確率の解釈に左右されるし、解釈の仕方には大きくいって三つある。信念の度合いと傾向性、頻度である。信念の度合いは主観的確率とも呼ばれる。確率についての三つの解釈のうちでも、主観的確率は不確実性を数字的蓋然性、つまりリスクとして表わすうえで最も裁量の余地が大きい。主観的確率は一度しかない新奇な出来事にも適用されることがある。

●信念の度合い

外科医のクリスチャン・バーナードが、まもなく人類最初の心臓移植を受けることになる患者ルイス・ウォシュカンスキーとの出会いを語っている。ウォシュカンスキーはベッドに起き上がって本を読んでいた。バーナードは自己紹介して、あなたの心臓を健康な心臓と取り替えてあげますよ、そうすれば「またふつうの生活が送れるようになるかもしれません」と言った。ウォシュカンスキーは、もとどおりになれる確率はどれくらいかとも、どのくらい生きられるかとも、移植手術はどんなふうに行なわれるのかとも聞かなかった。ただ、どうぞやってください、用意はできていますと答えて、また本を（ウェスタン小説だった）を読み始めた。医学史に残る偉大な瞬間と自らがさらされるリスクよりも安っぽい小説のほうに興味があるのか、とバーナードはひどく心外だった。だがウォシュカンスキーの妻アンは、「手術が成功する確率はどれくらいでしょう？」と尋ねた。バーナードはためらいもせず、またそれ以上の説明もせずに、「八〇パーセント」と答えた。手術から一八日後、ウォシュカンスキーは亡くなった。バーナードの「八〇パーセント」は彼の信念の度合い、言い換えれば主観的確率を表わしていた。主観的には、まったく新しい状況でさえ確率の法則を満たしていれば——生か死かというように起こりうる結果がすべて網羅されていて、それぞれが起こる確率の合計が一であれば——いつだって不確実性はリスクに転換できる。だから、主観的な解釈ではウォシュカンスキーが生存する確率は八〇パーセントだというバーナードの言葉は、同時に患者が死亡する確率は二〇パーセントだと考えているかぎり、意味がある。この解釈からすれば、バーナードの「八〇パーセント」は数字で表わされる不確実性であり、したがってリスクだということになる。

●傾向性

傾向性を考えるやり方だと、不確実性をリスクに転換できるケースはもっと制限される。傾向性とは対象のもつ属性で、たとえばサイコロが物理的に対称形をなしているというようなことだ。サイコロが完璧な対称形であれば、六の目が出る確率は六分の一である。物理的なデザインやメカニズム、あるいはある出来事のリスクを決定する特性は、不確実な事柄の傾向性を解釈するうえで不可欠な要素である。傾向性と主観的解釈との違いに注意していただきたい。サイコロの目については主観的確率が論理的である、つまり確率の法則を満たしているだけでは充分ではない。重要なのはサイコロの形だ。形がわからなければ、確率は出せない。この見方をとれば、バーナードの八〇パーセントという数字は確率あるいはリスクとは言えない。心臓移植手術の傾向性について評価するほど、充分なことがわかっていないからである。

●頻度

頻度論者にとっては、傾向性は大量の観察を基礎として、ある出来事の「もとになる集団」の相対的頻度として、たとえば「少なくとも二〇年以上喫煙を続けたアメリカ人白人男性のがん発症率」というように定義されなければならない。もとになる集団がわからなければ確率は出ない。六の目が出る確率を頻度論者が決める場合、誰かがサイコロの目についで何を信じているかには関心がないし、サイコロのデザインを調べる必要もない。頻度論者はサイコロを何度も転がして、六の目が出る相対的頻度を計算し、それで確率を出す。だから頻度論者なら、バーナードの八〇パーセントという推計は無意味だと言うし（当時は比較の対象となる移植手術がなかった）、強硬派の頻度論者なら、具体的な患者の生存可能性といった一回限りの出来事で確率を考えることすら否定するだろう。明らかに頻度論者は不確実性をリスクに転換するうえで非常に慎重だ。頻度論者は、大量の体験的データが存在する状況でしかリスクを考えない。たとえば法廷は頻度論者の立場を取る傾向があって、リスクについての証言は見解ではなくて経験的頻度に基づいているときにのみ、証拠として認められる。

リスクを推計する場合、確率に関するこれら異なる三つの解釈のどれを取るかで、結果が極端に違うことがある。数年前、わたしは人工衛星を運ぶアリアン・ロケットを製造しているダイムラー－ベンツ・エアロスペース（DASA）社を案内人付きで見学した。それまで行なわれた九四回の発射（アリアン4とアリアン5）をリストアップした大きなポスターの前で案内人に、事故のリスクはどれくらいかと尋ねてみた。彼は安全率は九九・六パーセント前後だと答えた。これは驚くほど高い数字だった。なぜなら、ポスターには事故を示す星印が八つついていたからである。念のために言えば、星印のいくつかははじめのころの発射についていたが、六三回目と七〇回目、八八回目にも事故が起こっていた。そこで案内人に、八件の事故が起こっているのに、どうして九九・六パーセントの安全率といえるのかと聞いてみた。すると彼は、DASAでは事故の回数を数えるのではなく、ロケットの個々の部品の設計から安全率を割り出すのだ、と答えた。さらに、事故の回数を数えると人的ミスが含まれてしまうと言って、たとえば星印のひとつはある作業員がねじを取り付け忘れ、その後交代した作業員もねじが取り付けられたものと考えるという誤解から起こったと説明した。したがってアリアン・ロケットの事故について報じられているリスクは、頻度ではなく傾向性に基づいた解釈なのである。

本書では頻度データに基づくリスクに重点を置くことにする。頻度がリスク推計のすべてではないが、（入手できる場合には）頻度がいちばん良い出発点になるからである。

リスクに関する無知

リスクについて知らされるのは誰か？　答えは文化と対象となる出来事や事故によって異なる。たとえば明日雨が降る確率は三〇パーセントですという天気予報を聞けば、私たちは少なくともそれが何を意味するかを理解していると思う。天気の不確実性を確率で表わすのはごくふつうのことのように思われるかもしれないが、これは最近の文化的現象だ。一九六五年以前には、アメリカの気象サービス協会はゼロか一〇〇か、つまり「明日は雨は降らないでしょう」という言い方で予報を出していた。その前に、「たぶん……」という前置きがついていたかもしれない。ドイツで天気予報に確率が登場したのは一九九〇年ごろだという。フランスの天気予報はいまも、あまり確率を云々しない。とくに数字好きな文化もあるし――打率、大学進学適正試験の点数、マーケットの指標など――不確実性を数字で表わすことをあまり好まない文化もある。一般には民主主義社会のほうがほかの社会システムよりも数字を欲するし、リスクを透明にしたがるようだ。

世論の無知を助長する

だが、民主主義社会にはある種のリスクを世間に知らせたがらない集団もある。一九五〇年代、アメリカのタバコ業界は、喫煙は安全ですという大々的なキャンペーンを始めた。このころアメリカの科学界では、タバコは病気の大きな原因のひとつだというコンセンサスができあがりかけており、業界は数億ドルを投資して「確実性の幻」を創り上げようとしたのだ。一九六四年にアメリカ公衆衛生局長官の報告書が発表されて幻が砕け散ったあと、タバコ業界は今度は実際のリスクがどれくらいかについて「疑い」を植え付ける攪乱キャンペーンを開始した。この何十年か、タバコの広告が掲載される大手の雑誌で喫煙の害に関する科学的根拠が取り上げられることは、皆無ではないまでもほとんどなかった。一般市民のかなりの部分が、喫煙が健康に有害かどうかはまだはっきりしていない、という印象をもっている。ところが一九五〇年代半ばにはアメリカのがん学会が、一日に二箱以上のタバコを吸うひとは平均して七年、非喫煙者より早く死ぬという事実をつかんでいた。現在、専門家の大半は、タバコが肺がんの原因の八〇パーセントから九〇パーセントを占めるということで一致している。アメリカでは毎年四〇万人近い人々が、主として肺がんと心臓病を通じてタバコに殺されている。ドイツでは推定七万五〇〇〇人。中国では肺がんの死者はまもなく年間一〇〇万人に近づくと予想されている。喫煙問題は、健康被害への一般市民の認識が二重の防衛線によってどう薄められていくかを教えてくれる。第一に、確実性の幻が創り上げられる。喫煙は安全だ、おしまい、というわけだ。この幻が崩壊すれば、不確実性が認識されるが、今度は実際のリスクが判明しているかどうかについて疑いが広められる。

無知を超えて――単純な計算をすればすぐわかる

すべての無知が、大衆にリスクを気づかせないことで利益を得る業界その他の関係者によって助長されているわけではない。事実は歴然としていて、少し頭を働かせればその意味も理解できるのに、という状況もある。

ひとが自動車事故で死ぬ確率はどれくらいだろうか？　計算するのはそう難しくはない。アメリカでは自動車事故の死者は年間平均で四万人から四万五〇〇〇人だ。アメリカの人口は二億八〇〇〇万人だから、毎年七〇〇〇人に一人が路上で死んでいることになる。この数字が毎年ほとんど変化しないと仮定すれば、自動車事故で死ぬ確率が計算できる。平均寿命を七五歳とするとほぼ九〇分の一である。つまりアメリカ人の九〇人に一人は、七五歳になるまでに自動車事故で命を落とす。その大半は乗用車の事故だろう。

アメリカ人はドイツ人やイギリス人よりも自動車事故で死ぬ危険が大きいか？　ドイツでは平均して年に八〇〇〇人が自動車事故で死んでいる。人口は八〇〇〇万人だから、自動車事故の死者は一万人に一人だ。七五歳の生涯を考えると、一三〇人に一人である。やはり大半は乗用車の事故で死ぬだろう。だが、アメリカのほうが自動車事故で死ぬ確率が高いといっても、アメリカ人の運転のほうが危険だという意味ではないことに注意していただきたい。公共交通機関の不備などの理由によりアメリカ人のほうが運転時間が長いだけなのだ。イギリス（北アイルランドを含む）の道路はアメリカとドイツよりも安全だ。寿命をやはり七五歳とすると、自動車事故で死ぬひとは「わずか」二二〇人に一人になる。

だが、西欧でいちばん危険なのがアメリカの道路というわけではない。突出して死者の多いヨーロッパの国が二つある。ポルトガルとギリシャで、毎年四〇〇〇人に一人が自動車事故で死んでいる。寿命を七五歳とすれば、ポルトガル人とギリシャ人の五〇人に一人は自動車事故で死ぬことになる。

これらの推計をするために必要なのは、毎年、問題になっている原因で死ぬ人々の数と人口だけだ。どこの国、どこの州についても、どちらの数字も簡単に手に入る。これは運転技術や安全技術が劇的に変化する可能性を考慮していないから、おおまかな推計にすぎない。わたしは運転について衝撃的なリスクを示して、読者に公共交通機関への転換を勧めようというつもりはない。たぶん「自動車よりも飛行機のほうが安全だ」というたぐいの言葉を聞いたことがあるひとは多いだろう。だからといって、そのひとたちの行動は変化しない。習慣や飛行機嫌いのせい、あるいは運転が好きだからだ。しかし実際のリスクを知っていれば、リスクと運転のプラスを秤にかけて判断できる。情報をよく知ったうえでの決断が可能になる。二〇〇一年九月一一日の同時多発テロでは、約三〇〇〇人が犠牲になった。その後、何百万人かが飛行機ではなくて車で移動しようと決めたとすれば、自動車事故の犠牲者はもっともっと多くなっているかもしれない。

公表されている数字

大衆がリスクに無知なのには歴史的な原因がある。人間の文化が生まれてこのかた、ひとの心に作り出されてきた物語や神話、噂話と違って、公的な統計数字はごく最近の文化的産物なのだ。一八世紀から一九世紀の大半、統計数字は少数のエリートだけが知っている国家機密で、一般市民には知らされなかった。政治指導者は何世紀も前から人口などの統計情報の力を認識していた。ナポレオンが「統計局」の数字をとりわけ好んだというのは伝説になっている。しかもナポレオンは、ただちに数字を出させたがった。ナポレオンの宮廷では、何かを皇帝に認めてもらいたければ統計数字を示せと言われた。経済や人口関連の数字の公表は新しい現象である。統計数字あるいは少なくともその一部が公表されるようになったのは、一八三〇年になってからだ。それ以来、哲学者のイアン・ハッキングの言葉を借りれば「印刷された数字の雪崩」が、現代の生活をテレビや新聞、インターネットで伝えられる情報の海に変えた。その意味では不確実性の歴史は古いが、リスクは比較的新しいと言える。

すでに述べたように、一九世紀から二〇世紀に統計情報が広く公表されるようになったのは、西欧世界における民主主義の勃興と関係している。民主主義によって誰でもたくさんの情報を入手できるようになったが、市民の関心はふつう非常に限られている。アメリカの若い男性はたぶん野球関係の数字には強くても、同一距離を車で走るのとバイクで走るのではバイクのほうが死亡事故の確率が一五倍も高いことは知らないのではないか。いまでは数字は公表されているが、一般市民の数字オンチが解消されたわけではないのだ。

リスクの伝達と伝達ミス

1章のプロザックの話は、リスクを伝達しそこなっているということだ。リスクを理解できる方法で伝えていない。理解しやすいかたちのコミュニケーションもあれば、しにくいものもある。どちらかといえばリスクをうまく伝えられないほうがふつうなのだが、これもプロザックの話が教えているように、それがなかなかわからない。ひとつの出来事についての確率を表わす言葉──たとえば「三〇パーセントから五〇パーセントの確率で性的問題が生じる」──は、いくらでも誤解を生む。この問題を克服するためのひとつの心理的ツールは、頻度のもとになる集団をはっきりさせることだ。単一の出来事ではなく、頻度で説明すれば自然にそうなる。

誤解を生じるリスクの伝え方は、大きく分けて三つある。一度限りの出来事について確率を云々すること、相対リスク、そして条件付確率だ。しかも現在、いちばんよく使われるらしいのがこの三つなのである。

一度限りの出来事の確率

一度限りの出来事の確率でリスクを伝えるというのは、「これこれの出来事が起こる確率はXパーセントです」という言い方のことだ。この言い方が混乱を生じさせる理由は二つある。第一に、プロザックのケースでわかるように、一度限りの出来事の確率は、定義から言って頻度のもとになる集団を明らかにしていない。第二に、その出来事が独特のものなら、言い換えれば比較対照する出来事がわかっていないなら、推計される確率そのものが大雑把な当て推量に過ぎず、実際には不確実なことを正確に表現しているように見せかけることになる。例を挙げてみよう。

「明日雨が降る確率は三〇パーセントです」という言葉は、明日雨が降るか降らないかという一度限りの出来事に関する確率を述べている。対照的に、五月には一〇日間雨が降ります、というのは頻度を表わしている。あとのほうは正しいかもしれないし、間違っているかもしれない。だが一度限りの出来事についての確率の間違いは決して証明できない（確率がゼロか一であればべつ）。一度限りの出来事の確率が誤解を生みやすいのは、聞くひとが勝手に頻度のもとになる集団を思い浮かべがちだからだ。「明日雨が降る確率は三〇パーセントです」というようなよく聞く言葉でさえそうなのだ。あるひとは、一日のうちの三〇パーセントの時間に雨が降るのだろうと考え、べつのひとは地域の三〇パーセントで雨が降るだろうと思い、第三のグループは明日と同じような日を考えるとそのうちの三〇パーセントで雨になるのだと思う。この三つの解釈はどれも、同じくらいありがちだ。だが、天気予報解説者が想定しているのは、最後の解釈だけである。だからといって、

表3-1　コレステロール値を低下させる薬（プラバスタチン）を服用した人々の死亡率の低下。研究対象となった人々はコレステロール値が危険なほど高く、治療に五年間参加した。（From Skolbekken, 1998.）

治療	死亡者（コレステロール値が高い人々1,000人あたり）
プラバスタチン（コレステロール値低下薬）	32
偽薬（プラシーボ）	41

違う解釈をしたひとたちを責めることはできない。「明日雨が降る確率は三〇パーセントです」という言葉そのものがあいまいなのだから。

バーナード博士の八〇パーセントという推計数字を考えると、一度限りの出来事の確率につきまとう問題がよくわかる。アン・ウォシュカンスキーはこの高い確率に希望を感じたかもしれない。だが、実際にはあいまいな言葉だ。バーナードはその数字が何を指しているかを言わなかった。ウォシュカンスキーが手術に耐える確率か、翌日まで生存している確率か、一年後に生存している確率か、あるいはそれ以外か。しかも、この確率は史上初めての心臓移植に関するものだ。バーナードが推計の根拠とすべき比較対照例はまったくない。バーナードの答えはウォシュカンスキーの妻を安心させたかもしれないが、情報を与えてはいなかった。

相対リスク

コレステロールを下げる薬は、どれくらい冠動脈疾患のリスクを低下させるだろう？　一九九五年に西スコットランドで行なわれた冠動脈疾患の予防に関する研究成果が報道された。「コレステロール値の高い人々のリスクは迅速に低下する……広く処方されているプラバスタチン・ナトリウムを飲んでいる場合、死亡のリスクは二二パーセント低下した。これは、アメリカ心臓学会の年次総会で本日発表された画期的な研究の結果である」このコレステロールを下げる薬の効力は、ほかの多くの治療と同じく相対リスク減少率のかたちで報道された。では「二二パーセント」というのは、何を意味するのだろう？　調査によれば、大半の人々は、コレステロール値が高い一〇〇〇人のうち二二〇人が心臓発作を免れると考えた。ところが、これは真実ではない。表3－1は研究結果を示している。五年にわたってプラバスタチンを服用した一〇〇〇人のうち三二人が死亡し、一方プラバスタチンではなく偽薬（プラシーボ）を飲んでいた一〇〇〇人のほうでは四一人が死亡した。この結果――死亡者は一〇〇〇人について四一人から三二人に減った――を説明する次の三つの方法はすべて正しいが、それぞれの数字は違う規模の効果を示唆しているし、一般市民の感情的反応も違ってくるはずだ。

効果を説明する三つの方法

絶対リスク減少率　絶対リスク減少率は、治療なし（偽薬）で死んだ人々の割合から、治療を受けていて死んだ人々の割合を差し引いて出す。プラバスタチンによって一〇〇〇人あたりの死亡者は四一人から三二人に減った。したがって、絶対リスクは一〇〇〇人あたり九人、〇・九パーセント減少したことになる。

相対リスク減少率　相対リスク減少率は、絶対リスクの減少値を治療なしで死んだ人々の数で割って出す。このデータでは九を四一で割るから二二パーセントになる。プラバスタチンは死亡率を二二パーセント低下させたというわけだ。

要治療数（NNT）　一人の命を救うために何人を治療しなければならないか、という数字が要治療数（NNT）だ。この数字は、絶対リスク減少値から簡単に割り出すことができる。一〇〇〇人あたり九人の命が薬で防げたのだから（一一一人あたり一人）、一人を救うために治療しなければならない患者数は一一一人だ。

相対リスク減少率は絶対リスク減少率よりも印象的だ。相対リスクのほうが絶対リスクより大きく、効果が実際よりも大きく見える。絶対リスクは実際の効果を理解しやすくする心理的なツールである。もうひとつ、相対リスクの代わりをする心理的なツールは、一人の命を救うための要治療数だ。この心理的ツールを用いるとすぐに、五年間薬を飲み続けた一一人のうちで助かるのは一人で、一一〇人は助からないことがわかる。この状況は、最初に導入されたときに劇的な効果をあげたペニシリンやその他の抗生物質とはまったく違う。

条件付確率

検査でほんとうに病気が発見できる割合を伝える方法はいろいろとある（1章）。いちばんよく使われるのは条件付確率だ。「ある女性が乳がんならば乳房X線検査で陽性になる確率は九〇パーセント」これが条件付確率だ。ところが神ならぬ身の人間は、医師も含め、多くがつぎの説明と混同する。乳房X線検査で陽性ならば、その女性が乳がんである確率は九〇パーセント。つまり、AならばBである確率とBならばAである確率とがごっちゃになってしまう。この混乱は次の章で説明するように条件付確率の代わりに自然頻度を使えば減少する。

はっきりした情報を得る権利

一度限りの出来事の確率や相対リスク減少率、条件付確率は混乱を招きやすいが、このようなかたちのリスク伝達はふつうに行なわれている。たとえばマスコミや製薬会社が新しい治療法の効果を宣伝するときに使われるのは、圧倒的に相対リスク減少率が多い。現在では、一般市民には情報を得る権利があることを誰でも認めている。だが、その情報を誤解のない明晰な方法で得られなければならない、というコンセンサスはまだない。医学界、法曹界、その他の関係者はひとを混乱させるやり方ではなく、絶対リスクや自然頻度というはっきりしたかたちでリスクを報告しなければならない、という倫理方針を採用すべきだとわたしは思う。本書では、聞く者が理解できるかたちでリスクを伝えるさまざまな方法をご紹介する。

的外れな考え方から脱出する

自分にかかわるリスクに対する無知と、そのリスクを正しく伝えないこと、これは数字オンチの二つの側面である。第三の側面は、「統計数字から正しい結論を引き出す」という問題に関係する。この第三のタイプの数字オンチは、あるリスクについて的外れな考え方をして間違った結論を引き出す。的外れな考え方は、リスクが伝えられた場合にのみ可能になる。1章の乳房X線検査の例は、的外れな考え方から抜け出すツールを教えている。条件付確率――リスクの伝達だけでなく、そのリスクから正しい推論をすることも妨げがち――を自然頻度に転換するという方法である。

なぜ教育水準の高いひとでも、確率をもとに正しく推論することは容易ではないのか？ひとつの理由は、不確実性あるいは不完全な情報から推論するという確率論が、人類史のなかでは比較的に新しいからだ。正確な数字を好むイアン・ハッキングは、確率論の発見は一六五四年、数学者のブレーズ・パスカルとピエール・フェルマーが賭け事に関する有名な書簡をやりとりしたときだったと言う。数学的確率という考え方が発展したのがこれほど最近だ――ほとんどの哲学的概念よりも新しい――という事実は、「哲学のスキャンダル」と呼ばれている。偉大な思想家さえもそれ以前にはリスクを充分に理解できなかったことは、一六世紀イタリアの物理学者、数学者で、確率に関する最初の論文の著者の一人でもあるジロラモ・カルダーノを見ればわかる。ギャンブラーとしても有名だったカルダーノは、サイコロのそれぞれの目が出るのは正確に六回に一回だと考えた。ところがこの仮説はギャンブルのテーブルにおける彼の生涯の体験の前であえなく潰えた。彼はその原因を「つき」に求めた（彼は自分のつきを信じていた）。このカルダーノの思いつきは、ある物語の少女を思い起こさせる。少女は小児科医のもとで予防注射を受けることになっていた。一万人に一人は重大なアレルギー反応を起こすこともあるという注意書き付きの承諾書に父親がサインしたことに不安を抱いた少女は、医師と直接話したいと言い張った。「教えてもらいたいの。先生は何人目に賭けますか？」と少女は尋ねたという。

本書ではこれから、学ぶのも応用するのも覚えるのも簡単な数字オンチ克服法をお教えしよう。わたしは三つのツールに重点を置いた。不確実性の幻を克服するフランクリンの法則、リスクをわかりやすく伝える方法、それに的外れの考え方から脱出するための自然頻度の使い方である。数字オンチ克服のプロセスは統計的理解を深めるためのプロセスと基本的に同じだ。すなわち第一段階は確実性という幻を打破すること。第二段階は自分に関連する事柄や行動の実際のリスクを学ぶこと。そして第三段階はそのリスクを理解できる方法で伝え、的外れの思考に陥らないで結果を引き出すことだ。そして大きなポイントは、数字オンチの原因は単にわたしたちの心に存在するだけでなく、わたしたちが選ぶリスクの表現法にもある、ということである。

4 洞察

問題を解決するとは、解決方法が見える形で問題を提示するということである。

——ハーバート・A・サイモン

『システムの科学』

ある晩、トスカナ地方の魅力的な町でレストランを出たあと、わたしは駐車場で、乗ってきた黄緑色のルノーを探していた。車は見あたらなかった。代わりに青いルノーがあった。同じ型式だが、色が違う。いまでも、おそるおそるキーを差し込んだときの指の感触を覚えている。青いルノーのドアは開いた。わたしは運転して帰宅した。翌朝、窓からのぞいたところ、陽光のなかに黄緑色のルノーが見えた。いったい何が起こったのだろう？　色の恒常性をつかさどるわたしの視覚システムは、人工照明の駐車場ではうまく働かなかったが、翌朝の太陽光のもとでは正常に機能したのだ。色の恒常性は、人間の知覚システムの適応力を示す印象的な例で、おかげで自然光のもとでは条件が違っていても同じ色だと識別できる。日中の青みがかった光のもとでも、日没時の赤みがかった光のもとでも、同じ色は同じ色に見える。だが、ナトリウム灯や水銀灯のような人工的な照明だと、色の恒常性が保たれない。

人間の色覚は自然な太陽光のスペクトルに適応している。もっと一般的に言えば、わたしたちの知覚システムは先祖が進化した環境によってかたちづくられた。これはよく「進化適応の環境」と呼ばれる。この適応はじつにうまくできてはいるが、しかし万能ではない。人間の視覚システムは、照明が変化しても色の恒常性を保つという点ではどんなカメラよりも優れている。同じように人間の形態学的、生理学的システムや神経システム、免疫システムはすべて巧妙な進化を反映している。骨の管状の構造は、最小の重さで最大の強度と柔軟性を実現している。重量あたりで比べれば骨は鋼鉄の棒よりも強い。最高の人工心臓弁でも、自然の心臓弁のようにうまく開閉しない。だが色の恒常性と同じく、これらの適応が――骨ならば、文字通りの意味でも――壊れてしまうことがある。適応が起こった環境で安定していた属性が変化するときである。

数字オンチについても、色の恒常性の崩壊と同じように考えれば理解できる。ある種の照明が色の恒常性を強めたり妨げたりするように、ある種の数字的説明が、信頼できる統計的思考を促進したり、邪魔したりする。わたしに言わせれば、数字オンチの問題は、一部のひとたちが主張するのとは違って基本的にわたしたちの「なか」にあるのではない。人間の頭の構造は不確実性を取り扱うように進化してこなかった、とそのひとたちは言う。だが、わたしたちの頭の働きにうまくあっていない不確実性の説明方法にも数字オンチの原因があるとわたしは思う。色の恒常性が人工的な照明のもとではうまく働かないのと同じだ。この議論は二種類の数字オンチにあてはまる。リスクの伝達ミスと、的外れな考え方である。この欠陥を治療するには、不確実性の説明の仕方を人間の心にあったかたちに戻せばいい。

医師の考え方

コンラッド・スタンディングは大学病院の部長で、三〇年以上の専門的経験をもち、研究と教育に携わる著名な人物である。数年前、マックス・プランク人間発達研究所でわたしたちが行なっている直感的診断に関する研究におたくの病院の医師を参加させてもらえないだろうか、とスタンディングに尋ねたことがある。研究テーマに関心をもったスタンディングは、参加を勧めてみようと言い、自ら率先して参加してくれた。最初に彼にやってもらったのは、1章で取り上げた定例的な乳がん検診関連の診断作業だった。

乳がんの早期発見のため、特定の年齢に達した女性は自覚症状がなくても定期的に検診を受けるよう勧められます。あなたがある地域でこのような乳房X線検査を実施すると想像してください。この地域で乳がん検診に参加する四〇歳から五〇歳までの自覚症状のない女性について、以下のことがわかっています。

これらの女性の一人が乳がんである確率は〇・八パーセント。また乳がんであれば、検査結果が陽性になる確率は九〇パーセントです。乳がんでなくても、陽性と出る確率は七パーセントあります。ある女性の検査結果が陽性と出ました。この女性が実際に乳がんである確率はどれくらいでしょうか?

病院の部長ともなれば、試験される側になることはめったにない。スタンディング医師は見るからに緊張しつつ、この女性にどう説明すべきかを考えた。しばらく数字を見つめたあげく、彼は、彼女が乳がんである確率は九〇パーセントだろう、検査で陽性だったのだから、という結論に達した。それから彼は不安げに付け加えた。「あきれた話だが、じつはわからないんですよ。娘をテストしてもらったほうがよかったな。娘は医学生なんです」彼は自分の推計が間違っていると知っていたが、もっと良い答えが見つからなかった。

一〇分も知恵を絞ったにもかかわらず、どうすればこれらの数字をもとに信頼できる推計ができるのかわからなかったのだ。

もし、あなたもスタンディング医師と同様にこの問題を前に頭を抱えたとしても、絶望なさることはない。その絶望感こそ、わたしがこれから説明することの核心なのだから。数字オンチかって？　そう、的外れな考え方から生じる数字オンチだ。治療法は？　色の恒常性が崩れた場合と同じである。

ナトリウム灯のもとで色の恒常性が崩れたときの解決策は、頭のなかにあるのではなく、外側にある。脳が進化の過程の大半で体験してきたかたち、つまり色の恒常性のメカニズムが適応しているかたちにインプットを戻さなければならない。太陽光に戻すのだ。乳房X線検査の場合、確率はナトリウム灯にあたる。それでは自然光にあたるのは何か？　わたしの答えは自然頻度、ある出来事が起こる回数というシンプルな数字である。

そこで、確率ではなく自然頻度を使って、スタンディング医師の頭のもやをはっきりさせてみよう。


女性一〇〇〇人あたり八人が乳がんにかかっています。この八人の女性のうち、七人は乳房X線検査で陽性と出ます。乳がんではない九九二人の女性のうち、約七〇人はやはり検査結果が陽性になります。ある女性の検査結果が陽性と出ました。この女性が実際に乳がんである確率はどれくらいでしょうか？

この数字の意味はほぼ前と同じで、同じ答えが出る。だが、こちらのほうが答えを出すのはずっと簡単だ。検査結果が陽性である七七人（七〇人プラス七人）の女性のうち、ほんとうに乳がんにかかっているのは七人。つまり一一人に一人、九パーセントということになる。スタンディング医師が出した九〇パーセントに比べるとずっと低い。情報が自然頻度で与えられたとき、スタンディング医師の数字オンチは解消した。頻度ならば、答えが「見える」。彼はほっとしたようすで、「簡単じゃないですか」、さらには「おもしろいな」とまで言った。もう、娘さんに手伝ってもらう必要はない。

医師たちの数字オンチはどう解消されるか

自然頻度はスタンディング医師だけでなく、ほかの医師たちの頭もはっきりさせてくれるだろうか？　ウルリッヒ・ホフラーゲとわたしは、ドイツの二つの大都市で、平均して一四年の職業経験をもつ四八人の医師を調べてみた。このうち三分の二は民間病院、公立病院、大学病院で働き、残りは開業している。専門は放射線科、婦人科、内科、皮膚科など。医師としての地位は医大を出たての新人から専門分野の部長までとさまざまだ。この医師たちに、スタンディング医師のときと同じように、通常の検診で乳房X線検査結果が陽性だった四〇代と五〇代の女性が乳がんである確率を推計してもらった。ただし半数には関連情報を確率で提供し、残りの半数には自然頻度で提供した。

図4－1に示すとおり、確率のほうのグループは驚くほど回答が分散した。一パーセントから九〇パーセントまで、ばらばらの答えが出たのだ。スタンディング医師と同じく九〇パーセントと答えたのが三分の一（二四人のうち八人）。あとの三分の一の答えは五〇パーセントから八〇パーセントのあいだだった。そして残りの八人は一〇パーセント以下と答え、その半数は一パーセントと答えたが、これはほぼ有病率にあたる。中位数は七〇パーセントだった。あなたが患者なら、医師の所見がこれほどばらばらだと知ったら、当然不安になるだろう。八パーセントと正しく推計した医師は二人だけだった。あとの二人の推計値は偶然これに近かったが、推計方法が間違っていた。たとえば医師の一人は、偽陽性の確率を検査結果が陽性だった場合の乳がんの確率と混同した。

わたしたちの調査では、情報が確率のかたちで与えられると、多くの医師はスタンディング医師と同じように、検査結果が陽性だった場合の乳がんのリスクを過大に見積もる。かなりの時間を費やして考えても、そうなのだ。医師たちがこの質問を軽く受け止めてはいなかったことは明らかで、多くは緊張して不安そうだった。彼らにとっては、試験され

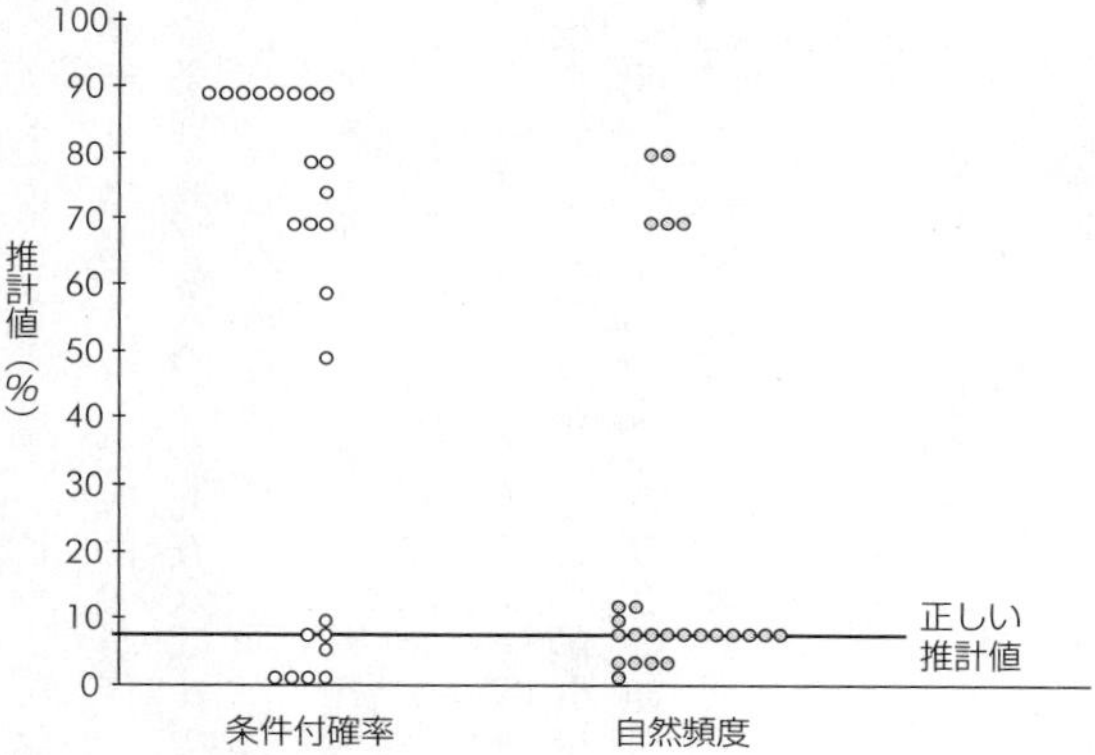

図4-1　エックス線検査で結果が陽性だった場合の乳ガンの推計確率。 48人の医師のうち半数は条件付確率のかたちで、残る半数は自然頻度のかたちで情報を与えられた。それぞれの○は医師1人を表わす。縦軸は医師たちが推計した検査結果陽性の場合の乳ガンの確率または頻度。確率のほうは非常にばらつきが大きい。自然頻度だと、このばらつきはかなり解消し（5人の「絶望的」な数字オンチ以外は）、推計値は正しい値に集中する。（From Gigerenzer, 1996a;Hoffrage and Gigerenzer, 1998.）

る側になるという経験は皆無ではないにしても珍しい。

　では自然頻度ではどうか？　図4－1の右側では、推計値の困ったばらつきはかなり消えている。こちらのグループでは、医師の大半が正解かそれに近い答えを出している。自然頻度で情報を与えられた医師のうち、検査結果陽性の場合の乳がんの確率は五〇パーセント以上だと答えたのは五人だけだった。情報を自然頻度で与えるという簡単な違いだけで、全員ではなくても大半の医師の数字オンチは解決したのである。

　この的外れな考え方は、わたしたちの調査の対象となったドイツの医師に限られるのだろうか？　そうではなさそうだ。クリントン政権で保健制度に関するコンサルタントを務めたこともあるデイヴィッド・エディは、アメリカの大勢の医師に対して、まったく同じ調査をこころみた。エディは対象となった医師全員に、情報を自然頻度ではなく確率のかたちで与えた。その結果、一〇〇人のうち九五人は乳がんの確率を約七五パーセントと推計した。現実的な推計の一〇倍の値である。

わたしは調査に協力してくれた医師たちに感謝している。このひとたちのおかげで、経験ある医師がより優れた診断をするうえで頻度が役に立つことが初めて明らかになった。この発見の意義は、医師の（あるいは患者の）確率に対する理解のなさを非難することではない。そうではなくてこの調査は、医学教科書や医師と患者の話し合いでどうリスクを説明すれば、聞いているひとの頭に入りやすいかを教えている。自然頻度は病気のリスクに関する理解力を改善するうえで、単純で手間がかからない有効な方法なのだ。

理解は外側から

なぜ、確率やパーセンテージよりも自然頻度で情報を提供するほうが理解しやすいのか？　理由は二つある。まず、計算が簡単だということ。与えられる数字は計算の一部な

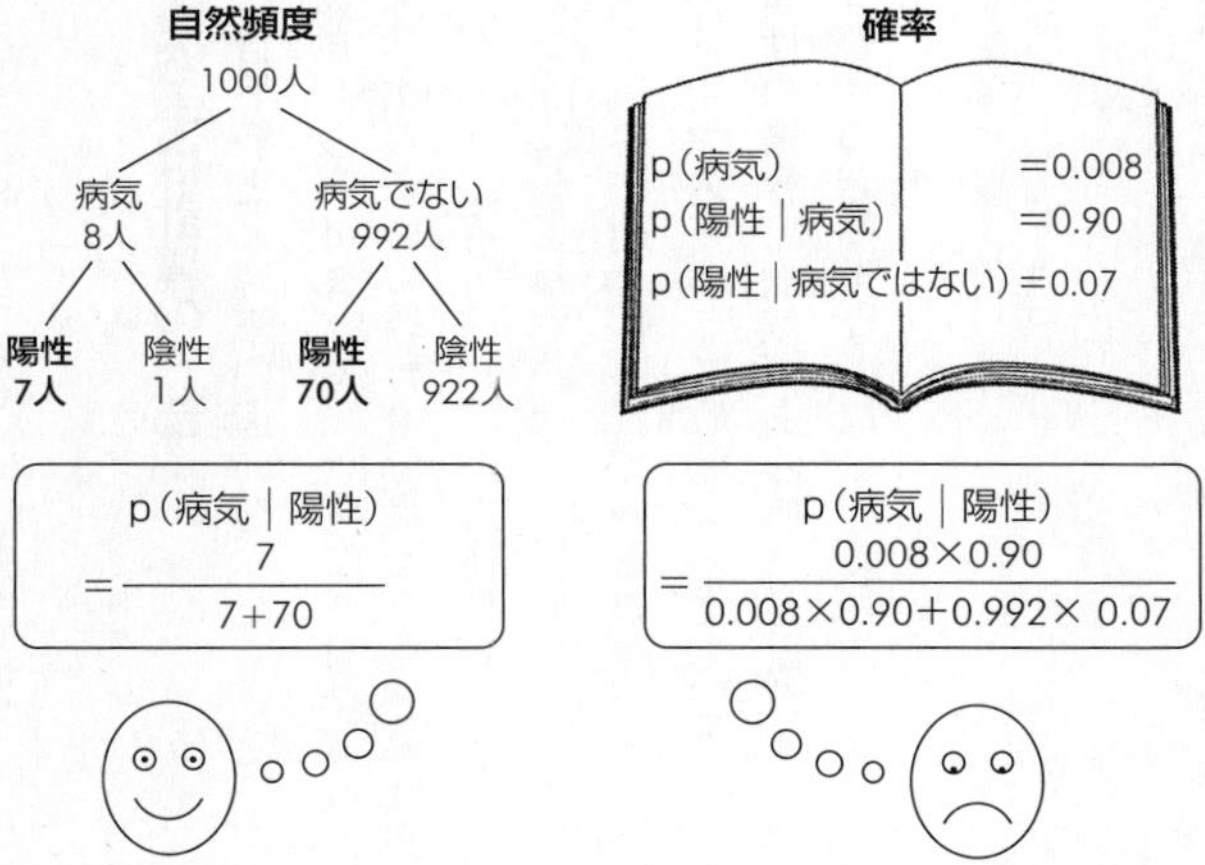

図4-2　自然頻度ならベイズの法則の計算がやりやすい。関連情報を自然頻度で受け取ったにこにこ顔のひとは、検査結果（あるいは症状）が陽性だった場合の病気の可能性を簡単に計算できる。この場合には、2つの数字にだけ注目すればいいからだ。検査結果が陽性で病気であるひとの数（a=7）と、検査結果は陽性だが病気ではないひとの数（b=70）である。しかめっ面のひとは同じ情報を確率のかたちでもらったので、計算に苦労する。こちらのひとが組み立てた計算も、a/(a+b) で、じつはにこにこ顔のひとの計算と同じだが、自然頻度のaとbが条件付確率のかたちになっている。確率の計算方式はずっとややこしいのである。

のだ。第二は進化、発達のうえでの優位である。わたしたちの頭は自然頻度に適応している。

与えられる数字は計算の一部

図4－2は自然頻度と確率の違いを示している。左側のツリーは自然頻度で、ひとが統計情報を直接的に受け止めていくやり方を表わしている。右側は同じ情報を確率で表わした場合で、医学生のための教科書ではほとんどの情報がこのかたちで教えられる。数字はスタンディング医師が苦労した乳がん検査の問題と同じだ。吹き出しはそれぞれ、回答を出すのに必要な計算を表わす。

どちらもベイズの法則と呼ばれている方法である。この名前は、発見者であるイギリスの非国教派のトーマス・ベイズ牧師（一七〇二？～一七六一年）にちなんでいる。読者は、検査結果が陽性の場合に病気である確率を計算するのは、情報が自然頻度で与えられている場合のほうがずっと簡単なのに気づくだろう。

$$p(\text{病気}\mid\text{陽性}) = \frac{a}{a+b}$$

（自然頻度によるベイズの法則）

図4-2で、aは検査結果が陽性であって乳がんでもあるひとの数（七人）、bは検査結果が陽性だったが乳がんではないひとの数（七〇人）だ。これに対して確率のほうだと、こんな計算をしなければならなくなる。

$$p(\text{病気}|\text{陽性})=\frac{p(\text{病気})p(\text{陽性}|\text{病気})}{p(\text{病気})p(\text{陽性}|\text{病気})+p(\text{病気でない})p(\text{陽性}|\text{病気でない})}$$

（条件付確率によるベイズの法則）

このルールは前述のもっと簡単なルールと同じことを意味している。すべての陽性のひと（分母）のうちの真の陽性（分子）のひとの割合だ。違いは自然頻度の代わりに確率が使われていることで、表4-1はその確率を説明している。

全体として、検査結果には四つの可能性がある。あるひとが病気である場合、検査結果は陽性（真の陽性）か、陰性（偽陰性）のどちらかだ。確率p（陽性|病気）は、検査の感度を表わす。乳房X線検査の感度とは、乳がんである女性の検査結果が陽性となる割合である。ふつうは八〇パーセントから九五パーセントで、若い女性ほど感度は低くなる。

検査の感度と偽陰性の比率を足すと一になる。

病気ではないひとが検査を受けた場合、検査結果はやはり陽性（偽陽性）か陰性（真の

表4-1　検査結果。　４種類の検査結果が考えられる。(a)病気で（あるいはほかの未知の条件のために）結果が陽性と出る場合、(b)病気ではないが結果が陽性と出る場合、(c)病気なのに結果が陰性の場合、(d)病気ではなくて結果が陰性の場合。この四つは、(a)が感度（あるいは真の陽性の率）、(b)が偽陽性の率、(c)が偽陰性の率、(d)が特異度（真の陰性の率）と呼ばれる。影になっているのが間違いが起こる可能性がある部分。真の陽性と偽陽性の頻度がベイズの法則のaとbにあたる。

検査結果	病気	
	Yes	No
陽性	(a)	(b)
陰性	(c)	(d)

陰性）のどちらかになる。このふたつの割合を足すとやはり一になる。

確率p（陽性｜病気でない）は、検査結果の偽陽性の割合を指す。乳房X線検査の偽陽性の割合とは、検査結果が陽性と出たなかで、ほんとうは乳がんではないひとの割合である。これは五パーセントから一〇パーセントで、若いひとほど高い。

四つの結果のうち、間違っているのは表4－1で黒くなっている部分である。この間違いの率は相互に関係がある。偽陽性の率が増加すれば偽陰性の率は低くなるし、逆もまた真である。表4－1の四つの確率は条件付確率と呼ばれる。ある出来事（たとえば陽性という検査結果）の起こる確率は、ほかの出来事（たとえば病気）が起こる確率に影響され、つまりほかの出来事が起これば、という条件付になっているからだ。

非条件付確率p（病気）は病気であるひとのベース・レートで、この場合は有病率である。有病率とは特定の時点で特定の人口のうち、ある病気にかかっているひとの割合を指す。ベース・レートに対して条件付確率のほうはとても誤解されやすい。

どうして誤解されやすいか、もうおわかりだろう。自然頻度が条件付確率に変換されるとき、ベース・レートの情報が取り除かれる（標準《ノーマライゼーション》化と呼ばれる）。標準化が役に立つのは、結果の数値がゼロと一のあいだに収まるからだ。その代わり、（自然頻度ではなくて）確率から推計しようとすれば、条件付確率にそれぞれのベース・レートを掛けて、ベース・レートの情報に戻さなければならない。

要約すれば、こういうことだ。自然頻度だと数字情報をもとにした推計が簡単である。数字の表現は推計作業の一部で、確率で表わされれば、掛け算をしなければならなくなる。だから、この場合は理解は頭のなかではなくて外側からやってくる。

人間の頭は自然頻度に適応している

自然頻度は自然なサンプリングの結果だ。進化のなかで人間や動物がリスクに関する情報を得てきたのは、このかたちである。これとは対照的に、確率やパーセンテージその他の標準化されたかたちのリスク表現は比較的新しい。動物は重要な出来事の頻度をかなり正確につかむことができる。たとえばラットが一六あたりまで数えられることは、決まった回数レバーを押すと餌が出てくる実験で証明されている。デイヴィッド・ヒュームが信じていたほどではないものの、人間もかなり正確に頻度を把握することができる。ヒュームは人間が一万回起こることと一万一回起こることの違いを直感的に、回数を記録するといった外部的な手段なしに、見分けられると主張した。人間の頭はモノの空間的、時間的位置などの頻度をあまり努力せず、意識せず、ほかのプロセスに妨げられずに覚えている。人間の赤ん坊は（黒い点やミッキーマウスの玩具などが）一つか、二つか、三つかという違いを生後数日で区別できるという。子どもがものを数える能力を調べた研究では、数に関する直感は自然に（条件付確率のような）分数よりも独立した数に向けられる。たとえば三、四歳の子どもに、四本のフォークと二つに折れた一本のフォークを見せて、フォークは何本あるだろうね、と尋ねると、ほとんどが六本と答える。

子どもと同じで数学者もまず頻度で考え、あとになってようやく分数やパーセンテージ、確率を考えるようになった（ピタゴラスとその弟子たちにとっては、数とは分数や負の整数ではなくて、正の整数だった。言い伝えによれば、メタポンツムのヒッパソスは無理数の存在を証明して、整数比による秩序というピタゴラス派の世界観を崩したために、船から海に投げ込まれたという）。確率とパーセンテージは歴史的に新しい不確実性の表現なのだ。不確実性の数理が登場したのは一七世紀半ばである。パーセンテージが一般的な表現法になったのは一九世紀、フランス革命のあとパリでメートル法が制定されてからだが、不確実性よりも金利や税の表現として使われていた。二〇世紀も後半になってようやく、確率とパーセンテージが天気予報や野球の統計などの不確実性を表わす日常用語として定着した。人間は進化のほとんどを通じて、確率やパーセンテージでリスクを学んではこなかった。

表現方法は大切

うまい数的表現が的確な思考方法の鍵であることは、リスクの理解に限らない。自然言語では、数の適切な表現を見つけようと努力したあとをいろいろとたどることができる。たとえば、英語は一貫して一〇進法をとっているわけではない。一から一二までの数字にはとくべつの呼び方があるが、これは昔の一二進法の名残だ。一二進法は通貨単位や長さにも使われる。一二ペニーは一シリングで、一二インチが一フィートというぐあいだ。英語圏の子どもは一三から二〇までの数字の呼び方も覚えなければならない。昔の二〇進法がこんなかたちで影を残している。フランスの子どもも二〇進法の名残と取り組まなければならない。九〇はquatore-vingt-dix、四つの二〇と一〇、という呼び方をする。ドイツ語を話す子どもも英語圏の子どもと同じで、二〇までの数字のめんどくさい呼び方を覚えなければならない。しかも、難題はまだある。ドイツでは話すときには二桁の数の表わし方が逆転する。二四はvierundzwanzig（四と二〇）になる。対照的に中国では一〇進法で一貫している。中国語の二桁の数の表記は単純なルールに従えばいい。一一は「十、一」だし、一二は「十、二」というふうに続く。二〇は「二、十」で二一は「二、十、一」というわけだ。

言語によって違う数の表現方法は、学習速度に影響する可能性がある。心理学者のケヴィン・ミラーたちは、アメリカの子どものグループと同年齢の中国の子どものグループに一から順番に数えさせて比較した。アメリカの子どもは四歳で平均して一五まで数えられたが、中国の子どもは四〇まで数えることができた。アメリカの子どもが相対的に学習が遅れているのは、ひとつには中国語よりも英語のほうが二桁の数がわかりにくいためだろう。

思考に果たす表現の役割が過小評価されることが多いのは、二つの表現が数学的あるいは理論的に同一であるなら表現方法の違いは問題になるはずがない、という合理性の理想のせいだ。実際に問題になれば、人間の非合理性のせいとみなされる。だがこの見方は、優れた表現方法の発見は問題解決に不可欠で、表現の違いを扱うことが創造的思考のツールの一部であるという事実を無視している。物理学者のリチャード・ファインマンは、同じ物理法則を違ったかたちで表現すると、数学的には同等でも違ったイメージが浮かび、それが新しい発見につながると述べている。

頭の外で物事がどう表現されているかということは、活動する頭脳にとって受動的なインプット以上の意味をもっている。推論や計算の一部となり得るし、同じ情報でも意味のある側面にアクセスしやすくなる。たとえばアラビア数字を見ればその数が一〇の倍数かどうかすぐにわかるが、二の倍数かどうかはわからない。二進法は逆だ。またアラビア数字はローマ数字よりも乗算除算にむいている。あるいはこの違いから、ローマ文明や中世初期のヨーロッパ文明よりも初期アラビア文明のほうが数学が発達していた理由の一部を説明できるかもしれない。ローマ数字でXIXとXXXIVの掛け算を考えてみるといい。アラビア数字では、一つ目の数字（19）のそれぞれの桁の数に二つ目の数字（34）のそれぞれの桁の数を掛けて、結果を一の位、一〇の位、一〇〇の位と順番に記せばすむ。ローマ数字ではこんなことはできない。一〇進法ではあっても、それぞれの桁の数字が一〇の倍数であることを表わしていないからだ。結果としてローマ数字は乗算除算には不便だということになる。

この章では、頭の霧を追い払うのに役立つツールを説明した。ツール、つまりリスクの表現を確率から自然頻度に変えることである。確率は――もっと正確に言えば条件付確率は――人間の推論を妨げる傾向があるが、自然頻度ならよけいな計算がいらないし、進化のなかで人間が事象を体験してきた形式に一致する。スタンディング医師の数字オンチが解消したように、自然頻度はしろうとだけでなく専門家にも役立つ。この「本来の」表現方法を回復すれば、数字オンチを解決できるのだ。

第二部　実生活で不確実性を理解する

5　乳がん検診

わたしは、女性たちに（乳がん検診に）参加しろというプレッシャーをかけないでほしいと切に願っています。決めるのは女性たち自身であるべきだし、事実を正確に世間に、それから個々の患者に知らせるべきです。聞きたくはない内容でしょうが。

――M・モーリーン・ロバーツ
（エディンバラ乳がん検診プロジェクト臨床部長）

乳がんで亡くなる少し前、エディンバラ乳がん検診プロジェクトで臨床部長を務めたモーリーン・ロバーツは、乳房X線検査を使った乳がん検診についてこう書いた。「残念なことですが、検診がどの年齢層でも女性の死亡率低下に役立っていないのではないかという可能性を、これ以上無視できません」さらに続けて、彼女が医師と一般市民の「洗脳」と呼んだことについて述べている。「（国家的な検診プログラムには）一種の伝道のような雰囲気があり、実際に何が行なわれているかを問うひとはあまりいませんでした」ロバーツ医師が言うのは乳房X線検査による乳がん検診であって、検査そのものではない。乳房X線検査による乳がん検診は、本来健康な女性の集団検診だ。この状況では統計的思考が最も適切であることは、これから説明する。乳房X線検査は集団検診以外でも使われる。たとえば臨床検査で腫瘍が見つかったというように、乳がんの症状があった患者の検査だ。乳房X線検査を使う集団検診の功罪をそのような他の状況にまであてはめることはできない。

乳がんの集団検診が最初に導入されたのはドイツで、一九三〇年代だった。理由はX線がドイツで発見されたということよりも、労働組合や労働者階級の利害を代表する政党の活動に押されて、タバコやアスベスト、タール、ラジウムなどの発がんの危険性を最初に認めたのがドイツだったということにあるのだろう。医師は早期発見の価値を認めろと熱心に説き、乳房X線検査の集団検診を受けない者は年間数千人の女性の死亡の共犯だとまで非難された。ラジオや新聞は、三〇歳以上の女性は毎年あるいは一年おきに集団検診を受けろとせっついた。何十万人かの女性が検診を受け、毎月自己触診をするのが女性としての義務だとまで宣言された。だが第二次大戦がドイツの医師の乳がんとの闘いに水をさした。アメリカで似たようなキャンペーンが始まったのはそれから三〇年たってからだった。

ロバーツ医師が検診について職業的な意見を発表してから一〇年余、北米の女性はいまでも矛盾する勧めを受けている。意見の違いは、乳房X線検査、医師による視触診、自己触診のすべてについて存在する。乳房X線検査については、検査を受けたほうがいい女性の年齢層で見解が分かれている。全米がん協会と国立がん研究所は、四〇歳以上の女性が毎年あるいは一、二年おきにX線検査と医師による視触診を受けることを奨励している。一方定期検診を勧めるアメリカ疾病予防サービス・タスクフォースとカナダ・タスクフォースは、五〇歳以上の女性に一、二年おきの乳房X線検査を勧めている。視触診と自己触診については、そもそも奨励すべきかどうかということで分かれている。アメリカ疾病予防サービス・タスクフォースは視触診抜きの乳房X線検査を勧め、視触診でX線検査の成績がさらに上がる証拠はないと主張している。だがほかの三機関は視触診も受けたほうがいいと言う。最後に全米がん協会は、二〇歳以上の女性が毎月自己触診することを奨励する。だがほかの機関は、どの年齢にしても自己触診は勧めていない。

これほど意見が違うのでは、女性はどの勧めに従えばいいのか、あるいはそもそもどれかに従うべきかどうか、迷うだろう。この問題に答えを出すには、検診のメリットとコストを充分に知る必要がある。それに、この決断は個人によってさまざまであるはずだ。同じ長所と短所でも、ひとによって価値が違うからである。

検診に関する知識は、ふつう思うほど広まっていない。たとえばある調査では、対象となった南フロリダに住むアフリカ系アメリカ人女性の三分の一強とワシントン州に住むヒスパニック女性の三分の一が、乳房X線検査について聞いたこともないと答えている。ほかのひとたちは検診がどういうものかを理解していなかった。オーストラリアの男女を対象とした調査では、五人のうち四人は、検診が症状のないひとを対象に行なわれることを知らなかった。検診についての最も多い誤解はつぎの五つだ。

乳がん検診についての五つの誤解

Q 検診は症状があった患者を対象とするのではありませんか?

A ちがいます。検診は症状のないひとが対象です。早期発見が目的です。

Q 検診で乳がんの発生率は下がるのですか?

A いいえ、下がりません。早期発見は予防とは違います。

Q 早期発見で死亡率が下がるのですか?

A すべてのがんで下がるとは限りません。早期発見は死亡率低下につながる可能性もありますが、必ずというわけではないのです。たとえば効果的な治療法がなければ、早期発見は死亡率に影響しません。その場合には、早期発見は余命を延ばすのではなく、ただ患者ががんと意識しつつ生きる時間が長くなるだけでしょう。

Q すべての乳がんが進行するのですか？

A いいえ、乳房X線検査では「非浸潤性乳管がん」と呼ばれるものも発見されます。若い女性の場合、検診で発見されるのは大半がこの非浸潤性乳管がんです。このがんの臨床的な経過は充分に理解されていないのですが、半数以上は進行しません。

Q 早期発見は常に有益なのですか？

A いいえ。たとえばがんが進行しなかったり、進行が遅くて生活に何も影響を及ぼさない場合には、早期発見しても当人にとって良いことはないでしょう。むしろ、利益がなくて苦しむだけかもしれません。たぶん、乳房切除や乳腺腫瘍摘出と放射線照射などの侵襲性の治療を受けることになり、生活の質《クオリティ・オヴ・ライフ》は大幅に低下するでしょう。

メリット

この基本的な誤解はべつとして、乳がん検診には、実際にどんなコストとメリットがあるのか、あるいはあると思われているのだろうか？

表5-1　10年間の乳がん死亡率の低下（40歳以上）。　スウェーデンで行なわれた28万人（概数）の女性を対象とする4つのランダム化対照試験の実数による結果。（Data from Nyström et al.,1996, in Mühlhauser and Höldke, 1999.）

治療（処置）	死亡者（1,000人あたり）
乳がん検診なし	4
乳がん検診受診	3

乳がん検診の目標は、早期発見によって乳がんの死亡率を低下させることだ。検診ではがんを予防できない。それでは、検診が実際にこの目標達成に役立っているのか、あるいはいつ役立つのかを見分けるにはどうすればいいのだろう？　いちばん良いのは、ランダム化対照試験を行なうことだ。大勢の女性を無作為に検診グループと統制グループに分ける。検診グループの女性は定期的に検診を受ける。検査結果が陽性であれば、呼び戻されて再度乳房X線検査か生検が行なわれる。乳がんと診断されれば、乳房切除や乳腺腫瘤摘出手術と放射線治療を受ける。統制グループの女性は検診には参加しない。そしてたとえば一〇年といった一定期間ののち、二つのグループを比較して、検診で何人の生命が救われたかを調べる。参加者は無作為に割り振られるので、死亡率の違いは年齢や社会的地位、健康状態の違いではなく、検診に帰することができる。

乳がん検診で女性が乳がんで死亡する確率が減るかどうかを調べるため、大規模なランダム化対照試験が一〇例行なわれている。これにはカナダ、スコットランド、スウェーデン、アメリカでのべ五〇万人の女性が参加している。結果はどうか？

メリットをどう伝えるか？

結果はまちまちで、伝え方によっては誤解すら呼びそうだ。まず、スウェーデンの四つのランダム化対照試験の対象となった（四〇歳以上の）すべての年齢層について、検診の全体的なメリットを見てみよう。表５－１は検診の結果を示す。

リスクを表現する四つの方法

相対リスク減少率　リスクを表現する方法の一つを使うと、乳がん検診で、乳がんによる死亡のリスクが二五パーセント低下した、つまり相対リスクが二五パーセント減少したことになる。保健機関は相対リスクでメリットを説明するのが好きで、これが誤解の可能性につながる。相対リスクが二五パーセント減少した、というのはどういう意味か？　多くのひとは、検診に参加した一〇〇人の女性のうち二五人の生命が救われるということだろう、と誤解する。相対リスクを理解するために、人間の頭にとっての共通通貨、つまり具体的なケースに置き換えて考えてみよう。検診に参加しない女性が一〇〇〇人、参加した女性が一〇〇〇人いたとする（表5－1）。一〇年後、最初のグループでは四人の女性が、あとのグループでは三人の女性が乳がんで死亡していた。四人から三人に減少したのだから、相対リスク減少率は二五パーセントになる。

絶対リスク減少率　絶対リスクの減少は四人から三人へ、つまり一〇〇〇人に一人だ（〇・一パーセント）。言い換えれば、一〇〇〇人の女性が一〇年間検診に参加すると、そのうち一人はたぶん、乳がんによる死を免れる。

要治療数（NNT）　要治療数という、検診のメリットを伝える三番目の方法がある。一人の生命を救うために何人を治療する必要があるか、という数だ。この数が少ないほど、治療法の効果は高い。ここで取り上げたケースでは一〇〇〇人である。一人の生命を救うには、一〇〇〇人が検診を受ける必要があるからだ。

余命増加　最後に、余命増加によってメリットを表わすこともできる。五九歳から六九歳まで検診を受けた女性の余命は平均して一二日間延びた。

結果を説明するこの四つの方法はどれも正しいが、示唆するメリットの大きさは違うし、これを聞いた女性が検診に参加する意欲がどれほど湧くか、どんな感情的な反応を起こすかも違うはずだ。相対リスク減少率で説明されれば誤解が生じやすいだろう。相対リスク減少率は絶対リスク減少率よりも大きな数字になる。たとえば二五パーセントの相対リスク減少率と、一〇〇〇人に一人という絶対リスク減少率を比べてみればいい。処置の効果を印象づけたい医療機関は、患者の数字オンチにつけこもうと、だいたい相対リスク減少率というかたちで伝える。相対リスクは治療（処置）の絶対的なメリットについての情報を教えてくれない。たとえば二五パーセントの減少は、病気が頻繁にみられるものであれば効果が大きいが、稀な病気ならごく小さい。絶対リスク、要治療数、余命増大という方法のほうが、リスクの説明として透明性がある。だが、保健機関はめったにこの方法を取らず、代わりに相対リスク減少率で一般への説明を行なっている。12章で詳しく取り上げるように、相対リスク減少率で処置のメリットを説明するのには、制度的な理由がある場合が多い。たとえば、医学研究資金の申請を評価する保健当局が数字オンチなら、申請者は相対リスク減少率で報告すべきだと感じるだろう。そのほうが印象的だからだ。

透明性は、もっとわかりやすい状況にたとえて治療や処置のメリットを表現することでも確保できる。たとえば、リスク減少率が二五パーセントの乳がん検診を毎年受けるのは、余命を延ばすという意味では、運転する距離を毎年三〇〇マイル減らすのとほぼ同じ効果がある。

乳がん検診は四〇代女性にも効果があるか？

ランダム化対照試験のどれを見ても、四〇歳から四九歳までの女性では、検診でその後の九年に乳がんによる死亡率が低下するという結果は出ていない。一〇のランダム化対照試験のうち九つまでは、その後の一〇年から一四年についても死亡率は低下していないが、一つ——スウェーデンのイェーテボリで行なわれたもの——では死亡率が低下している。なぜこの例だけ死亡率が低下したのかは不明だ。この研究は四〇代女性だけを対象にしたものではないが、カナダの全国乳がん研究——この年齢層を対象にした唯一の試験で、イェーテボリに比べて参加女性は二倍——では、一〇年半後も死亡率の低下はない。一〇のランダム化対照試験の結果を合わせると、一〇年から一四年後にも死亡率の低下は見られない。したがって、乳がん検診が四〇代の女性の乳がん死亡率を低下させるという証拠はまだない。

なぜ、五〇歳未満の女性では、乳がん死が低下しないのか？　考えられる理由はいくつかあるが、決定的なものではない。たとえば乳房の密度は一般に若い女性のほうが高いので、治療可能な段階の乳がんを見つけにくいのではないかという説がある。もう一つの説明は、若い女性の場合、浸潤性の乳がんの大半は攻撃的で進行が早く、そのために定期検診では見つからないのではないか、ということだ。さらに五〇歳未満の女性は乳がんにかかりにくく、そのためにこの年齢層の女性ではそもそも検診のメリットを被る女性が少ないということもある。

乳がん検診は五〇代以上の女性には効果があるか？

一〇のランダム化対照試験のうち八つには、五〇歳以上で検診に参加した女性が含まれている。そのうち三つでは、乳がんの死亡率がかなり低下した。四つは低下したものの、ゼロと区別できないほどわずかだった。一つではまったく低下していない。死亡率の低下は検診開始後七年から九年で計算されているが、開始後四年くらいからすでに見られる。これらの結果を総合すると、相対リスク減少率は二七パーセントになる。だが、何人の生命が救われ、絶対リスクはどの程度減少したのだろう？　五〇歳で検診を受け始め、それから二〇年間、一年おきに受けた女性を考える。これらの女性二七〇人について一人の生命が救われる。したがって絶対リスク減少は二七〇人に一人、一〇〇〇人に約四人だ。それでもこの年齢層の検診の効果は、全年齢層のそれよりも大きい（表5－1）。五〇歳以降では、乳がん検診は乳がん死を低下させると見られる。

触診や自己触診は効果があるか？

常識では、三つの乳がん検診全部を受ければ、ひとつだけよりも効果的だろうと思う。だが、どうやら事実はそうではなさそうだ。五〇歳以上の女性の場合、触診はX線検査単独にくらべて、死亡率を引き下げるのにとくに役立ってはいない。一方、触診が熟練した医師によって行なわれれば、さらにX線検査を受けても追加的な効果はわずかである。同じく、三五歳から六五歳までの女性を対象にしたいくつかの調査では、定期的な自己触診は死亡率に影響を及ぼさないことが示された。ただし、乳がんの発見数は多くなる。しかし触診と自己触診のコストは大きい。怪しいしこりをみつけた女性ががん専門医に相談すれば、以下に記すように何カ月か、それどころか何年も、無益な肉体的、心理的ストレスにさらされるかもしれない。自己触診は年に一度ではなく、毎月実行するようにと勧められているので、とくに疑いや不安が起こりやすく、おおぜいの女性が安心するためにX線検査を受けることになりがちだ。

つまるところ、効果は

乳がん検診の効果という面では、モーリーン・ロバーツが言ったほど事態は暗くはなさそうである。X線検査による検診が五〇歳以上の女性の乳がんによる死亡率を減少させているのは明らかだ。結果として、この年齢層の早期発見は侵襲性の治療を減少させ、生活の質を改善させているだろう。だが、四〇代の女性についてははっきりしない。いまのところ、検診開始後一〇年以前に効果があるという証拠はない。またX線検査に加えて医師による視触診や自己触診が行なわれても、それで効果が高まるという証拠もない。これらの調査結果は、最善の乳がん検診という点で保健機関のこれまでの勧告を覆した。たとえば一〇年前には、保健機関は依然として三五歳から三九歳までの女性に基本的な乳房X線検査を奨励していたが、現在では責任ある機関はどこも三〇代の女性には基本としての乳房X線検査や検診を勧めていない。

最後に、乳がん検診は一年おきより毎年行なったほうがリスク減少率が高いだろうか？　ランダム化対照試験によれば、毎年乳房X線検査を受けても一年おきでも違いはない。これは、多くの腫瘍はX線検査で見つかるまでに約三年半が経過しているという事実によるのだろう。したがってがんを見つけるには一年おきの検診でも充分なのだ。

最近、コンセンサスを得て出された国立衛生研究所の声明は、意思決定をはっきりと患者側に委ねている。「現在までに入手できたデータからは、四〇代女性に乳房X線検査による一斉検診を勧めるべきだという結論は出ていない。女性はそれぞれが自分で、乳房X線検査を受けるかどうかを決めるべきである」この声明に、ガイドラインを期待していた多くの人々はあわてた。これまで、自分から進んで検診を受けようと決めた女性は少なかっただろう。大半は医師の勧めに従ったのだ。医師に乳房X線検査を勧められた女性の九〇パーセントが医師の言葉にしたがっている。医師の勧めがない場合には、一〇パーセントの女性しか乳房X線検査を受けていない。

それでは、女性はどうすれば検診を受けるべきかどうか決断できるだろう? 自分で賢く決断するには乳房X線検査のメリットだけでなく、想定されるコストも知る必要がある。

コスト

乳房X線検査による検診のコストは、メリットと同じであまりきちんと調べられていない。コストのなかには肉体的コストも心理的コストも、金銭的コストも含まれる。乳がん検診に付随するコストを支払うのは、三つのグループの女性だ。

偽陽性

最初のグループは、乳がんではないのに乳房X線検査で陽性と出る(偽陽性)女性である。このグループの女性は呼び戻されて、詳しく検査される。ほとんどは、再度のX線検査、超音波診断、生検を受けるだろうし、不運な場合には乳腺腫瘤摘出や乳房切除にいたるだろう。多くの女性にとっては乳房X線検査は苦痛だし、不安なものだ。なかにはこの検診で心理的なトラウマが生じ、長期に及ぶ不安やうつ状態、それに集中力の低下が起こる女性もある。生検にも、傷口の感染といった身体的コストのほかにも心理的コストがあり得る。偽陽性だったことがわかってほっとするにしても、陽性という結果とその後の再検査で感じた心理的ショックは、生検で偽陽性と判断されたのちも長く消えないかもしれない。乳房X線検査で偽陽性だった女性の二人に一人は、三カ月後もX線検査や乳がんについてかなりの不安を感じると答えている。しかも、四人に一人はその不安が毎日の気分や行動に影響しているという。

では、このグループの女性はどれくらいいるのだろう？　言い換えれば、乳房X線検査の偽陽性というのはどれくらい起こるものなのだろうか？

●偽陽性

初めて乳房X線検査を受けた二万六〇〇〇人の女性を調べたところ、陽性だった女性でその後の一三カ月以内に乳がんが発見されたのは、一〇人のうちわずか一人だった。言い換えると、一〇の陽性のうち九つは偽陽性だったのだ。図4－2はこの結果を示している。四〇歳から五〇歳までで最初に乳房X線検査を受けた一〇〇〇人の女性に対し、陽性の結果が出たうち真の陽性は七人だけで、七〇人は偽陽性だろうということになる。若い女性だと、陽性全体に占める偽陽性の率はさらに高い。

●乳房X線検査の繰り返し

毎年あるいは一年おきに定期的に乳房X線検査を受ける女性については、どうだろう？毎年あるいは一年おきに一〇回受けると、乳がんではない女性の二人に一人が少なくとも一度、偽陽性という結果を経験する可能性がある。では、毎年どれくらいの数の女性が偽陽性にともなう身体的、心理的コストを支払っているのか？　ドイツでは、三〇〇万人から四〇〇万人の女性が毎年乳がん検診を受けている（ドイツの健康保険会社は検診の費用を支給しないが、医師が症状を工夫して、保険会社に乳房X線検査の費用を負担させる場合が多い）。このうち約三〇万人が偽陽性で再検査にまわされる。偽陽性がこれほど膨大な数に上る結果として、推計一〇万人が――乳がんではないのに――毎年、なんらかのかたちの侵襲的な手術を受けている。アメリカで四〇代以上の女性五〇〇〇万人が全米がん協会の勧告どおり毎年乳がん検診を受ければ、何百万人かが偽陽性という結果になるだろう。その多くは乳房の生検を受けるはずだ。これから考えて、アメリカでは毎年三〇万人以上の女性が乳がんではないのに生検を受けていることになる。

この偽陽性の数を減らす方法はあるのだろうか？　オランダの医師たちは、陽性の定義をより厳格にして偽陽性を排除しようとした。この方法によって偽陽性の率は減少したが、代償として真の陽性のほうに影響が出た。つまり、検診で見逃されるがんが増えたのである。

偽陽性の心理的コストのほうはもっと簡単に緩和できる。医師が偽陽性の多さを説明すればいい。たとえば、乳がんではない女性の二人に一人は、一〇回乳がん検診を受ければ少なくとも一度、偽陽性という結果が出るだろう、と話すことである。この事実を知っていれば、知らない女性よりは陽性という結果のショックが小さいだろう。しかしわたしは、医師に偽陽性の多さを説明されたという女性にはほとんど会ったことがない。

偽陽性は女性の身体と心に相当の負担となる。定期的に乳がん検診を受けている女性の約半数が、この乳房X線検査のコストを負わされている。

非進行性乳がん

乳がん検診で早期の乳がんが発見されたとき、エレノアは四九歳だった。医師は乳房の一部を摘出し、放射線治療ののちようやくエレノアはがん細胞がすべて破壊されたという嬉しい知らせを受けた。喜んだエレノアは友人たちに、乳がん検診と手術で救われた、これからは心配せずに暮らせると語った。だがそれは彼女の誤解で、じつは辛い手術や治療を受けなくても、同じくらい長く、もっと幸せに暮らせたのかもしれない。

エレノアは乳房X線検査の検診のコストを払う第二のグループの女性だったかもしれないからである。このひとたちは、乳がん検診を受けなければ一生発見されなかったと思われるがんの持ち主だ。こんなことが起こるケースには二種類ある。第一は、非浸潤性乳管がんと呼ばれるさまざまな病変だった場合。このがんは乳管に限定されていて、周囲の組織に広がらない。視触診では見つからないが、X線検査だと発見される。三〇代女性が乳房X線検査を受けて見つかるがんの大半、四〇代だと四〇パーセントがこの非浸潤性乳管がんである。年齢が上がると、このがんは少なくなる。これらのがんがその後臨床的にどういうコースをたどるのかはあまり理解されていないが、乳管がんの一〇例のうち一～五例は最終的には進行し、二〇年から三〇年で侵襲性のがんになると考えられている。ほかの非浸潤性乳管がんはまったく広がらず、乳房X線検査を受けなければ一生気づかれないだろう。がんが侵襲性でなければ、がんそのものも処置も患者の余命には影響を及ぼさない。医師には、どれが侵襲性でどれがそうでないかを予測することはできない。現在のところ、非浸潤性乳管がんが見つかった女性のほとんどは、乳腺腫瘤摘出や乳房切除の処置を受ける。だがこの女性たちの半数余りは、ほうっておいても症状が出なかったはずだ。

第二に、乳がんでも、とくに高齢で診断された場合、進行が遅くてがんで死ぬ前に当人が死亡することがある。結局命取りにはならない非浸潤性乳管がんの女性と同じように、この女性たちもやはり苦痛が多くてトラウマを残す、しかも不必要な治療を受けながら、余命には何の影響もないことになる。

がんのなかには進行しないものがあることを知らない女性は多い。アメリカ人女性に対する無作為抽出調査によると、非浸潤性乳管がんについて聞いたことがある者はほとんどなく、対象となった女性の九四パーセントは、非進行性の乳がんの存在を聞いて、そんなはずはないだろうと疑っている。

非進行性あるいは進行の遅いがんの女性は、乳房X線検査を受けることで、偽陽性の女性よりも高いコストを支払う。結果が陽性と出たあと通常行なわれる治療は、彼女たちの余命を延ばすのではなく、がんと診断されて治療で苦しめられる期間を延ばすだけなのだ。これらの女性にとって、早期発見は生活の質を低下させる可能性がある。

放射線で引き起こされる乳がん

乳がん検診のコストを払わされる第三のグループは、X線検査で放射線にさらされなければ乳がんにならなかったはずの女性たちだ。放射線の発がん性は、二〇世紀最初の一〇年には認められていた。X線技師の手に皮膚がんが発見されたのだ。X線が乳がんの原因になるという最も初期のデータは、胸部X線検査が結核その他の肺疾患の診断にふつうに用いられるようになった一九一九年にドイツの医師が集めたものである。このリスクがどれほどの大きさのものかは、間接的にしかわからない。たとえば頻繁に胸部X線検査を受ける女性結核患者における乳がんの発生率、広島、長崎の被爆者における種々のがん発生率などから推測するしかない。現在では、乳房X線検査が乳がんの原因になり得ることについてはほぼ合意があるが、どの程度頻繁に起こるかについては研究者の見解が分かれている。

放射線の影響は照射量に比例する。照射量が半減すれば、放射線が原因で乳がんになる女性も半分になる。照射量が倍増すれば、乳がんになる女性の数も倍になるというぐあいだ。照射の総量を何度かに分けて被曝したのか、それとも一度、短期間に被曝したかは関係がないらしい。リスクは被曝後一五年から二〇年でピークに達する。放射線が原因の乳がんが被曝後一〇年たってできるのか、あるいは二五歳未満の女性でも起こるのかはわかっていない。放射線が原因とみられる乳がんのリスクは、初潮が遅かった女性、若いころに初産した女性、長期間授乳した女性、それに閉経が早い女性が最も低い。これからみて、女性を（放射線照射以外の原因で起こる）乳がんから守っているホルモンが、放射線が原因の乳がんのリスクも軽減させているのではないかと思われる。

放射線が乳がんを引き起こすリスクは被曝時の年齢と大きな関係がある（図5－1）。たとえば三〇代の女性が乳房X線検査を受ければ、リスクは四〇代の女性の倍も高い。リスクが最も高いのは思春期で、放射線照射の原因は乳房X線検査ではなく胸部X線検査その他のX線である。六〇代以上の女性になると、放射線が原因の乳がんのリスクはほとんど無視できる数値になる。この種のがんができるには二〇年もかかることが理由だろう。

現在の推計によると、四〇歳から乳房X線検査を受け始めた一万人の女性のうち二人か

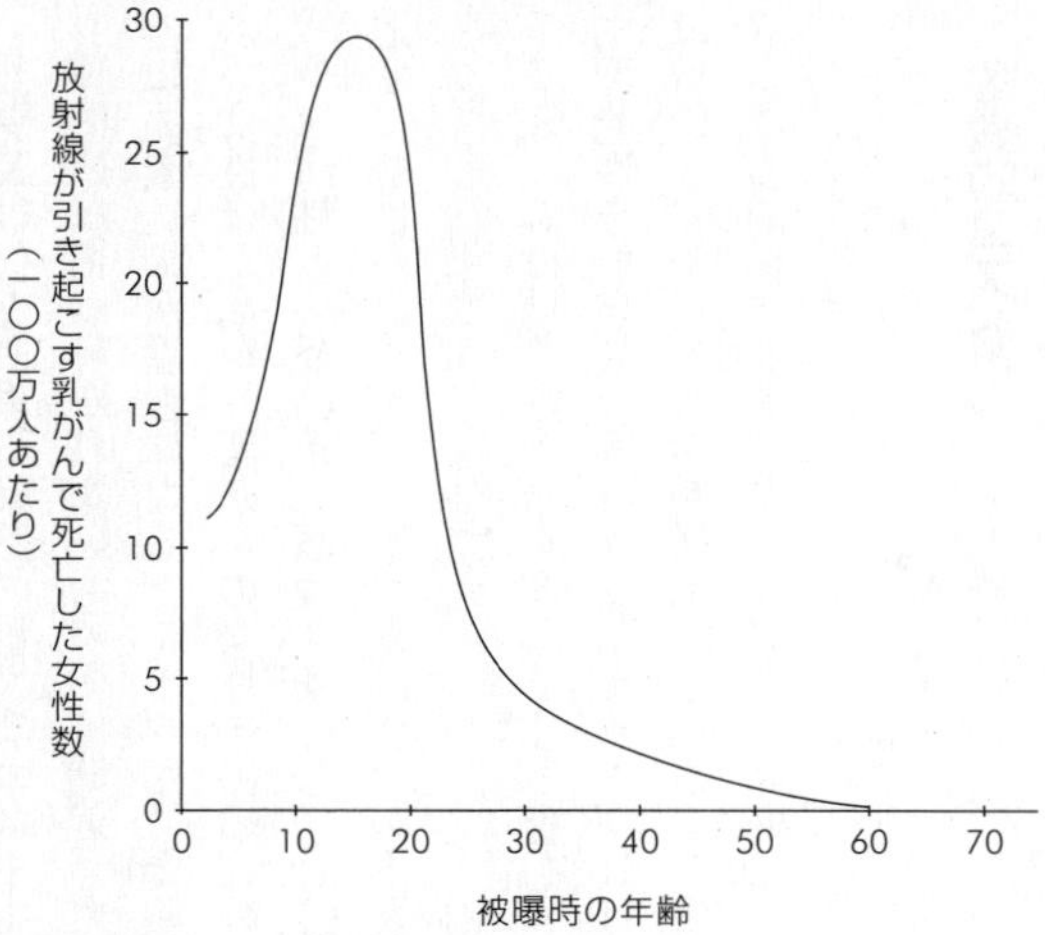

図5-1　放射線が引き起こす乳ガンの死亡者。 放射線が引き起こす乳がんで死亡する女性の数は被曝時の年齢に大きく関係する。(From Jung,1998.)

ら四人は、放射線が原因で乳がんになり、そのうちの一人は死亡するという。これらの数字は間接的なデータに基づくおおまかな推計で、使われるレントゲン・フィルムや照射の質、その他技術的な要素によってかなり違うかもしれないことに注意されたい。たとえば一九七〇年代に乳房X線検査で使われた放射線量は現在に比べて一〇倍も高い。

乳房X線検査その他の放射線は、少数の女性に乳がんを発生させる。放射線で乳がんになるかどうかを予測するいちばん大きな要素は、被曝時の年齢だ。年齢が高ければ高いほど、リスクは低い。

偽陰性

乳房X線検査による検診の重大なコストを払わされるこの三つのグループの女性以外に、身体的には傷つけられないものの、間違った安心感を与えられる女性たちがいる。がんなのに検査結果が陰性になるグループだ。偽陰性の率は五パーセントから二〇パーセントで、若い女性ほど高い。乳がんの女性一〇〇人のうち八〇人から九五人は結果が陽性と出るが、残りは陰性という結果で誤って安心してしまう。間違った安心感のせいで治療の可能性を逃す可能性があるが、これは検診のコストとして数えるべきではないだろう。検診を受けなくても結果は同じなのだから。

X線技師は偽陰性の数を減らそうと努力するが、これには代償がともなう。腫瘍を見逃す可能性をできるだけ小さくしようとすれば、（あいまいなケースで陽性の）怖れがあるほうに区分されるものが増え、したがって偽陽性の率も上がる。偽陰性と偽陽性はトレードオフの関係にある。がん発見率が高い（偽陰性が少ない）X線技師は偽陽性の率が高いのがふつうだ。

金銭的コスト

乳房X線検査は五〇歳から六九歳までの女性にとって、最もコスト効率のよい方法である。このグループの女性を一年おきに二〇年検査すると、救われた余命一年あたりのコストは二万一〇〇〇ドルになる。検診費用一〇〇ドルについて、あと三三ドルが偽陽性のフォローアップに使われている。乳がん検診が豊かでない、あるいは手厚い健康保険に加入していない女性にとってもメリットになるためには、乳房X線検査の質を改善するか、もっとコスト効率のよい技術が開発されなければならない。

まとめ

乳房X線検査は女性にメリットとコストとをもたらす。コストには大きく分けて三種類ある。第一に、乳がんでない女性の二人に一人は（一〇回の検査で）一回以上偽陽性を経験し、その診断と治療の結果、乳房組織の摘出や不安の増大といった身体的、心理的な損傷を負う可能性がある。第二に、非進行性（あるいは進行の遅い）乳がん患者の大半は、検診を受けなければ、がんになっていても生涯、異常細胞に気づかない。この場合には、細胞が侵襲性のがんに発展するかどうかは誰にもわからないから、身体的、心理的影響をともなう乳管腫瘤摘出手術や乳房切除、化学療法、さらには放射線療法などが、第二のコストとなってのしかかる。最後に、乳がんでなかった一万人の女性のうちほぼ二人から四人は、乳房X線検査での放射線が引き起こすがんになり、そのうち一人は死亡する。

これらは、患者の側から見た乳房X線検査の大きな難点だ。医師の側から見たコストにはまだ触れていない。医師のほうには、がんを発見できなかった場合に患者や弁護士から訴えられることを心配しなければならない、という不安がある。このために偽陽性よりも見逃し（偽陰性）の心配のほうが大きい。訴訟に携わる弁護士は偽陽性ではなく、見逃しのほうに狙いを定める傾向があるからだ。偽陰性の可能性を減らすため、医師は患者に何種類もの検査をするだろうし、その代償として偽陽性が増加する。

五〇歳になるまでは、乳房X線検査はコストだけでメリットがないように思われる。だが五〇歳の女性は想定されるメリットがコストを上回るかという疑問に直面する。それが自分で答えを決めなければならない。医師は検診のメリットとコストについて患者の理解を助けることはできるが、それをどう評価するかについては助言できない。決断はそれぞれの女性の目標に決定的に左右される。心の安定や身体を傷つけずにおくことを優先するか、自分が検診で利益を受ける少数の一人になる可能性を試す気があるかないか、などだ。

賢い選択をするためには、女性がリスクを知っていなければならない。女性たちは知らされているだろうか？

検診にはどんなメリットがあると思われているか？

乳房X線検査は乳がんの発生率を減らすわけではないことを思い出してほしい。乳がんに起因する死亡率を低下させるだけだ。五〇歳未満で検診を受けた女性については、死亡率の低下は証明されていないが、五〇歳以上の女性については死亡者は一〇〇〇人あたり四人減る。

発生率

かなり多くの女性が検診で乳がんの発生率が下がると信じている。このひとたちは早期発見と予防を取り違えている。この混乱の火に油を注ぐのが、この章のあとのほうで取り上げる乳がんの発生率を強調する保健機関のパンフレットだ。できるだけ多くの女性に検診に参加してもらいたいと考える組織は、検診の対象となる病気について情報を提供しようとするとき、ジレンマに陥る。たとえば、スイスのモルジェ地区（レマン湖の近く）で乳がん検診制度が試行されたとき、女性は検診についての情報と、参加してくださいというお誘いを受け取った。この「情報を受け取った」女性のうち、検診で乳がんにかかる率が下がると誤って信じた女性の割合はスイスの残りの地域より多かった。スイスにいる同僚のひとりが説明してくれたところでは、「七〇パーセントから八〇パーセントの女性が参加してくれないと、研究結果に疑問が生じる」のだそうだ。そこで保健機関は女性たちの誤解を正すことより、参加する気になってくれそうな情報を強調したくなるのである。

死亡率

シカゴのある医療機関を訪れた六〇〇〇人以上の女性患者の半数以上（五五パーセント）が、三〇歳から三五歳で乳房X線検査を受け始めるべきだと答えた。この間違った信念を医師たちに植え付けられた可能性は低い。なぜなら医師たちのほうは誰も、四〇歳未満で検診を受け始めるべきだとは答えなかったのだから。アメリカの女性を無作為抽出して調べたところでは、約四〇パーセントが検診は一八歳から三九歳までのあいだに始めるべきだと答え、八〇パーセント以上が四〇歳から四九歳の女性にも検診は明らかなメリットがあると信じていた。この女性たちはまた、一〇年間毎年乳房X線検査を受けるより、自己触診のほうがメリットが大きいとも信じていた。これらの調査結果は、アメリカの女性たちのあいだに驚くほどの誤解が広がっていることを示している。だからといって、ほかの国々の女性のほうはきちんとした情報を与えられているとは言えない。アメリカの女性のほうが調査が行き届いているだけなのだ。

検診のメリットはどの程度だと信じられているか？　四〇代のアメリカ人女性一四五人にインタビューした調査がある。教育水準や社会経済的なレベルは平均より上で、大半は大学か大学院を卒業しており、世帯の収入は五万ドルを超えていた。乳がんにかかったことがある女性は一人もいない。それにもかかわらず、九〇パーセントは少なくとも一度は乳房X線検査を受けたことがあるという。この結果は五〇歳未満でも検診にメリットがあるという誤解が広がっているのと符合する。この女性たちに、こんな質問が行なわれた。

あなたとそっくりの女性が一〇〇〇人いると想像してください。乳房X線検査も医師が触診する乳がん検査も受けなかったとしたら、そのうち何人が次の一〇年間に乳がんで死ぬと思いますか？

もうひとつ。

あなたとそっくりの女性が一〇〇〇人いると想像してください。毎年あるいは二年に一度乳房X線検査か医師が触診する乳がん検査を受けるとしたら、そのうち何人が次の一〇年間に乳がんで死ぬと思いますか？

一〇年の検診でどれくらいの女性の生命が救われると――これは、二つの質問の回答の差で表わされる――彼女たちは考えていただろうか？　一〇〇〇人に六〇人である。四〇代の女性の場合、乳がん検診にメリットがあるという証拠はないことを、そして全年齢でも検診で救われる人数は一〇〇〇人あたり六〇人ではなく一人であることを思い出していただきたい。これほど大きなメリットがあるというのは幻想だ。この教育水準の高い女性たちの大半が乳房X線検査を受けていたことに注意してほしい。彼女たちが検診に同意したとき、そこに「インフォームド・コンセント」があったとはとても考えられない。

検診のコストはどう考えられているか?

アメリカ人女性に対する無作為抽出調査では、九二パーセントが、乳がんでない女性には乳房X線検査は何も害がないと信じていた。残りのうち三パーセントは害になる可能性があるとして放射線被曝をあげ、一パーセントはストレスと不安を、もっと少ない人々が偽陽性の問題を指摘した。だが、乳房X線検査で非進行性のがんが発見されたときの不必要な傷害に言及した女性は一人もいなかった。

乳房X線検査の幻想の発生源

表5-2　オーストラリアの保健機関が配布している乳がん検診に関する58のパンフレットの内容。たとえば、パンフレットの60%に、一生のうちに乳がんにかかるリスクが掲載されている（Adapted from Slaytor and Ward, 1998.）

情報	掲載されている割合
一生のうちに乳がんにかかるリスク	60%
乳がんで死亡するリスク	2%
乳がんにかかって、生き延びる率	5%
乳がん死の相対リスク減少率	22%
乳がん死の絶対リスク減少	0
乳がん死を一人減らすために必要な検診者数	0
検診受信者のうちの再検査が必要な割合	14%
偽陰性の割合あるいは感度	26%
偽陽性の割合あるいは特異度	0
陽性結果が出たうち乳がんだった女性の割合（真の陽性の検出率）	0

これらの調査から、多くの女性は乳房X線検査にほとんど魔術的な力があると信じ、誰も害があるとは思っていない、という姿が浮かんでくる。乳房X線検査に関するこの幻想はどこから生まれたのか？　健康に関する情報源はふつう、三つある。メディア（テレビやラジオ、新聞、雑誌、インターネットなど）と医師、そして保健機関のパンフレットだ。ここではパンフレットに焦点を絞ろう。保健機関は乳房X線検査のメリットとコストについて、どれくらい情報を提供しているのだろうか？　一九七七年にシドニー中央地区保健サービスのエマ・スレイターとジャネット・ウォードが、オーストラリアのすべてのがん専門機関、保健局、

乳がん検診実施当局が配布している乳房X線検査に関するパンフレットを分析した。パンフレットの内容は女性の意識にあることとないことを反映しているだろうか？

パンフレットにいちばんよく載っている情報は乳がんにかかるリスクである（表5－2）。六〇パーセントのパンフレットには、女性が一生のうちに乳がんにかかるリスクが書かれている（パンフレットによって、一一人のうち一人から一六人のうち一人まで）。女性が乳がんで死ぬリスク（こちらのほうが低い）を載せているのはパンフレットのうち二パーセント。乳がんにかかる率を知るのも役に立つが、この情報は乳房X線検査のコストやメリットについては伝えていない。それに検診は乳がん発生率を減らすのではなく、死亡率を減らすだけだ。パンフレットが発生率を強調するのも、多くの女性が検診で発生率が下がると信じる理由の一つではないのだろうか。

パンフレットは死亡率の低下については、どう書いているか？　死亡者の減少について触れているパンフレットは二二パーセントだけである。このメリットについて触れている場合でも、必ず相対リスク減少率、つまりこの章の初めで説明したように、しろうとに誤解させて検診のメリットを過大評価させる典型的なやり方で説明している。言い換えれば、絶対リスク減少や要治療数その他もっと理解しやすいやり方をとっているパンフレットは一つもなかった。

パンフレットはそろって、考えられる検診のコストにはまったく沈黙している。たとえば、繰り返し検診を受ける女性の約半数は一回以上偽陽性を経験するという事実にもかかわらず、偽陽性の割合についてまったく書かれていない。また四分の一は、偽陰性という場合があることに触れている――たとえば、「乳房X線検査は九〇パーセントの乳がんを検出します」「検査結果は一〇〇パーセント正確ではありません」と書かれている。最後に、検診結果が陽性であった女性のうち、実際に乳がんであるのはその一部――四〇代では一〇人に一人――であることを知らせているパンフレットはどれくらいあっただろうか？　ゼロだ。これらのパンフレットでいちばん驚くのは、どんな情報が掲載されていないか、ということなのである。

この方針はオーストラリアに限ったことではなさそうだ。欠けている部分――考えられる検診のコストや陽性という検査結果の意味――は、アメリカの一般市民についての調査で発見された「盲点」とよく符合する。死亡者の減少を説明するのに相対リスクを使うことと女性たちが検診のメリットを過大評価していることが符合するし、偽陽性の情報が欠けていることと女性たちが陽性という検査結果に不必要なほど不安を抱くこととは符合する。検査結果が陽性でも一〇人のうち九人はがんではない、ということを聞いたことがなければ、結果が陽性だと言われれば必要以上に怯えるだろう。一般市民が考えるメリットとコストが大きく歪められている限り、乳房X線検査を使う検診についてのインフォームド・コンセントは手が届かないところにあるとしかいいようがない。

どうしてこんなことになっているのかと尋ねられて、数百人のドイツ人女性にインタビューして乳がんと乳がん検診について彼女たちが無知であることを調べたある心理学者は、要するに多くの女性は乳がんについても検診についても細かいことを知りたくないのだ、この無知はほとんど集団防衛メカニズムと表現することができる、と答えた。この見方があたっているかどうかはともかく、パンフレットの内容に関する分析は、問題が単に女性たちの頭のなかにあるだけではないことを示している。保健情報を提供するひとたちのなかに、乳がん検診の対象となる女性たちにあまり詳しいことを知らせたがらない者がいるらしい。

数字オンチから不安へ

そもそもコストがないと信じていたら、メリットとコストを秤にかけることなどできはしない。さらに、乳がん検診に関する充分な情報に基づく選択を邪魔するのが、乳がんにまつわる不安だ。乳がんの発生率やほかの重大な病気の発生率との比較、若い女性のあいだでの発生率などが一貫してオーバーに説明されているために、その不安はさらに激しくなる。もちろん、重大な疾病にかかることを怖れるのは充分に筋が通っている。わたしが言いたいのは、誤解につながる情報をパンフレットやメディアが提供するから、不安が不必要に煽られるということだ。

「女性一〇人に一人」

一九九九年一〇月、ドイツの週刊誌『シュテルン』が一三ページにわたる乳がん特集を組んだ。副題には一〇人に一人の女性が乳がんにかかると記され、記事のなかでもこの表現が繰り返された。統計的情報と言えるのはこれだけで、あとの記事は希望と絶望に彩られた個人的なストーリーを通じて読者の感情に訴えるもので、当然なくてはならないかのようにセンセーショナルな写真（ブルーのレースの下着をつけ、赤いボクシング用グラブをはめたトップレスの女性の一群で、この女性たちは乳房を片方失っている）が掲載されていた。「女性一〇人に一人」という数字（場合によっては「女性九人に一人」）は、一般向けの新聞や雑誌と乳がん検診センターのお題目になった感がある。この数字がおおぜいの女性を怯えさせている。だが、この数字は何を意味しているのか？『シュテルン』が書かなかったのは、一〇人に一人という数字は、八五歳までに乳がんにかかる女性の数を足し合わせたものだ、ということだ。しかし多くの女性は八五歳になる以前に亡くなっているし、こんな高齢で乳がんになった女性はたぶんべつの原因で亡くなるだろう。表5‐3は一〇〇〇人の女性を例にとった場合、一〇人に一人という数字がど

表 5-3　女性 1,000 人あたりの乳がんと心臓病のリスクと「10 人に 1 人」の意味。データはオンタリオがん統計局の報告書にある発生率と死亡率をもとに作成。(After Phillips et al.,1999.)

年齢	当初の生存者数	乳がんの発生数	乳がんによる死亡者	心臓病による死亡者	その他の原因による死亡者
0−9	1,000	0	0	0	7
10−19	993	0	0	0	2
20−29	991	0	0	0	3
30−34	988	1	0	0	2
35−39	986	3	0	0	3
40−44	983	5	1	1	4
45−49	977	8	2	1	6
50−54	968	11	3	2	11
55−59	952	12	3	5	15
60−64	929	12	3	9	25
65−69	892	14	4	16	36
70−74	836	13	5	28	51
75−79	752	11	6	52	70
80−84	624	9	6	89	95
≥85	434	5	7	224	203

う現われるかを説明している。三〇代で乳がんになる女性が四人、四〇代では一三人だ。八五歳になるころには乳がんにかかる女性の数は全部で九九人、これが一〇人に一人という数字に対応する。このうち三三人は乳がんで死亡する。この自然頻度を使うと、乳がんになった女性の半数以上はべつの原因で死亡することがわかる。八五歳までに乳がんで死亡するのは一〇〇〇人に三人だ。心臓病で亡くなる女性のほうが六倍も多いこともわかる。

もちろん国や場所が違えば、表5－3の数字はそのままはあてはまらない。ここではっきりさせたいのは、一〇人に一人というよく使われる数字が何を意味するのか、ということだ。一〇人に一人という数字を洞察する力を鍛えてくれるのは、図4－2と同じツールである。まず具体的な数を考えて、これをサブ・グループに分けていく。こうして得られる頻度は簡単に理解できる。

一〇人に一人という数字が表5－3のようなやり方で説明されることは、あってもごくまれである。この数字を女性たちはどう解釈しているか？　教育水準が高く、乳がんにかかったことがない四〇歳から四九歳のアメリカ人女性グループを思い出していただきたい。彼女たちは、自分とそっくりの一〇〇〇人の女性を想像したとき、今後一〇年に何人が乳がんで死ぬと思うか、と尋ねられた。回答の平均は一〇〇人。「一〇人に一人」という数字とぴったり一致する。調査した研究者によれば、これは乳がんによる死亡の実際のリスク（表5－3に一致する）の二〇倍以上だという。四五歳（調査対象となった女性の平均年齢）の女性のうち、その後一〇年に乳がんで死ぬのは五人で、一〇〇〇人ではない。したがって、この女性たちの大半が一〇人に一人という数字を聞いたことがあるとすれば、それは八五歳までの累積的なリスクではなく、今後一〇年のリスクだと信じているのだろう。有病率ではなく死亡率だと思っていることは言うまでもない。このような誤解が不必要な不安の火に油を注ぐ。乳がんの不安を煽れば得をする利害関係者がいるかもしれないが、女性の利益にならないことは確かである。

乳がんは女性にとって最も怖い病気か？

どうして乳がんはほかの病気よりも強い不安を呼び起こすのか？　北米の女性の死因のトップはがんではなく心血管疾患、つまり心臓と血管を冒される病気だ（表5―3）。アメリカ心臓学協会（ＡＨＡ）が実施した調査では、この事実を知っている女性は非常に少ない（八パーセント）。同じく全米加齢会議の調査では、いちばん怖い病気として心臓病をあげた女性は九パーセント、これに対してがん、とくに乳がんをあげた女性は六一パーセントに上った。がんのなかでもアメリカ人女性の死因として一番多いのは肺がんであって、乳がんではない（図5―2）。この事実を知っている女性は二五パーセントだけである。

アメリカでは乳がんよりも前立腺がんのほうが多いし（図5―2）、こちらのほうが多

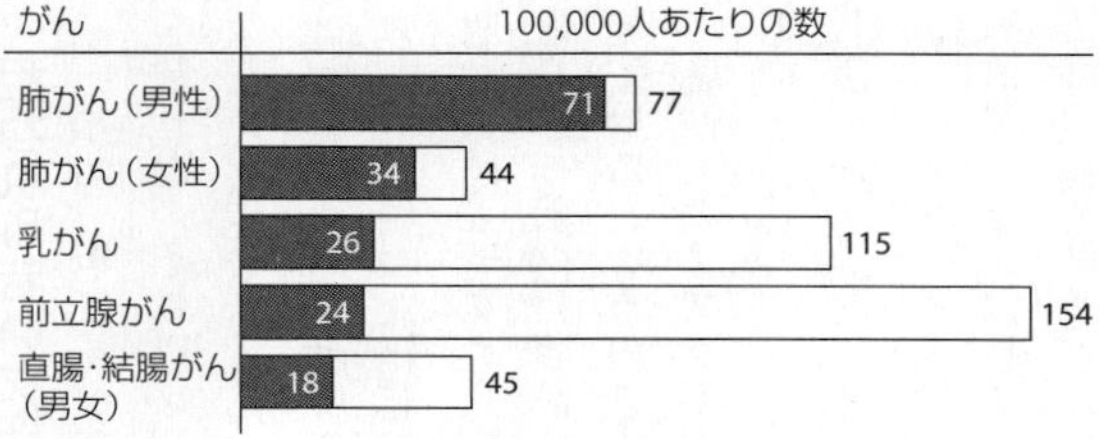

図5-2　アメリカで多い4つのがんの死亡者（黒い部分）と罹患者（黒い部分と白い部分をあわせたもの）。たとえば100,000人の男性のうち毎年77人が肺がんと診断され、そのうち71人が死亡する（1990〜95年、白人のみ）。(Based on the figures reported by Wingo et al., 1998.)

くの生命を奪っている。だが、女性が乳がんを怖れるのと同じくらい男性が前立腺がんを怖れているという話は聞かない。おもしろいことに、乳がんと違って前立腺がんはメディアでは老人の病気と扱われている。しかし、じつは有病率も死亡率も診断の中位数にあたる年齢も、前立腺がんは乳がんと非常によく似ている。女性の死亡率としては、がんのうちの第三位は大腸がん（直腸・結腸がん）である（肺がん、乳がんに次ぐ）。大腸がんは直腸がんと結腸がんの総称で、ふたつを比べると直腸がんのほうが多い。肺がんと同じく大腸がんもめったに新聞の見出しや一面記事にならない。メディアの報道の仕方に応じて、一般市民は乳がんに比べた心臓病やほかのがんのリスクを過小評価している。メディアの擁護者は、逆にメディアのほうが一般市民の意識にあわせているのだと反論するかもしれない。だが、どちらかでなければならないということはない。双方があいまってこういう結果になっているのだろう。

狙われる若い女性

一九九一年に乳がんを特集した『タイム』は、表紙に裸の胸を強調した若い女性の写真を載せた。それ以来、多くの雑誌がこのひそみにならい、乳がんをいちばん怖れているのは若い女性であるかのような印象を生み出している。ある調査によれば、『グラマー』『ヴォーグ』『サイエンティフィック・アメリカン』『タイム』『リーダーズ・ダイジェスト』といった雑誌に出ている乳がんの症例や逸話の八五パーセントは、五〇歳未満の女性に関するものだという。一九八〇年代から一九九〇年代はじめに乳がん件数が急増したとき、一般向け雑誌は、若い解放された専門職女性を中心に乳がんが不思議な広がりを見せているという書き方をした。

乳がんのリスク要因として最も高いのは年齢である。だが、一般向け雑誌に書かれているのとは違って、リスクが高いのは若い女性ではなく高齢女性のほうだ。乳がんと診断される平均年齢は六五歳である（表5－3を参照）。さらに、若い女性では発生件数の増加はみられず、最も増加が大きかったのは六〇代以上の女性だった。そしてこの増加の（すべてではないにしても）大半は、臨床的には問題とならなかったかもしれない多くのがん（非浸潤性乳管がんなど）を検出する乳房X線検査の受診者増加に帰せられる。この見方を裏付けるのは、発生件数が増加しているのに乳がん死の率がほぼ安定しているという事実だ。乳がんの発生件数は、保健制度のなかで検診増加の「バブル」が通り過ぎた一九九〇年代はじめには横ばいになった。

これまでの年月を通じて相対的に一定しているのが男性の罹患者で、乳がんと診断された人々の約〇・五パーセントを占める。男性は乳がん検診を受けない。だが受けていたら、男性のあいだでも発生件数の増加が見られたかもしれない。

若い乳がんの犠牲者を強調するメディアの傾向は、女性の考え方に反映されているだろうか？　三一人の医師を擁するシカゴの大学病院で、七〇〇人の女性患者が、六五歳の女性と四〇歳の女性とどちらのほうが乳がんが多いと思いますかと尋ねられた。このうち六五歳のほうが四〇歳よりも多いということを知っていたのは二八パーセントだけだった。同じくノースカロライナにおける調査では、女性の八〇パーセントは高齢の女性のほうが乳がんが多いということを知らなかった。しかしイリノイの調査で調査対象となった開業医は、全員、乳がんのリスクは年齢とともに高まると正しく答えている。この結果から見て、患者たちは医師のせいで誤解しているのではないが、しかし医師たちは誤解を正せていないようだ。メディアが若い女性に乳がんの脅威を強調しているのは、非常に誤解を招くやり方である。心配する理由があるのは高齢女性のほうなのだから。

数字オンチで「予防的乳房切除」

数字オンチと不安が組み合わさると、女性たちは本来なら杞憂だと、それどころか有害でさえあるとして拒否するはずの処置を受けてしまったりする。心理学者のロビン・ドーズは、新聞が乳がん治療のパイオニアと賞賛したミシガン州の外科医の驚くべき例を報告している。この外科医は、三〇歳以上の女性はすべて毎年乳房X線検査を受けるべきだと主張した。しかも、健康な女性が乳房を切除して代わりにシリコンを入れることを推奨したのだ。この主張を正当化する外科医の理屈がわからないとお思いになっても心配はいらない。ただ、用心することだ。

この外科医は、女性の五七パーセントは乳がんのリスクが高く、乳がんの九二パーセントはこのハイリスク・グループで生じていると言った。さらに、（ハイリスクだろうとローリスクだろうと）女性全体で一三人に一人が四〇歳から五九歳までのあいだに乳がんにかかると主張した。ここから、ハイリスク・グループの女性の二人または三人に一人は、四〇歳から五九歳までのあいだに乳がんにかかるという結論を引き出したのである。

外科医はこの「推計」をもとに、乳がんではないがハイリスク・グループに属する女性——半数以上——は予防的乳房切除を受けたほうがいいと勧めた。そうすれば、がんのリスクや死を含めたその結果に向き合わずにすむ、というのである。こうして外科医は二年

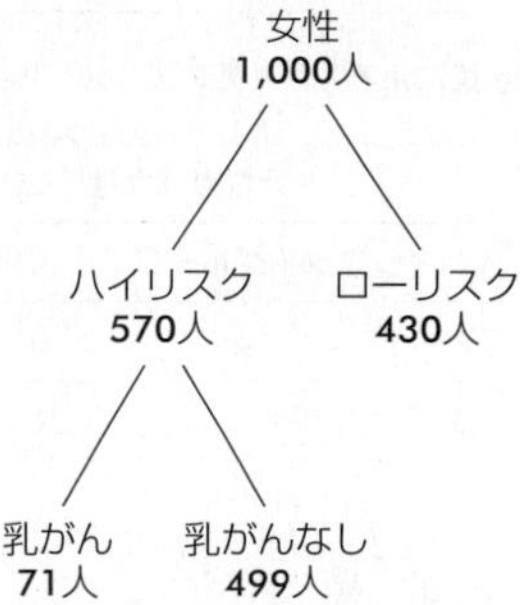

図5-3　ミシガン州の外科医が説明したリスクを頻度で表すと。　ハイリスク・グループの女性のうち2人から3人に1人は乳がんになるという外科医の結論は間違っている。パーセンテージで表された数字を頻度に直すと、2,3人に1人ではなく、8人に1人であることが簡単にわかる（570人のうちの71人）。さらに、外科医の数字の代わりにもっと現実的な数字を使えば、この数字は17人に1人になる。

ほどのあいだに「ハイリスク」グループではあっても健康な女性九〇人の乳房を切除し、シリコンを注入した。

この外科医に説得された女性たちは、乳房を犠牲にすることによって自分たちの生命を救い、愛する人々に喪失の苦しみを味わわせずにすむ、とけなげな決断をしたつもりだったのかもしれない。この女性たちの誰ひとり、また愛する人々の誰ひとり、外科医があげた数字や理屈を疑ってみようとはしなかったようだ。

外科医の理屈がまっとうなものかどうかチェックするために、ここで図5－3のようなツリーを作ってみる。一〇〇〇人の女性を考えてみよう。前述の外科医によれば、このうち五七〇人（五七パーセント）はハイリスク・グループに属する。さらに一〇〇〇人のう

表 5-4　予防的乳房摘出手術による乳がん死の減少。 (Hartmann et al.1999.)

	死亡者（女性 100 人あたり）	
処置	ハイリスク・グループ	中程度のリスクのグループ
予防的乳房摘出手術	1	0
統制群（手術なし）	5	2.4

ち七七人（一三人に一人）は四〇歳から五九歳までに乳がんにかかり、そのうち七一人（九二パーセント）はハイリスク・グループに属するという。そこで、五七〇人のハイリスク・グループの女性のうち七一人が乳がんになるわけだ。つまり八人に一人であって、外科医の言うように二人から三人に一人ではない。

これで、外科医の理屈のどこがおかしいのかが見えてくる。彼は自分が明らかにしたリスクをもとにまちがった推論をした。おまけに彼が使った数字は水増しされている（四〇歳から五九歳までの女性の一三人に一人が乳がんになるというのは非現実的である）。表5－3を見ると、一〇〇〇人の女性のうち四〇歳から五九歳のあいだに乳がんになるのは三六人であることがわかる。このもっと現実的な数字をもとにすると、ハイリスク・グループの女性のうち四〇歳から五九歳までに乳がんになるのは一七人に一人と考えられる。この結果から考えれば、外科医が予防的乳房切除手術を行なった九〇人の女性のうち、八五人くらいはどちらにしても乳がんにはならなかっただろう（それに、ほかの何人かもこれほど極端ではない処置、たとえば乳腺腫瘤摘出手術ですんだかもしれない）。この場合、外科医と患者の数字オンチがあいまって悲劇的なコストが生じてしまった。コストを負担したのは患者だけだが。

予防的乳房摘出手術は、実際にはどれほどのメリットがあったのだろう？　家族に乳がん患者がいて、ミネソタ州のメイヨー・クリニックで予防的乳房摘出手術を受けた六三九人の女性のその後を調べた新しい調査がある。この女性たちはハイリスク（たとえば乳がん遺伝子のＢＲＣＡ１、ＢＲＣＡ２に突然変異がある場合や、乳がんになった一親等の家族が一人または複数いる場合）か中程度のリスクに分類されるひとたちだった。手術時の年齢の中位数は四二歳で、フォローアップ年数の中位数は一四年である。結果は表５－４に示したとおりだった。

メリットを説明する方法

●ハイリスク・グループ

絶対リスク減少率　予防的乳房摘出手術によって、乳がんで死亡する女性の数は一〇〇人に五人から一人に減った。したがって絶対リスク減少率は一〇〇人に四人（四パーセント）である。

相対リスク減少率　予防的乳房摘出手術によって、乳がんで死亡するリスクは八〇パーセント減少した（五人に四人が救われたのだから、八〇パーセントになる）。相対リスク減少率は絶対リスク減少率（一〇〇人のうち四人）を処置を受けないで死んだ数の割合（一〇〇人のうち五人）で割った値であることを思い出していただきたい。

要治療数（NNT）　一人の生命を救うために乳房摘出手術を受ける必要がある女性の数は二五人。この手術で一〇〇人に四人（二五人に一人）が救われたからである。

●中程度のリスクのグループ

絶対リスク減少率　予防的乳房摘出手術によって、乳がんで死亡する女性の数は一〇〇人に二・四人からゼロに減った。したがって絶対リスク減少率は一〇〇人に二・四人（二・四パーセント）である。

相対リスク減少率　予防的乳房摘出手術によって、乳がんで死亡するリスクは一〇〇パーセント減少した。

要治療数（NNT）　一人の生命を救うために乳房摘出手術を受ける必要がある女性の数は四二人。

この三つはどれも正確に調査結果を表わしているが、処置のメリットについて受ける印象は異なる可能性があり、また女性たちも違った感情的反応を呼び起こされるだろう。たとえばハイリスク・グループの女性については、乳がんによる死亡のリスクを相対リスク減少率で表わすか絶対リスク減少率で表わすかによって、八〇パーセント低下するとも四パーセント低下するとも言える。しかも要治療数からすれば、ハイリスクの女性二五人のうち一人が救われ、残る二四人は乳房摘出手術から何のメリットも受けないことになる（ハイリスク・グループの大半は、乳房を摘出しなくても乳がんで死ぬことはなく、少数は摘出後も乳がんで死亡するから）。中程度のリスクのグループでは、処置を受けた四二人に一人が救われるから、四二人のうち四一人は何のメリットもなく乳房を失ったということだ。

予防的乳房摘出手術を受けようかどうしようかと考えている女性が、充分な情報に基づく決断をするためには、これらの数字を知らなければならない。さらにこれらの数字が何を意味しているか、つまり絶対リスク減少率と相対リスク減少率の違い、必要治療数の意味などの理解が不可欠だ。メイヨー・クリニックの六三九人の女性の事例が示しているように、予防的乳房摘出手術で生命が救われる場合はある。だが一方では、受ければもう何の心配もいらないわけでもないことは、手術後も七人の女性が乳がんにかかっていることから明らかだし、処置を受けた大多数の女性はべつに余命が延びたわけでもないのに、生活の質の低下をもたらしている。

結論

乳がんは予想がつきにくい病気で、成長が早い腫瘍もあれば、成長が遅くて何の症状も出ない腫瘍もあるし、その中間も存在する。乳がん検診を受けるかどうかの決断で、女性たちは確実性という幻と三種類の数字オンチすべてのからみあいと取り組むことになる。確実性という幻は医師によって強化される。医師はふつう患者に確実性とリスクという選択肢を提示するが、じつは選択すべきは二つのリスクのどちらか、具体的には検診を受けるリスクと受けないリスクのどちらかなのである。確実性の幻は、検診のメリットだけを説明して危険性には触れない保健機関のパンフレットによっても煽られる。リスクに対する無知は例外というよりは、あたりまえになっているようだ。たとえば偽陽性の多さはめったに言及されないし、早期発見がメリットにならず、コストだけを生じる非進行性のがんの存在についてもあまり取り上げられない。しかもメリットは、しろうとに不当な印象を植え付けて誤解を呼びやすい相対リスク減少率というかたちで伝えられることが多い。結果として、メリットとコストに関する女性の知識のレベルはあきれるほど低く、インフォームド・コンセントなどほとんど不可能ということになる。最後に、乳房X線検査の確度は確率で説明されることが多く、これが——患者はいうまでもなく——医師の頭まで混乱させている。

もちろん、数字オンチは現代医学にこの嘆かわしい状況をはびこらせている要素のひとつにすぎない。医療過誤訴訟を避けたい医師の思惑とか、患者に情報を伝えつつ検診に参加させたいという保健機関の葛藤などの制度的な要因もあるし、現実的な情報よりも安心感が欲しいという患者側の要望——最後になったが、これも小さくない——という感情的な要因もある。

この状態を改善するさまざまな——法的、専門的、その他の——手段のなかで、数字オンチを退治するツールは最もコスト効率がよく、容易に活用できる。このツールのなかには、透明性ある方法でリスクを伝え、頭の霧を晴れさせることも含まれる。いま蔓延している数字オンチが解決されて、すっきりした理解が広がれば、改革を求める声が高まって、必要な制度的、専門的変化が実現するかもしれない。

6 (非)インフォームド・コンセント

すべて(の務め)を穏やかに、巧みに遂行し、患者を治療するに際してはほとんどの事柄を隠しておきなさい。明るく穏やかに必要な命令を与え、患者の関心を治療からそらしなさい。ときには厳しく熱をこめて叱ることも、こまやかな心遣いを示すことも必要だが、患者の未来や現在の状況については、何も教えてはいけない。

——ヒポクラテス

一九世紀には、三種類の医師が三つ巴になって争っていた。芸術家タイプ、統計家タイプ、決定論者タイプである。フランスの医学教授リスエーニョ・ダマドールは、医療の「技」と個々の患者についての直感に頼る芸術家タイプの医師、というモデルを掲げた。ライバルのピエール・シャルル・アレクサンドル・ルイは対照的に、医療の「技」にはあまり重きをおかず、代わりに科学的証拠を求めた。ルイは当時確立していた瀉血《しゃけつ》を医療処置と考える説を否定して有名になった。データを集めて、出血した患者のほうがしなかった患者よりもわずかだが死亡率が高いことを明らかにし、こう結論づけたのである。「もう医療の技がどうの、未来を占う能力がどうのと言うべきではない」

このころは、統計を使って医療技術の効力を調べるという方法は画期的だった。この考え方は天文学におけるピエール・シモン・ラプラスと社会科学におけるアドルフ・ケトレーの統計的方法に触発されたものである。だが、統計的証拠に眉をひそめるのは「芸術家タイプ」の医師ばかりではなかった。フランスの生理学者クロード・ベルナールは、医師のイメージとして芸術家タイプも統計家タイプも否定した。彼は、統計情報の利用をこんなふうに揶揄している。

立派な外科医がある方法で(腎臓)結石の手術を行なう。その後、死亡者と回復した患者の統計を取り、これらの統計からこの手術の死亡率に関する法則は五分の二であるという結論を出す。さて、わたしに言わせれば、この比率は科学的にまったく無意味であり、次にわれわれが行なう手術が多少でも確実になるわけでもない。

ベルナールに言わせれば、平均は個々のケースを決定する法則の代わりにはならず、真の決定論者はそんなものは相手にしない。これらの法則を発見するためには統計ではなくて実験が必要なのだ、というのが彼の言い分である。一九世紀にはまだ、統計データは科学的方法とは対極のものと考えられていた。科学は確実性に関わり、統計は不確実性に関わる。ゆえに、統計は適切な科学的ツールではない、というわけだ。ドイツ・ハンガリーの医師イグナーツ・ゼンメルヴァイスの産褥熱と壊血病に関する統計的研究は、この研究が示唆した予防法を関係当局が規則化しようとしなかったことでも伝説になっている。物理学とは違って、医学的診断と治療の領域では統計的思考の出現には時間がかかった。

ベルナールが統計と実験のあいだに置いた溝は、一九二〇年代、三〇年代になってイギリスの統計学者サー・ロナルド・フィッシャーが「科学的メソッド」と呼ぶもので統計と実験を結びつけたときにようやく埋まった。医学統計の専門家オースティン・ブラッドフォード・ヒルは、フィッシャーのランダム化対照実験の手法を医療分野に応用し、この功績により一九六一年にナイトの称号を授けられている。「個人の福祉への配慮」を称えられた彼の仕事は、医療統計と実験を、したがって集合と個を融合させたものだった。

医師についてのこのような見方が、医療の決定を下す資格をもつのは誰かということに関する今日の対立姿勢のもとになっている。決定するのは医師か？　患者か？　両方か？　医療の技をもつ優れた芸術家を自認する医師にとって、患者は拍手をしていればいい無知な聴衆であって、意思決定に参加する必要のない存在だ。だいたい指揮者は聴衆にベートーヴェンの演奏方法について助言を求めたりしない。芸術家である医師というイメージにふさわしく、医師は文字どおりすべてを決定した。患者は大船に乗った気で言われたとおりにした。患者の身体は医師の所有物であるかのように扱われ、薬を与えるか、手術を行なうかは医師が決めた。一部の芸術家タイプの医師は、患者が本人のカルテを見ることすら許さなかった。

現在では、医療における意思決定は変化している。患者が関与する度合いはますます大きくなった。この変化を物語るのが、エール大学の医師ジェイ・カッツ著『医師と患者の沈黙の世界』である。この本が出版された一九八四年には、外科医はほとんど例外なく、自分の身体に起こる出来事について患者にも発言させるべきだというカッツの見方を攻撃した。芸術家としての医師というすばらしいイメージは、充分な情報をもった成熟した患者という考え方とは相容れなかった。

ベルナールの決定論的な理想は、医療上の意思決定にこれとはべつの刻印を残した。この理想を信じる医師は、医療に関する意思決定を確実性とリスクのあいだの選択だと考えた。ハーヴァード大学医学部のハロルド・バースタジン博士に率いられたチームが書いた『医療の選択、医療のチャンス』という本は、医療における選択が確実性とリスクのあいだの選択であることなどほぼあり得ず、二つのリスクの選択であることを明らかにした。検査と治療は結果がはっきりしない場合が多く、副作用を伴う可能性があり、確実性など通常は論外なのである。

この本はアメリカ有数の大学病院に入院した二一カ月の男児の症例から始まる。男児は耳の感染症だったが、顔色が悪くて元気がなく、体重が極端に少なかった。この子は飢えていても、しばしば食事を拒否した。治療にあたった善意の医師たちは、病気の原因を「確実に」つきとめることが自分たちの責務だと信じた。この目標にそぐわない行為はすべて危険だと考えたものの、確実性を求めて執拗な検査を行ない、やせ衰えた子どもから何度も採血することは危険だとは思わなかった。いったん診断マシンが動き出すと、優れた専門家が数多くの生検、六度の脊髄穿刺、さらに何回もの検査をした。検査の多くは、当時は治療不能だった疾病を診断するためのものだった。医師たちは男児の病気の原因をつきとめられないではすまないと感じていた。検査で何がわかったか？　確実なことは何もわからなかった。しかし侵襲性の強い検査が続くうちに、幼児はますます食事を拒否するようになり、六週間に及ぶ確実性を求める苦闘ののち死亡した。不確実な世界では、確実性という理想は危険な場合がある。

その一方、診断と治療に関する医師の決定は統計に基づくべきであるとするルイの見方は、入手可能な科学的根拠と患者の選好に基づいて医師と患者が何をすべきかを話し合うという、両者の交流の発展につながった。このやり方の現代版は「科学的根拠に基づく医療」という言葉で表わされている。幸い、科学的根拠に基づく医療を実践する医師は増加している。つまり狭い臨床手続きと個人的好みではなく、入手可能な科学的根拠に基づいて診断と治療を決定するということだ。理想は医師と患者が一緒に治療方法を決めることだろう。医師は可能な処置に関する専門家であり、患者は自分が何を望み、何を必要とするかについての専門家だからである。

しかし残念ながら、実際の医療に関する決定はなかなかこんな理想のようにはいかない。そもそも、「科学的根拠に基づく医療」という言葉が生まれねばならなかったということが問題だ。科学的な根拠に基づく物理学を推奨しなければならない自然科学者の集まりとはどういうものか、考えてみるといい。世界保健機関のある代表は最近、アメリカの医療関係者で科学的根拠に基づく治療を選択している者はわずか四〇パーセントで、残りは効果がないかもしれない治療を行なっていると推測した。医療業界が——ベルナールの時代から一〇〇年以上たっても、あいかわらず——科学的根拠に基づく医療の実践をためらう理由のひとつは、多くの医師がいまだに統計をもとにした推論で診断をつけることに困難を感じていることにある。

インフォームド・コンセント

医師たちはインフォームド・コンセントと、意思決定への患者の関与についてどう考えているのだろうか？　ここに載せたのは、第2章で紹介した六〇人の医師たちの議論の第二部で、極端な意見の違いがあることを示している。

医師会会長　今日の医学はいまなお、一六世紀の教会を思わせるところがある。外科医はほとんどが男性で奇妙な言葉を使い、顧客である患者は懺悔のあと安心させてもらうわけです。それに、奇妙な衣装を身につけ、盲腸に儀式的な手術を行なう。われわれに必要なのは改革でしょう。マルティン・ルターは聖書をラテン語からドイツ語に翻訳して人々に届けたんです。われわれも相対リスクだの何だのというわかりにくい言葉を自然頻度と明快な言葉に翻訳して、患者に科学的根拠を届けるべきですよ。

会議主催者　もうちょっと敷衍させてください。「宗教改革」の際に批判が向けられた最大の標的は、免罪を金で買えるということでした。人々はあらゆる罪への神の赦しを金で買えると信じさせられたのです。聖職者がそう言い、聖書にじかに触れられない信者はそれを信じました。現在、これにたとえられるのは医療業界ですね。患者はあらゆる病気の治療を金で買えると信じさせられている。もうひとつ、そっくりの状況がありま す。新しい情報技術です。宗教改革を進める道具になったのは印刷技術でした。印刷技術のおかげで、ルターが翻訳した言葉が人々に広まったのです。初めて、聖職者の言葉に頼るのではなく、誰もが聖書の文章を読むことができるようになった。現在、第二の情報技術革命が進行している。インターネットです。インターネットによって、かつては手に入れるのが難しかった医療情報にアクセスできるようになった。www.cochrane.org のような医師の非営利グループが、患者に必要な情報をインターネット上で提供しています。ルターは聖職者と俗人、知っている者と知らない者との違いを平準化した。インターネットは医師と患者、不可謬と無知の差を平準化するのに役立ちますよ。これがわたしの考える改革です。医師は科学的根拠に基づき、患者の目的に配慮して、治療に関する意思決定を行なえばいいのです。

産婦人科医　その見方はもっともだと思いますが、しかし現実は違うんですよ。わたしは自分で決断できるように、女性患者にメリットとコストを教えます。しかし、数字に関心をもつ患者はごくわずかですよ。たいていは非合理的な決断をするんです。隣人が乳がんになった――だから検診を受けようというぐあいに。

M教授　だが、われわれには患者に情報を提供する責任がありますよ。乳房X線検査に関する情報は、あまり知らされていませんからね。多くの医師は女性たちの罪悪感をかきたてて、検診を受けさせようとします。「検診を受けられたでしょうねえ。まだ、受けてないいんですか?」なんてね。それに、乳房X線検査が乳がんを予防すると信じている女性もたくさんいます。歯磨きをすれば虫歯が予防できるように。フェミニストのグループは検診を実施せよと要求する。だが、早期発見が必ずしもメリットにならない場合があることを知っているフェミニストはきわめて少数です。たとえば、進行が遅くて侵襲性のあるがんにはならないがんが検出された場合のように、ですね。最低限、検診の目標、偽陽性と偽陰性の割合、乳房X線検査のメリットとコスト、それに金銭面の問題を患者に知らせる必要があります。医師は乳房X線検査を実施すれば収入があるが、検診を拒否されれば儲けはないということをはっきりさせるべきですよ。

B医師　しかし検診が有害でもあり得るなんて言ったら、患者は喜びませんよ。絶望のなかで乳房X線検査にすがりつき、それで乳がんから救われると思っている女性もいる。彼女たちにとっては希望のもとなんです。

M教授　一〇年の検診でメリットがあるのは一〇〇〇人のうち一人ですよ。言い換えれば、検診に参加した女性の九九・九パーセントには何のメリットもなく、コストの可能性があるだけなんです。だが、話はそれだけではすまない。スウェーデンの研究では、死亡者の総数——乳がんもその他の死因も含めてですが——は、検診を受けた女性と受けない女性でどちらも変わらないことがわかっています。

B教授　どうしてそんなことになるのかな?

C教授　検診に行く途中に、交通事故に遭うんじゃないですか。

M教授　なぜかはわかりません。それに、乳房X線検査に関する優れた調査があるにしても、やっぱりわれわれは不確実性とともに生き続けるんですよ。

主催者 意見の相違があるということ、それに決定的な答えはないことを、われわれは認めなければなりません。問題はこういうことでしょう。検診を受けて、コストを被るかもしれないリスクを冒すか。コストとは、早期発見と治療ががん死亡者の減少につながらない、あるいは生活の質の低下をもたらす、というようなことですね。あるいは検診を受けず、M教授がおっしゃったように、自分は検診によるメリットを受けない一〇〇〇人のうちの九九九人だということに賭けてみるか。しかし、ほんとうは救われる一人かもしれないというリスクを冒すことになりますがね。

A医師 ドイツのエッセンにいる医師が三人の女性の片方あるいは両方の乳房を切除したんだそうです。ほとんどはがんの恐れはない女性だった。このことが明るみに出たとき、ある医師はカルテに火を放ち、焼身自殺しましたよ。スウェーデンの調査では四〇〇〇件の不必要な乳房切除が行なわれていました。これがみな一〇〇〇分の一のメリットのためだとしたら、ひきあうのでしょうかね?

C医師 どうして、不必要な乳房切除がそんなに行なわれているんですか?

A医師 ドイツの場合は診断がいいかげんでした。だが一般に組織学者の診断が一致するのは、全体の七〇パーセントに過ぎないんです。

(乳がん専門医がそんなはずはないという顔で首を振る)

主催者　乳房X線検査を受けるべきだという女性に対する圧力はすさまじいものがあります。「六カ月後にまたきてください。フォローアップの乳房X線検査を受けなければなりませんから……」

D医師　しかし、どうして情報を提供しろとおっしゃるんですか？　たいていの患者は情報なんか欲しがっていませんよ。心理学の問題です。彼女たちは不安なんだ。最悪の事態を怖れている。安心させてもらいたいんです。数字なんか見たいものですか。

産婦人科医　乳房X線検査をすれば、こちら、つまり医者の側が安心するんです。怖いのは、検査を勧めなかった患者があとになって乳がんになり、「どうして検査をしろと言ってくれなかったのか」と言ってくることです。だから、どの患者にも検診を勧める。乳房X線検査は勧めるべきではないと思いますが。しかし選択の余地はない。この医療システムはインチキだと思うし、わたしも落ち着かないものを感じます。

A医師　あなたは乳房X線検査を受けますか？

産婦人科医　いいえ、受けません。

主催者　（聴衆に向かって）みなさんのうち、どれくらいの方が乳房X線検査を受けるか、お尋ねしましょうか。男性の場合は、「もし自分が女性だったら、受けるか」と考えてみてください。（誰も挙手しないのを見て）ふうむ。受けない確信のある方は？　それから、受けないだろうと思われる方？　それに、わからないという方？　(挙手を数えたあと) 女性はどなたも受けないんですね。受けないが五五人。五人がわからない——男性ですね。考えたことがないのでしょう。

会長　われわれはしっかりした科学的根拠を患者の頭に入れて、幻想を追放する必要がある。同時に、患者の不安と儀式の必要性を真剣に受け止めることも必要です。臨床に携わる医師はみんな、多少はブードゥー教や神秘主義めいたことをやってますよ。花形の外科医でもね。患者がそれを期待している。しかしいちばん重要なのは、われわれが頭脳を使うことを覚えて、もういいかげんにカントが昔、求めていたように啓蒙の時代に入るべきだということでしょう。

F医師　インフォームド・コンセントを阻んでいるのは、不安のあまり考えることを拒否する患者だけじゃない。多くの医師は、そもそもリスクを理解していない。これが女性たちの感情や不安に影響しているのかもしれません。

乳がん専門医　わたしも数年前までは技術力を過信していたことを認めますよ。わたしの専門分野では、医師はがんを見逃すまいということばかり重視する。乳房を切除したあとでがんでないことがわかっても、患者は喜ぶし、医師も幸せなんです。患者は、「どうして乳房を切除したんですか？　どうして生検など、もっと侵襲性の少ない診断方法を取らなかったんですか？」とは言いません。

主催者　患者は「慎重にしてくれてありがたかった、これですべてOKだ」と自分に言い聞かせるんでしょう。侵襲性のある手術で結果が良性なら、患者はほっとして、医者に感謝します。

意思決定に関する研究者　エイズのカウンセラーがいつか、偽陽性は絶対にないと言いました。わたしは聞きましたよ。「偽陽性だったとしたら、あなたは気づきましたか?」彼ははっとしたようで、しばらく考えていましたが、こう答えました。「いや、たぶん気づかないでしょう」同様に、放射線科医も患者をフォローしませんし、統計もとらないし、クオリティ・コントロールの研究もしない。どの陽性がじつは偽陽性だったかを追跡していないんです。しかも偽陽性の話になると、多くの医師は不安そうになり、自己防衛的になりますよ。

A医師　医師の研修セミナーに何度も出席しましたが、そこでは「感度（実際に病気のひとを陽性と判断する確率）」と「特異度（実際に病気でないひとを病気でないと判断する確率）」について詳しく説明します。それから、参加者に陽性の結果の病気のひとに対する割合を何と呼びますかと尋ねる。ひとりが答えます。「特異度」いや、違うでしょう。もう一度考えてください。「ああ、そうか」彼は訂正します。「『一マイナス特異度』と言うつもりだったんです」いやいや、もう一度、というわけです。

会長　科学的根拠についての判断と評価の訓練を受けている医師は少ないですね。わたし自身、ふたつのことがいやで外科医になりました。統計と心理学です。ところが、どっちもこの仕事にはつきものだと気づきましたよ。

この議論からみて、インフォームド・コンセントと意思決定の分かち合いに関する意見に相違があることは明白だ。ある医師のグループは、患者とは情報よりも安心が欲しい感情的な存在だと考えている。別のグループは、医師には患者に情報を伝える倫理的義務があり、情報に基づく意思決定が行なわれていないのは、感情的で知的にハンディのある患者のせいだけでなく、数字オンチを含めた医師の側の誤りにも原因があると強調している。最後に、M教授が指摘しているように、インフォームド・コンセントにおいては、処置に関して医師自身のメリットとコストが患者のそれとは違うことを、医師ははっきりさせるべきである。この状況は、医師が患者には検診を勧めるくせに、自分は受けないというあきれた事実が如実に示している。

医師と患者

患者が何の疑問ももたずに医師の判断を信じることを期待するのも、患者には治療に関する意思決定に口をはさませないことも、患者にはろくに知識がないことも、「自然な」ことなのだろうか？　現代社会では医師が全能のごとくふるまうのは昔からの伝統だと擁護されるが、医師と患者のこのようなかたちはべつに自然でも何でもない。たとえば一六世紀末のボローニャの記録には、いまとはびっくりするほど異なった医師と患者の関係が描かれている。患者が支払いをすべきなのは治癒したときだけとされている。医療従事者は所定の時間内に所定の金額で患者を癒すという「治癒の合意」の契約に縛られていた。この「水平的な」医師と患者の関係は「階級的な」モデルとは正反対で、患者に力を与えている。免許の有無にかかわらず医療従事者が治癒契約を履行しなかったときには患者が訴えることができる法廷もあった。しかし一八世紀末には、患者はもはや治癒を約束してもらえず、代わりに正統的な治療と保護が約束されるだけになった。結果に基づく支払いも、現代医学の専門化とともに多かれ少なかれ消えていった。今日のアメリカ人医師――いわゆる「逆症療法医（アロパス）」――の地位は、同種療法医（ホメオパス）に産婆、床屋兼外科医、女呪術師などさまざまなヒーラーとの一世紀にわたる闘いの結果の反映だ。一九世紀もかなりになるまで、アメリカの医師はあまり尊敬されていなかったし、収入も少なかった。確固たる医療の独占と高い尊敬を受ける専門職の誕生は、二〇世紀になってからの出来事である。ジェイ・カッツは支配権を巡る医師の歴史的な闘いと現在の患者との関係につながりを見る。「医師の政治力追求は、医師と患者という人間関係における支配追求を反映している」

現代医学における医師の支配と患者の屈従に変化が見え始めたのは、一九五七年一〇月二二日、カリフォルニア州上級裁判所のアブサロム・F・ブレイ判事が「インフォームド・コンセント」という言葉を編み出したときだった。両足が麻痺した男性が、足の障害の治療に際して、その処置には麻痺のリスクがあることを説明しなかったと、医師を訴えたのだ。判事は判決理由の末尾にこう書いた。「リスクの要素について話し合う場合には、インフォームド・コンセントに必要な事実の全面的な開示と整合するかたちで、ある程度の配慮がなされなければならない」この判決理由がインフォームド・コンセントの法的歴史の幕開けである。ブレイ判事が「インフォームド・コンセント」と同時に「配慮」の余地を残した事実には、今日まで続いている緊張関係がうかがえる。インフォームド・コンセントは、医師が副作用も含めて治療にかかわるリスクの情報を患者に伝え、これをもとに医師と患者がどうするべきかを一緒に決定するという理想的な慣行を指す。インフォームド・コンセントとは、もっと適切な言葉を使えば「意思決定の分かち合い」なのだ。両者は異なる知識を携えて意思決定に臨む。医師は診断のツールと治療の選択肢を知っているし、患者は自分の目的と価値観を知っている。たとえば女性は寿命が縮むリスクを冒しても自分の生殖器官を温存することを望むかもしれないし、望まないかもしれない。一般的に言えば、患者は治療のメリットがコストにみあうと思うかもしれないし、あえて治療を受けるにはコストが大きすぎてメリットが小さすぎると判断するかもしれない。

イフィゲネイア

カッツが（プライバシーを守るために）エウリピデスの悲劇にちなんでイフィゲネイアと呼んだ女性のケースを考えてみよう。イフィゲネイアというのは古代ギリシャのエウリピデスの戯曲の主人公で、父親に生贄にされかかったところを女神アルテミスに救われた女性だ。現代のイフィゲネイアのケースは、医師と患者が権威を土台にした関係からいかにしてインフォームド・コンセントを土台にした関係に移行できるかを教えてくれる。イフィゲネイアは二一歳の独身女性で、胸にしこりを発見したが、生検の結果、これが悪性とわかった。彼女は乳房切除手術にも、どこまで切除するかを外科医が手術中に決定することにも同意した。外科医はイフィゲネイアにべつの治療の選択肢の長所と短所を説明しなかった。手術にまさる治療法はないと確信していたからだ。しかし手術の期日が近づくにつれて、彼はべつの選択肢、とくに放射線療法についてイフィゲネイアに詳しい説明をせずに、処置を進めていいものかと迷い始めた。手術の前夜、彼は病院に出かけて口をつぐんでいることへの不安をイフィゲネイアにぶちまけた。長時間話し合ったあと、イフィゲネイアは手術の延期を決め、結局、（乳房全体ではなく）乳管腫瘤摘出手術と放射線療法を選択した。それからしばらくして、乳がんの治療に関するパネル討議に出席したイフィゲネイアは、自分の決断について説明して豊富な知識をもっていることをうかがわせ、乳房を失わずに間近に予定している結婚生活を始められることが嬉しいと感動的に語った。

議論は白熱した。医師たちはそれぞれ好みの治療法を擁護し、同僚が主張する治療法を攻撃した――フィナンシャル・アドバイザーが自分の好みのやり方を主張するのと同じである。しかし、意見が分かれたにもかかわらず、医師たちは、イフィゲネイアの担当医師が手術に関する決断を当人にさせたことはとんでもないという点では一致していた。どの治療法がベストかを医師が決めかねたとしても、だからといって患者に決めさせていいのか、というのが理由だった。

ナンシー・レーガン

イフィゲネイアは乳房切除ではなく乳管腫瘤摘出を選んだ。早期の乳がんが発見されたとき、元ファーストレディのナンシー・レーガンはメリットとコストについて違う判断をし、徹底した乳房切除手術を選んだ。以下は彼女の言葉である。

手術当時、医師のなかにも、乳管腫瘤摘出ではなく乳房切除を選んだのは過激すぎると言ったひとたちがいました。乳管腫瘤摘出手術は腫瘍と少量の組織だけを切除しますが、そのあと何週間も放射線治療を受けることになります。わたしは、そのような意見を疎ましく思いましたし、いまでもそう思っています。これはとても個人的な決断、女性が自分自身で下すべき決断です。わたしの選択を、他人からとやかく言われることはないと思います。他の女性にとっては正しい決断ではなかったかもしれませんが、わたしにとっては正しい決断でした。わたしが二〇歳で未婚だったら、違う選択をしたかもしれません。でもわたしはすでに子どもを産んでいますし、理解あるすばらしい夫もいるのです。

ひとによって価値観が違うばかりでなく、年齢によっても異なるかもしれない。医師が情報と責任を分かち合うことに同意すれば、患者は処置についてもっと知識をもつようになり、医師はもっと患者の価値観に配慮するだろう。たとえば発電所をどう建設するかは技術的なことで、技術者が実行するのがいちばんいい。しかし発電所を建設するかどうか、どこに建設するかということになれば、技術的問題は一部にすぎない。こちらは社会的、政治的問題でもあり、技術者だけが決めるべきではない。

非インフォームド・コンセント

インフォームド・コンセントは美しい理想だが、なぜこれほど実施されにくいのか？医師と患者のあいだに広がる沈黙の世界がひとつの理由である。多くの場合、患者は何を質問すればいいのかわからない。もうひとつは、患者の感情的な世界だ。多くの患者は意思決定に積極的な役割を果たすのをためらう。さらに医師が数字オンチなら、インフォームド・コンセントなど話のほかだ。だが知識をもたない未熟な患者をつくりだすいちばんの礎石は、確実性という幻の世界だ。

確実性という幻

一部の医師は、診断や治療の不確実性を患者に明かすことは非建設的だ、患者は理解できないし、数字を知りたがりもしないし、治療にはメリットと同時に危険もあり得るという話も聞きたがらない、そんなことをしたら、確実性を提供してくれる医師を探すだけだろう、と主張する。この見方によれば、医師の主な仕事は患者を安心させることだ。医師のジェイ・カッツは、最近まで医師たちは患者に対して確実を装っていた、実際には同じ病気に対する治療法はさまざまなのに、と述べている。対照実験と統計というツールがなければ、主張されるさまざまな治療法を評価することは難しい。提案される治療法はどれも、どれほど合理的であろうと突拍子もないものであろうと、熱心な信奉者がいるものだ。そのなかには外科手術、さまざまな医薬（鉱物、植物、動物）、食餌療法、瀉血、瀉下、悪魔祓い、発汗、女王エリザベス一世の祝福の手、ヤギの糞まであるだろう。ひとつの治療法が不評に終わると、すぐにべつのものにとって代わられ、今度はそれがベストだと喧伝される。中世でさえ、外科医は病んだ乳房の一部摘出あるいは全摘を行なっており、外科医たちは組織を全部摘出しない仲間を臆病だと非難していたが、この論争はいまも続いている。

医師の多くは患者に対して、リスクとリスクの選択ではなく、確実性とリスクの選択をつきつける。だが選択肢はどれも結果の不確実性をはらんでおり、説明を受けたうえで決定するのであれば、その不確実性を比較する必要がある。たとえば、乳房X線検査の結果には間違いがあることを知らせず、陽性の場合には必ず生検を行なう、というスタンディング医師の言葉を考えてみよう。このやり方は慎重で無害だと聞こえるかもしれないが、生検は患者にコストを負わせる。『ニューヨーカー』の「いったい誰の身体なの?」と題する記事で、外科医のアトゥル・ガワンドが紹介している四〇代のある女性のケースでは、毎年受ける乳房X線検査で三度、左乳房に「怪しい」変性部分が発見された。そのたびに外科医は彼女を手術室に連れていき、問題の組織の一部を採取した。そしてそのたびに良性だという結果が出た。ところがまたも乳房X線検査で同じ乳房に怪しい結果が出たという。医師は悪性でないことを確認するために生検を行なわなければならないと勧める。だが、乳房にはもう三つも盛り上がった傷跡が残り、一つは三インチ近い長さで、何度も組織を取られたために左側の乳房は右側にくらべて明らかに小さくなっている。彼女はほんとうにまた生検を受けるべきなのだろうか?

この女性の選択は確実性とリスクのどちらかではなく、どちらのリスクを取るかという選択だ。選ぶためには、それぞれの選択肢のメリットとコストを知って、自分自身の目的に照らして（医師のそれとは違うだろう）比較しなければならない。さらに、彼女は残る不確実性を抱えて生きていかなければならない。なんでも希望するほど正確に知ることができるとは限らないからである。だが確実性の幻の生命力は、灰色の領域を認めず、黒か白かと考える傾向から生まれる。つまり、「乳房X線検査の結果は、異常なしで乳がんの心配がゼロか、そうではなくて苦しい恐ろしい死を迎えるかのどちらかしかない」という考え方だ。だが、どちらの結果も一〇〇パーセント確実ではない。

患者は質問するか？

インフォームド・コンセントというからには、単にコンセント、つまり同意した患者だけではなく、インフォームド、説明を受けて理解した患者がいなくてはならない。だが、多くの患者はリスクについてろくな説明を受けていない。しかも、これは乳がんに限らない。ある調査で、コロラドの陸軍軍人のためのクリニックとオクラホマの都市低所得者のためのクリニックのそれぞれの待合室で、患者に敗血性咽頭炎、HIV、急性心筋梗塞などよく知られた疾病を診断する標準的な検査について尋ねた。患者はそれぞれ、①検査前に自分のような人間がその病気である確率、②検査結果の真陽性の率、③検査結果の真陰性の率、④検査結果が陽性だった場合に病気である確率、を比較するように言われた。すると大半の患者が、この四つの確率はどの病気についても——その病気が稀なものであってもなくても、また検査が正確であってもなくても——本質的には同じだろうと答えたのである。患者の無知が病気の経験がないことに起因しているのかどうかを調べるために、研究者たちはそれぞれの病気について検査を受けたことがあるか、検査や治療を受ける家族や友人に付き添って病院にいったことがある者を選び出した。オクラホマのクリニックでは、経験がある患者の推計結果はない患者にくらべて正解率がごくわずか高かったが、コロラドのクリニックでは違いはなかった。経験のある患者でさえ不正確な推計しかできないのなら、担当した医師たちがリスクをまったく説明しなかったか、理解できない、あるいは少なくとも記憶していられない方法でしか説明しなかったかのいずれかだろう。

医師が説明しなかった場合、患者は情報を求めて質問するだろうか？　それともそもそも患者はめったに説明を求めないのか？　ノースカロライナ中央部で医師のもとを訪れた一六〇人の成人患者の言葉を記録したテープによると、患者と医師がリスクについて話し合っているのは四回に一回にすぎない。このリスクについての話し合いには、行動の変化、検査、治療、将来的な結果のすべてが含まれる（「……すれば、心臓病のリスクは半減しますよ」）。そして話し合いの大半では、医師がリスクを確実なものとして説明していた（たとえば、「体重を落とさないと、心臓病の発作が起こります」）。また、患者から切り出していたのは、ほんの一部（六回に一回）だった。しかも、医師とリスクについて話し合ったと答えた四二人のうち、直後に内容を覚えていたのは三人だけだった。だが、患者たちはべつに気にかけてはいないらしかった。九〇パーセント以上が質問に答えてもらったと思い、言われたことは理解できたし、充分な情報を得たと考えていたのである。

要するに、患者は医師が質問に答えてくれたと感じているが、ほとんど質問せず、また答えを覚えていた者はもっと少ないのだ。この医師と患者のコミュニケーションの欠如は、「インフォームド」コンセントの可能性に重大な脅威を与えている。

そこに住んだが運のつき

保健では、「そこに住んだが運のつき」という場合が多い。たとえば、ヴァーモント州のあるコミュニティの子どもたちの八パーセントが扁桃腺を切除しているが、べつの地域ではその数は七〇パーセントに上る。メイン州では、七〇歳までに子宮を摘出した女性の割合は地域によって二〇パーセント以下から七〇パーセント以上と大きな違いがある。アイオワ州では、八五歳までに前立腺の手術を受けた男性の割合は一五パーセントから六〇パーセント以上と幅がある。ダートマス保健アトラスの資料では、アメリカ全域の外科治療の実施に驚くほど大きな差があることが明らかにされている。なぜ地域によってこのような違いが出るのか？　医師のデイヴィッド・エディによれば、地域標準（ローカル・パック）に従う傾向が、医療慣行の地域差のいちばんの理由だという。このような地域的慣行をさらに助長するのが、多くの外科的治療の結果の不確実さである。食品医薬品局が検査を実施している新薬とは違って、外科的処置と医療器具は系統的な評価の対象になっていない。

地理とはべつに、医師の専門分野によって治療法が決まる場合も非常に多い。たとえばアメリカでは局所的な前立腺がんの治療法は、一般に患者がどの医師を訪れたかで決まってしまう。調査によれば、泌尿器科の医師の約八〇パーセントは徹底した外科手術を勧め、放射線科の腫瘍専門医の九〇パーセントは放射線治療を勧める。この違いは、一般に患者が意思決定に参加できる方法で選択肢の説明を受けていないことを示唆している。

前立腺がん検診

前立腺がんと診断されたとき、前ニューヨーク市長のルドルフ・ジュリアーニはすべての男性が前立腺がん検診を受けるべきだと力説した、と新聞で報じられた。「全員が前立腺特異抗原（ＰＳＡ）検査を受けるべきだ」とジュリアーニ氏は述べた。「ＰＳＡが正常か低ければ問題はない。高ければ問題だ」前立腺がん検診は通常、前立腺特異抗原（ＰＳＡ）検査か、直腸からの触診によって行なわれる。前立腺がんのケースは、多くの男性が正しい質問をする力をもっていないという驚くべき事例である。たとえば、わたしはアメリカ有数の大学で経営学を教えている教授と次のような問答をした。

著者　PSAの検査を受けるかどうか、どうやって決めたんですか?

友人　医師に、わたしの年齢になったら受けたほうがいい、その時期だと言われたんで、検査に行ったんですよ。

著者　検査のメリットとコストを医師に聞きましたか?

友人　どういう意味だろう?　検査のメリットは、がんを早期に発見できるということでしょう。

著者　ほかには何も聞かなかったんですか?

友人　いや。検査は簡単で、金もそうかからないし、メリットだけだから。害はないですよ。

この友人は学者で、図書館やインターネットで情報を得る方法を知っていることに注意してほしい。だが、彼は検査に同意するときに、頭脳を使うよりもへりくだった従順さを発揮した。情報を求めようとも、医師に関連質問をしようともしなかった。前立腺がん検査のメリットとコストは何か?　関係医学文献にあたれば、検査が前立腺がんによる死亡の可能性を低下させるという証拠はないことを発見しただろう。言い換えれば、PSA検査を受けた者も受けなかった者と同じように早く、同じような頻度で死ぬのである。友人は早期発見と死亡率の低下を混同していた。ＰＳＡ検査はがんを検出するかもしれないが、効果的な治療法はいまのところないから、早期発見が余命の延びにつながることは証明されていないのである。

「害はない」と友人は答えた。彼は、検査にはコストはないと単純に信じていた。これも間違いだ。世の中にそんなうまい話はない。検査結果にはかなりの偽陽性が含まれる。したがって、ＰＳＡが高レベルであっても、ほとんどはがんではない。このことは、前立腺がんではない多くの男性が不必要な不安にさらされ、多くの場合、苦痛をともなう再検査を受けさせられることを意味する。前立腺がんの男性は、もっと重いコストを払わされる可能性もある。外科手術や放射線治療を受けて、失禁や勃起不全といった生涯続く深刻なダメージを受ける男性は多い。ところが、前立腺がんの多くは進行が遅いから、検査を受けなければ一生わからなかったかもしれない（図５－２を参照。自然死した五〇歳以上の男性の解剖結果で、三人に一人は何らかのかたちの前立腺がんをもっていたことがわかっている。うち、このがんが理由で死んだのは二四人だけである）。前立腺がんの一五四人の多くの男性は前立腺がんのためではなく、前立腺がんをもったまま死亡するのである。

メリットがなく、害の可能性があることから、アメリカ疾病予防サービス・タスクフォースは、ＰＳＡ検査にしろ触診にしろ、前立腺がんの検診を推奨しないことを明確にしている。いまのところ、早期発見が死亡率を低下させるという証拠はなく、フォローアップの診断と処置による害（失禁と勃起不全を含む）の可能性のほうは圧倒的に高い。前立腺がんが発見された場合であっても、すべての段階のがんについて、現在可能な処置で余命が延びるかどうかははっきりしていない。ただし、すでに侵襲性のある前立腺がんに進行している場合には、処置によって苦痛が軽減する可能性はある。だが、これと死亡率の低下を混同してはならない。それにもかかわらず、前立腺がん検診を受ける男性は増えており、たぶんその結果として、アメリカでは前立腺がんの数が一九九〇年以降三倍に増えている。

「医師の指示だ！」わたしたちの会話のあと、友人はどう反応したか？　へりくだった従順さを振り捨てて、彼は自分で科学的な根拠を探した。エコノミストの訓練を受けている彼には、前立腺がんの検診に費やすだけの資金があったら、どれだけを効果的な治療の研究に振り向けられるかが計算できた。彼は第一歩を踏み出したのである。

大腸がん（直腸・結腸がん）

インフォームド・コンセントという理想を実現するためには、患者だけでなく医師にも具体的な教育が必要だ。ウルリッヒ・ホフラーゲとわたしは、医師たちが大腸がん、フェニルケトン尿症、ベヒテレフ病の標準的な検査結果を自然頻度を使って理解するお手伝いをした。ここでは、標準的な大腸がん検査である免疫便潜血反応検査（ＦＯＢＴ）の結果だけを取り上げることにする。第４章に登場した四八人の医師たち——医師経験平均一四年——に、便潜血検査の結果が陽性だった場合に大腸がんである確率を推計してもらった。参加者の半数は条件付確率のかたちで、残りの半数は自然頻度のかたちで情報が与えられた。二つの説明は次のとおり。

はじめに——全参加者へ

大腸がんの診断には便潜血テスト——ほかにもありますが——を実施します。この検査はある年齢以上の人々について実施されますが、大腸がんの早期発見のための検診でも行なわれます。ある地域の検診で便潜血検査を実施したと想像してください。五〇歳以上で症状のない受診者について、この地域では以下の情報がわかっています。

条件付確率——二四人の参加者へ

これらの受診者が大腸がんである確率は〇・三パーセントです。受診者が大腸がんであれば、検査結果は五〇パーセントの確率で陽性になります。大腸がんでない場合、それでも検査結果が陽性になる確率は三パーセントです。ある受診者（五〇歳以上、症状なし）の検査結果が陽性と出ました。この受診者が実際に大腸がんである確率はどれくらいでしょうか。

（答え――□パーセント）

自然頻度――残る二四人の参加者へ

一万人に三〇人が大腸がんにかかります。この三〇人のうち、一五人は便潜血検査の結果が陽性になります。大腸がんではない残る九七七〇人のうち、三〇〇人はやはり便潜血検査の結果が陽性になります。あなたが行なった検診で、あるひと（五〇歳以上、症状なし）の便潜血検査結果が陽性と出ました。実際に大腸がんにかかっているのは何人でしょうか？

（答え――□人のうち□人）

図6-1の左側は、情報が確率で与えられた場合で、医師たちの推計は一パーセントから九九パーセントと驚くほどばらつきがあることがわかる。いちばん多い数値（五〇パーセント）は正解の一〇倍も高いし、確率のかたちで情報を与えられた医師で正しく解答し

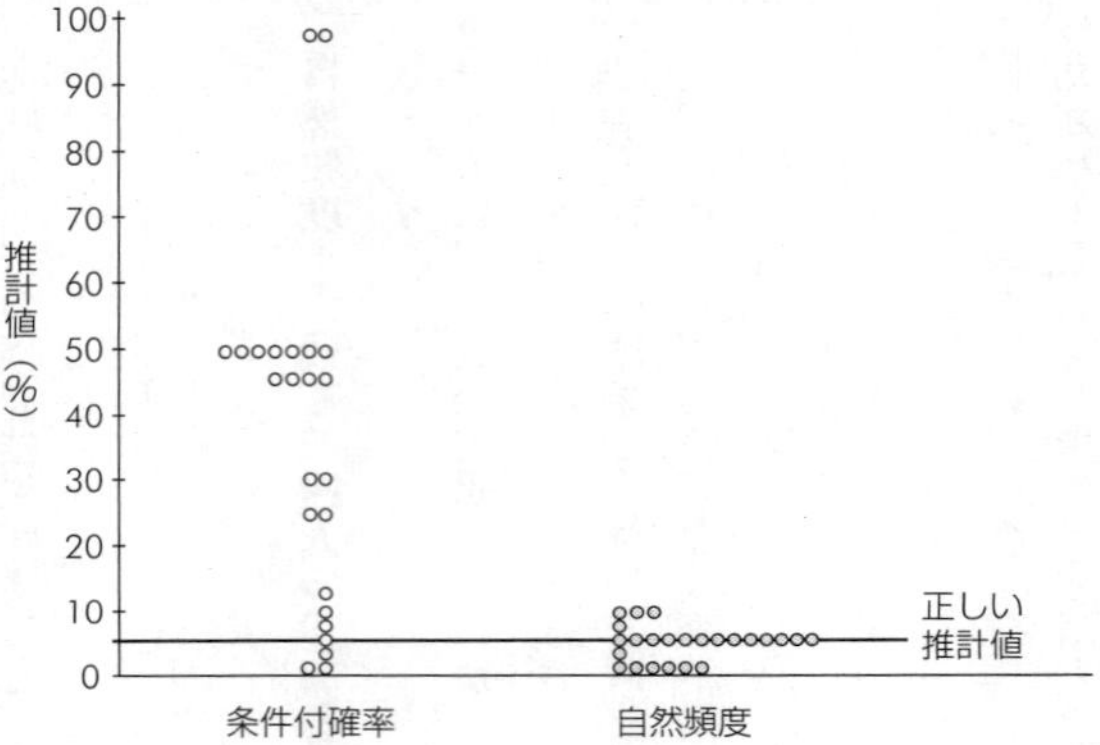

図6-1　大腸がん診断への影響。 48人の医師が、検査結果が陽性だった場合の大腸ガンの確率を推計した。半数は条件付確率のかたちで、残る半数は自然頻度のかたちで関連情報を与えられている。○は医師1人を表わす。縦軸は医師が推計した、検査結果が陽性の場合に大腸がんである確率。

たのは二四人のうちたった一人だった。正解に近い数値を出した者はほかに何人かいたが、推定理由が間違っていた。たとえばある医師は偽陽性の率（三パーセント）を検査結果が陽性だった場合の大腸がんの率と誤解したが、これがたまたま似た数字だった。というわけで、結果は乳がん検診についての質問と同じような結果になった。

自然頻度は頭の霧を払って、推計値の一致率を高めてくれるだろうか？　そのとおり。情報が頻度で与えられると、一パーセントから一〇パーセントと推計値のばらつきは縮まる（図6－1、右側）。こちらのグループでは全員が正しい、あるいはほぼ正しい答えを出すことができた。乳がん検診の場合と同じく、標準的

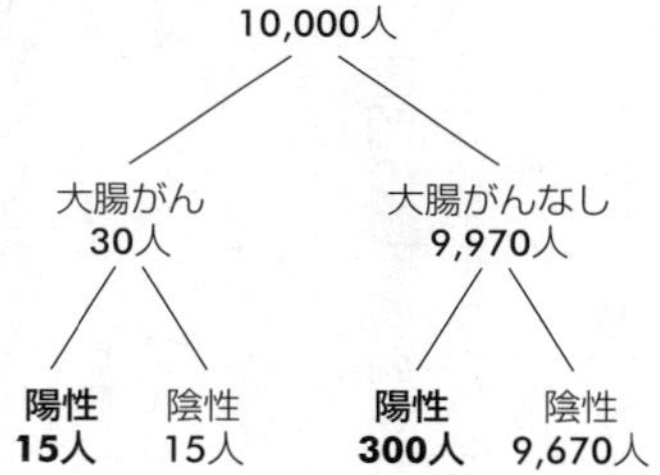

図6-2　大腸がん検診の自然頻度のツリー。便潜血検査結果が陽性と出た315人（太字）のうち、約15人が大腸がんと予想される。確率でいえば4.8%。（Data from Gigerenzer,1996a;Hoffrage and Gigerenzer,1998.）

な医学教科書とは違うかたちで統計情報を説明すれば、便潜血検査が何を意味するかについて混乱していた医師たちの頭の霧は晴れたのである。

「検査結果は何を意味するのか?」という質問の答えは、頻度のツリーを描いてみれば出てくる（図6-2）。便潜血検査結果が陽性だった三一五人のうち、ほんとうに大腸がんだと予想されるのは一五人で、確率は四・八パーセントだ。乳がん検診のときと同じように、便潜血検査の大半は検診目的で実施されるし、検査結果の大半は偽陽性なのだ。理由も同様だ。大腸がんになるひとはそう多くないが、こんなふうに病気が稀な場合、真の陽性の率は低く、ほとんどの陽性は偽陽性と考えられる（正確な数値は偽陽性の発生率によって違う）。たとえば、ある調査では検査結果が陽性と出た受診者のうち九四パーセントから九八パーセントは大腸がんではなかった。偽陽性の多さからみて大腸がん検診がコストにみあうかどうかは、乳がん検診と同じく患者の価値観によって左右される。医師は陽性という検査結果が何を意味するかをわかりやすく説明することで、患者の役に立つことができる。

大腸がん検診のメリットは乳がん検診と同程度の高さだという事実にもかかわらず、この種の検診は医学界以外ではほとんど推奨されない。地域検診実施報告によれば乳がん検診を勧められた女性の大半が受診しているのに、便潜血検査の受診率は一五パーセントから三〇パーセントで、恥ずかしく不快で費用もかかるS状結腸内視鏡検査となるともっと低い。アメリカで五〇歳以上の人々全員に便潜血検査と内視鏡検査を使った検診が推奨されて、実施されたとしたら、年間費用は直接経費だけで一〇億ドルに達するだろう。

医師の頭を解剖すれば

検査結果をもとに診断しようとして間違った答えを出したとき、医師たちの頭はどんなふうに働いていたのだろう。彼らのメモや推計、終了後のインタビューなどから、その直感的な戦略の概要が見えてきた。推計の筋道は確率グループと頻度グループでは驚くほど違っていた。確率グループで圧倒的だった二つの戦略は、「感度だけ」か「感度マイナス偽陽性の率」だった（大腸がん診断の場合を図6－3に示した）。「感度だけ」戦略をとった医師は、検査結果が陽性の場合の大腸がんの率を五〇パーセントと考えた。感度が五〇パーセントだからである。

「感度マイナス偽陽性の率」戦略をとった医師は、四七パー

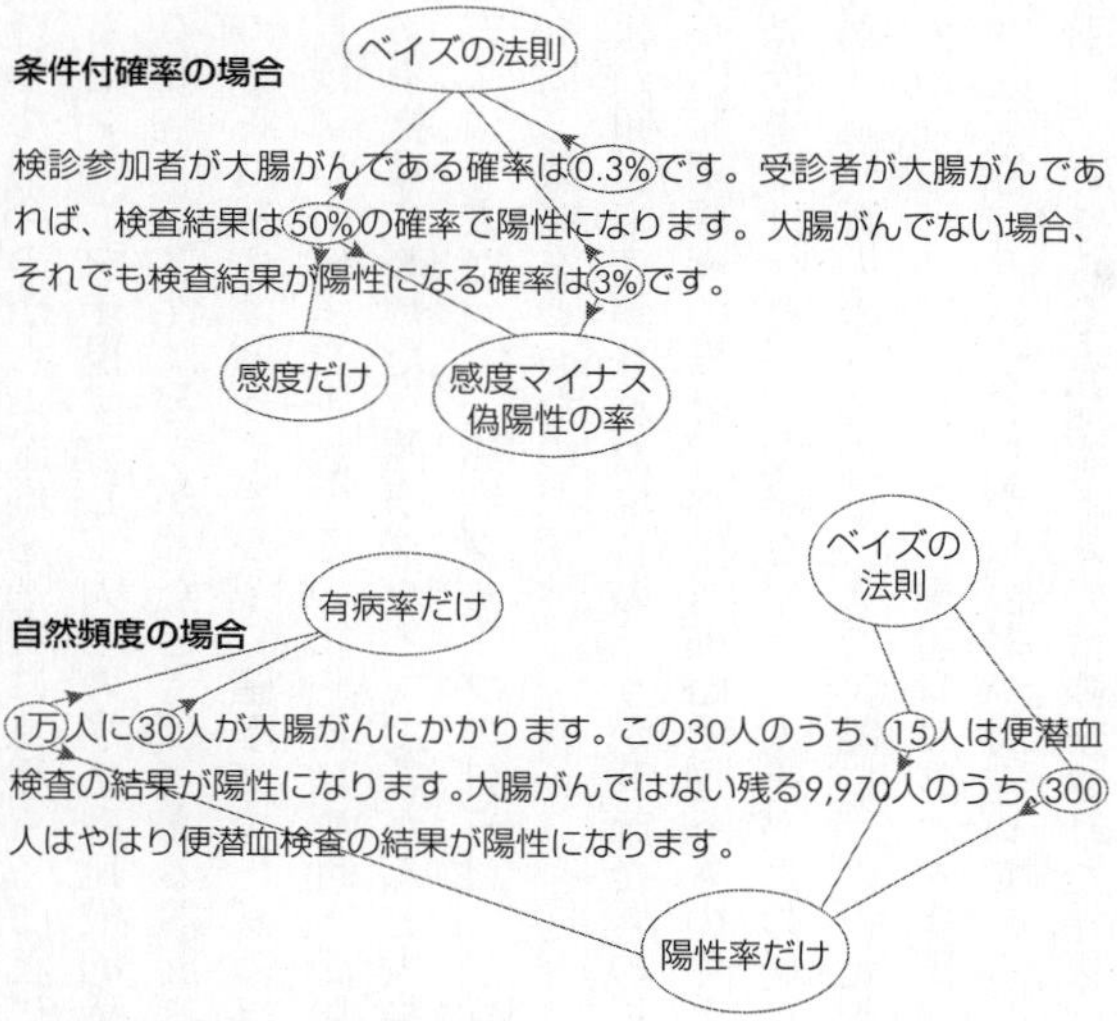

図6-3　医師たちの推計方法。　矢印は共通する診断戦略でどの情報が利用されたかを示す。たとえば「感度だけ」戦略をとった医師は、患者が大腸がんである確率を50%と考えたが、これは感度である。自然頻度のかたちで情報を与えられた場合より、確率で与えられた場合のほうが戦略の変化が大きいことに注目されたい。この分析は48人の医師を対象としたもの(Hoffrage and Gigerenzer, 1998.)

セントと推計した（偽陽性の率は三パーセント）。一般にこの二つの戦略は、検査結果が陽性だった場合のがんの確率を過大に見積もることになる。どちらも病気の有病率（〇・三パーセント）を無視するし、大半の病気は比較的稀なものだからだ。

この戦略の一貫性はどうか。たとえば、ある診断について「感度だけ」で考えた医師は、べつの診断のときはどうするか？　確率グループのほうにはあまり一貫性がなかった。ある部長はがんの確率を予想するのに一度は感度と偽陽性の率を足し合わせ、次には感度に有病率を掛け合わせた。確率グループで乳がんと大腸がんに一貫して同じ戦略をとった医師は五人に一人だった。頻度グループのほうは一貫性が高くなる。半数以上がどちらの診断でも同じ戦略をとったのだ。

情報が頻度で表わされた場合のほうが医師たちの正答率は高くなるが、それでも間違う場合がある。頻度の場合、ベイズ戦略と違うものでとくに多かったのは、「有病率だけ」と「陽性率だけ」という戦略だった。大腸がんの場合、有病率だけでいくと、検査結果が陽性だった一万人のうちの三〇人を実際にがんだと推計することになり、陽性率だけだと一万人のうち三一五人になる。前者はリスクを実際より過小評価し、後者は（約三パーセント）は正答に近いが、しかし根拠が間違っている。この二つの戦略には共通の論理の流れがある。どちらも有病率あるいは観察された結果（陽性率）というベース・レートだけを根拠にしている。したがって自然頻度を使うと正しいベイズ式の推論が促されるだけでなく、そうでない場合でもベース・レートを根拠とする傾向が強まるのである。

これまでの研究者たちは確率を使った場合の医師たちの推論のお粗末さをもとに、二つの条件付確率、つまり感度（病気のひとについて陽性結果が出る率）と、偽陽性を含む陽性結果に対するほんとうの病人の率とが混同されていると考えた。ウルリッヒ・ホフラーゲとわたしが行なった医師たちの頭の働き方についての分析は、この（「感度だけ」戦略がとられる）理論を裏付ける経験的な証拠だが、同時に（ひとつだけでなく）多くの不適切な戦略が診断方法として利用されていることも示している。情報が確率で提供された場合に診断結果に大きなばらつきがあるのは、診断戦略にも大きなばらつきがあるからなのだ。

わたしたちの調査では、若い医師のほうが先輩たちよりも統計的思考に優れていることがわかった。統計情報をもとにした診断能力のなさを自覚して絶望したのは、スタンディング医師――第4章に出てきた部長――だけではなく、娘や息子のほうがよくわかるだろうと言ったひとはほかにもいた。わたしたちが四九歳の開業医をインタビューしていたとき、たまたま一八歳の娘さんがやってきて、自分もテストをやってみたいと言った。父親は三〇分考えて二つの戦略（感度だけと有病率だけ）をいったりきたりしたあげく、四つともすべて間違った。彼の場合は自然頻度で情報を示されても、助けにはならなかった。ところが娘さんのほうは図4－2と図6－2にあるようなツリーを書いて、四つとも正解を出した。父親がどんな考え方をしたのかを知ると、彼女は不思議そうな顔で言った。「だってパパ、頻度の問題は難しくないわよ。どうして、こんなのができないの？」

医師は自分の数字オンチに気づいているだろうか？　一般にはイエスだが、情報が適切なやり方で示されれば数字オンチが解消することには気づいていない傾向がある。芸術家タイプの態度を取って、数字オンチを自慢する医師さえあった。たとえばある耳鼻咽喉科の大学教授は——わたしたちの調査への協力を拒否した三人の医師の一人だが——こう宣言した。「こんなのは患者に対する姿勢ではない。わたしはこんな（統計情報が掲載された）雑誌はすぐに捨ててしまう。こんなものを根拠に診断はつけられない。統計情報なんか大嘘だ」しかし、調査に協力してくれた数字オンチを自認する医師の大半は残念そうに答えた。「これは数学でしょう。苦手なんですよ。どうも、こういうのには弱いんだな」「数字はどうもね。わたしは直感的な人間なんです。患者には全人的な姿勢で接することにしていて、統計数字は使いません」だが当人たちも驚いたことに、自然頻度を使うと数字オンチを自認する医師たちも、そうでない医師たちと同じように推論を進めることができたのである。彼らの不安や緊張は安堵に変わった。「なるほど、違いますね。簡単じゃないですか。頻度だとよくわかりますよ」またべつのひとりはこう言った。「一年生だってできるな。こんなことがわからない人間なんて、いますか！」

インフォームド・コンセントが望ましいというなら、それは単に同意書に署名するかどうかという問題ではないことを認識すべきである。これはリスクのコミュニケーションの問題なのだ。この事実を医学教育に反映させなければならない。医学生は全員、わかりやすいコミュニケーションのためのツールの利用方法を学ぶ必要がある。わたしたちの調査に協力してくれた医師たちの反応から判断して、そのような勉強が歓迎されないはずはない。調査に参加した医師の一人はこんな手紙をくれた。「この調査に参加して、医師としてとても重要なことを学びました。これからは医学データをざっと眺めたり、漠然とした印象だけですますのではなく、頻度で判断することにします」

なぜインフォームド・コンセントの実現は難しいか

わたしはあるとき、首が痛くてまわらなくなった。カイロプラクティックを受けたところ、X線検査を受けたほうがいいと放射線科のベスト医師を紹介された。ベスト医師は優しい目をした穏やかな人物で、乳房X線検査も行なう大きなクリニックを開業している。白衣を着たアシスタントたちが忙しげに廊下を飛び回り、待合室には患者があふれていた。X線検査のあと、ベスト医師はフィルムを光源のついた台に載せて説明してくれた。まもなく、紹介者のカイロプラクターが電話で、わたしが不確実性をもとにした意思決定を研究している人間だと説明していたことがわかった。ベスト医師は自分の仕事の話ができる相手に出会ってひどく嬉しそうだった。「この仕事がどれほど退屈か、きっとおわかりにならないでしょうね。毎日同じことをやっている。X線を二五年間ですよ」彼は患者がX線を怖がること、医療過誤で訴えられないようにあらゆる方面から患者を分析しなければならないこと、患者の多くは何ひとつ自分で決定せずに医師に任せたがることなどをこぼした。

不安と責任について話していたとき、わたしは機会をとらえて、あなたなら次のような状況でどうしますか、と尋ねた。「わたしが四〇代はじめの女性で、乳がん検診のためにおたくにやってきたとします——自覚症状は何もない。ただ、かかりつけの医師に、一年おきに検診を受けたほうがいいと言われただけです。さて、乳房X線検査の結果は陽性だった。わたしは自分がほんとうに乳がんである確率はどれくらいかを知りたい。あなたなら、どういう説明をなさいますか？」ベスト医師は「あなたは乳がんのようだが、確実ではないと言います」と答え、患者への心遣いが大切だと付け加えた。彼の信条は、必ず患者に希望をもたせること、なのだ。わたしは彼も承知している実際の確率（第4章を参照）を指摘し、症状のない女性の検査結果が陽性だったとしても、実際に乳がんである確率は一〇分の一ですね、と言った。彼はわたしを見て、答えた。「ううむ……。ご存じのように、大学では確率の考え方は勉強しないいんです。それにほら、待合室を見てください

――一日一二時間働いたあと専門誌を読む時間なんかありませんよ」さらに彼は、陽性結果を教えてもだいじょうぶな患者と、診断を告げるのに慎重でなければならない患者との見分け方を説明しだした。

　患者の個性と医師の心遣いについて一五分ほど話した後、わたしはもう一度ベスト医師に乳がん検診について質問した。「この場合には、どう話されますか？」「真実を」とベスト医師。「真実というと？」わたしは聞き返した。「乳がんらしいですね、と」「しかし一五分前に、検査結果が陽性であっても、実際に乳がんである確率は一〇分の一だということはお話ししましたよね。ということは、症状がない女性なら、結果が陽性でも乳がんでない場合のほうが多いではありませんか」「それも真実です」彼は言った。「医師にはそれを教えておくべきでしょう。しかし、どこに時間がありますか。要は費用対効果の問題ですよ」

　二五年も乳房X線検査を実施しながら、結果が陽性でもほとんどの女性は乳がんではないことに気づいていないなんてあり得るのか、と読者は疑問に思うかもしれない。だが図4－1の（左側の）医師たちの大半も気づいていなかったようだ。医師も患者も事実を知らないとしたら、合意《コンセント》かもしれないが、充分な情報に基づく合意《インフォームド・コンセント》とは言えないだろう。インフォームド・コンセントの可能性は患者の知性と成熟度と対応能力に――それだけに――左右されるのではない。同時に、医師がどんな制約のもとで働いているかも関係する。

ベスト医師の一日一二時間労働も制約である。ベスト医師のような医師が、検査結果が陽性でも乳がんとは限らないという事実に気づくことを妨げている主な制約とはどんなものか? もっと一般的には、どんな制度的制約がインフォームド・コンセントの理想を阻んでいるのか?

●分業

まず、情報の流れを妨げる恐れのある分業がある。乳房X線検査を実施する放射線科医は、その後ほんとうに受診者のがんが検出されたかどうかを知らないのがふつうだ。保健制度の大半では、モニターもその後の情報の周知も行なわれていないし、医師のほうには数字を追跡調査しようというインセンティブがあまりない。これはベスト医師のような放射線科医にはあてはまるが、しかし関連情報を目にする産婦人科医にはあてはまらない。

●法的・金銭的なインセンティブ構造

第二の理由は専門職としての不安とプライドと、それに付随する法的・金銭的なインセンティブである。医師が最も怖れる過誤はがんを見逃すことだ——がんを発見する力があり、見逃す可能性があるという感情的ストレスは大きい。たった一つのミスで、評判が台無しになるかもしれない。べつの医師が誤りに気づくかもしれない。同じく重要なのは、裁判沙汰になりかねないことだ。同じ誤りでもがんの確率を過大評価する側に傾けば、がんを見逃すことはめったにないから、医療過誤訴訟から身を守れる。同時にこの方針なら追加的な診断や治療のおかげで病院や医院の収入が増える。この方針のコスト——大量の偽陽性とその結果患者が負担する身体的、心理的、金銭的コスト——は、がんを見逃すことへの医師の不安の前では消えてしまう。先に紹介した会議の主催者が言っていたように、偽陽性だったとわかれば女性患者はふつう喜ぶ。だが、検診で陽性結果が出た一〇人のうち九人は乳がんでないことを最初から知らされていれば、偽陽性だった場合の喜びはもっと小さいだろう（それに、検査結果を知ったときの不安も小さかっただろう）。

●利害の対立

第三の理由は、種々の利害の対立にある。ある乳がん専門医はわたしに、もう「年齢が年齢だし、女性は誰でも検診を受けるべきだから」と習慣的に女性患者を放射線科に紹介するのはやめた、と語った。その代わりに乳房X線検査のメリットとコストを説明し、検診を受けるか、受けるとしたらいつにするかを女性が自分で決められるようにしたという。だが彼が夕食のときにこの方針転換を友人の放射線科医に伝えたところ、友人は仰天して、ナイフとフォークを取り落として立ち上がり、レストランを出る前に「そんな数字をどこから拾ってきたのかね？」と叫んだ。「アメリカやスウェーデン、その他の国々で数十万人の女性を対象に調査が行なわれている」と彼は答えた。「アメリカだって」と放射線科医は怒りをあらわにした。「彼らは乳房X線検査の結果を読み取れないんだよ！」だが、彼の問題はほんとうはアメリカにあるのではなく、経営にあった。何年も前から乳がん専門医が紹介してくる女性の検査を行なってきたのだ。その女性の半数が検診を受けないとか、もっと高齢になってからにしようと決めれば、放射線科医の経営は壊滅的な打撃を受ける。患者に情報を開示し、友人たちを怒らせて友情を損なう決断をした乳がん専門医は立派だとわたしは思う。

●数字オンチ

最後になったが、決して小さくはない理由は数字オンチである。多くの医師が統計的思考の教育をあまり受けておらず、この変わった思考方法を学ぶところのインセンティブも小さい。患者が数字に注目するようになれば、医師たちもそうせざるを得なくなるだろう。

多くの医師たちが患者に情報を開示しない最初の三つの理由は、制度的、専門的、経済的な構造にあり、本書にはどうする力もない。だが第四の理由——数字オンチ——なら、希望がある。本書は数字オンチを解消するきわめて効果的で安価で単純なツールを提供する。多くの医師と患者がこのツールを活用できるようになれば、この人々の洞察力がプレッシャーになって制度的、専門的、経済的構造にも変化が起こるかもしれない。

7　エイズ・カウンセリング

検査結果が陽性だということは、あなたの血液のなかでＨＩＶの抗体が見つかったことを意味します。これは、あなたがＨＩＶに感染しているということです。あなたは一生、感染者で、ほかのひとにＨＩＶをうつす可能性があります。

――イリノイ州保健局

もし、結果が陽性だったら自殺する。

――ある受診者

ベティ

一九九〇年一一月のある日、ベティの電話が鳴った。フロリダに住むベティは四五歳、一〇代の息子が三人おり、子どもたちの父親はすでに死亡していた。彼女は地域のクリニックに来るように言われた。甲状腺の異常の有無をチェックするため、血液を採取されていたクリニックだった。行ってみると、あなたはエイズだと言われた。医師たちには、彼女があとどれくらい生きられるかはわからなかった。その後の数カ月、彼女は病気のことを考えたくなくて、テレビばかり見ていた。それでも、夜になると考えずにはいられなかった。埋葬されるときはどんなドレスを着ればいいだろう？ 子どもたちはどう思うだろうか？ 世間は子どもたちをどう扱うのかしら？

一九九二年、医師はジダノシン（逆転写酵素阻害剤）を処方したが、これには嘔吐、疲労感その他の副作用があった。ベティが地元にあるエイズ患者のグループに参加したとき、カウンセラーは彼女のT細胞の値が一貫して高いことに気づいた。カウンセラーたちは、再検査してもらうことを勧めた。一九九二年一一月、ベティの電話が鳴り、再びクリニックに来るように言われた。行ってみると、こう言われた。「なんだと思います？ HIV検査の結果が陰性だったんですよ！」

ベティは医師とクリニック、それに最初の検査を実施したフロリダ健康リハビリ・サービスを提訴した。陪審員は二年間のベティの苦痛と苦しみに六〇万ドルを支払うよう命じた。

デイヴィッド

一九九三年三月五日、『シカゴ・トリビューン』の身の上相談コーナーに「ＨＩＶ検査結果の間違いで、一年半の地獄の苦しみ」という見出しで、次のような手紙と回答が掲載された。

アン・ランダースさま

一九九一年三月、ぼくは匿名でＨＩＶ検査センターに定期的な検査を受けに行きました。二週間後、陽性という検査結果が出ました。僕は絶望しました。まだ二〇歳なのに、恐ろしい運命が決まってしまったんです。ものすごく落ち込み、どうやって死のうかといろんな自殺の方法を考えました。でも家族や友人に励まされて、闘おうと決心しました。ダラスで診てもらった医師がカリフォルニアにはエイズ患者のための最高の介護施設があると教えてくれたので、何もかも荷造りして西へ向かいました。信頼できる医師を見つけるのに三カ月かかりました。この先生は治療を始める前に、もっと検査をしたほうがいいと言いました。新しい検査の結果が陰性だとわかったときのショックを想像してください。もう一度検査をしましたが、やっぱり陰性でした。

病気でなくてよかったとほんとうに喜んでいますが、一年半ものあいだ、ぼくの一生を永遠に変えてしまうウイルスに感染したと信じていたんです。医師たちはもっと慎重になってほしいと心から思います。それから、ぜったい再検査をしてもらったほうがいいと読者に教えてあげてください。これからも半年ごとにエイズ検査を受けるつもりですが、ぼくはもう怖くはありません。

ダラスのデイヴィッド

デイヴィッドさま

あなたの悪夢がハッピーエンドに終わって、ほんとうに良かったですね。でも、医師を責めてはいけません。改革しなければいけないのは検査機関です。あなたのお手紙から読み取るべき教訓は、ほかのところで再検査を、なんだったら三度でも検査を受けましょう、ということです。決して一度きりの検査を信じてはいけないのです。決して。

アン・ランダース

デイヴィッドの手紙からは、ＨＩＶ（ヒト免疫不全ウイルス）の検査結果が陽性だった場合にほんとうにウイルスに感染している可能性について医師が何か言ったか、言ったとすればどう言ったかはわからない。当人は検査結果が陽性だからウイルスに感染した、ほかに考えようはないと思ったようだ。ベティはエイズだと言われた。第１章で紹介したシングル・マザーのスーザンは、検査結果が陽性であれば絶対に間違いなくエイズだと言われた。スーザンはもうウイルスに感染しているのだからどうなってもいいと考え、保護手段を講じないでＨＩＶ感染者とセックスした。ベティは二年間苦しんだ。デイヴィッドは自殺を考えた。苦しみぬいたあげくＨＩＶの検査には偽陽性もあるということを学んだのだ。

ＨＩＶ検査結果が陽性とは何を意味するのか？　陰性は？　そして受診者が結果を理解できるようにするためには、カウンセラーはこれらのことをどう伝えるべきか？　この章では、ドラッグの静脈注射のような危険な行動をしていない人々を対象としたＨＩＶ検査の問題を取り上げる。だが、その前にＨＩＶ検査と病気と陽性という検査結果がもたらす社会的な烙印について詳しく見てみよう。

ＨＩＶとエイズ

どんなとき、検査結果が陽性だと言われるのか？　ＨＩＶの検査はふつう、次のような手続きで行なわれる。最初は血液サンプル中のＨＩＶ抗体を検出するための検査で、ＥＬＩＳＡ法と呼ばれる。これはもともと献血のスクリーニングに使われていて、できるだけ検査の感度（実際に病気であるひとを陽性と判断する率）を高める——その代わりに偽陽性の率も大きくなる——ように設計されている。検査結果が陰性であれば、受診者はＨＩＶ陰性と通知される。陽性なら、その血液サンプルについて少なくとももう一度ＥＬＩＳＡ法による検査を（できればべつの機関で）実施する。その結果も陽性なら、つぎにＥＬＩＳＡ法よりもお金も時間もかかるウェスタン・ブロット法で検査する。ウェスタン・ブロット法でも陽性であれば、受診者はＨＩＶ陽性と告げられる。場合によっては、受診者に通知する前にべつの血液サンプルを取って検査することもある。細かい手続きは国や機関によって異なる。

エイズ（後天性免疫不全症候群）の定義は、主として深刻な免疫不全があることだ。ほかの病気と違ってエイズには一貫した特定の症状はない。免疫システムがうまく働かなくなると、健康上のさまざまな障害が起こる可能性があり、約二六の日和見感染が知られている。あるひとがＨＩＶ陽性で、しかもこのような感染がひとつまたは複数あればエイズと診断される。エイズはＨＩＶ感染の最終段階だ（ただしＨＩＶ以外の原因でエイズを発症することもあり得る）。ＨＩＶはレトロウイルスで、たぶん生涯にわたって寄生する人間の細胞に自分の遺伝子情報を組み込む。このウイルスは免疫システムのＴ細胞を破壊する。ＨＩＶには二種類の系統があることがわかっている。一九八三年に発見されたのがＨＩＶ１型で、世界の大半のエイズの症例の原因はこちらだが、一九八七年には西アフリカの女性からＨＩＶ２型が発見された。ＨＩＶ２型はアメリカやヨーロッパでは稀にしか見られない。ＨＩＶ２型のほうが免疫システムのダメージは少ないらしく、また増殖もゆっくりしている。

治療法はあるのか？　いまのところはない。治療法を発見するうえでの問題の一部は、二〇世紀初頭に蔓延した梅毒と比較するとわかりやすい。梅毒対策キャンペーンは今日のエイズ対策キャンペーンとてもよく似ていた。リスクの高い性行動を防止しようという教育プログラムがあり、メディアを通じて脅し戦術が使われ、アメリカの一部の州では結婚許可書を得る際に血液検査が義務づけられた。しかしこのような対策も病気の蔓延にはほとんど効果がなかった。一九三〇年代にはアメリカ人の一〇人に一人弱が梅毒に感染していた。梅毒の蔓延は最終的には抑えられたが、人間の性行動が変化したからではなくて、安くて効果的な薬であるペニシリンが発見されたおかげだった。

梅毒とエイズの重要な違いは、梅毒を引き起こす細菌（スピロヘータ）がＨＩＶほど急速に変異を起こさないということだ。ＨＩＶが自己を複製するときには非常に多くのエラーが起こるので、あるひとがエイズと診断されるころには体内には一〇億以上もの変種が存在している。この変異の一部はＨＩＶを弱めて、免疫システムに攻撃されやすくするが、逆に強めて免疫システムを侵す可能性が大きくなることもある。このウイルスのダーウィン流の進化の速さは免疫システムの認識対応能力を上回っているらしく、また薬剤への耐性獲得にも一役買っているらしい。感染から発病までには平均して一〇年から一二年、症状が出ない期間があるが、これはほんとうの潜伏期間というより、この間もずっとＨＩＶと免疫システムが闘っていて徐々に力関係がウイルスに有利になっていくらしい。

治療法はないが、希望はある。ウイルスの自己複製能力を妨げる薬が開発されている。ウイルスにはすぐに薬剤耐性ができる可能性があるので、いくつかの薬が併用される。この多剤併用（カクテル）療法によって感染者の余命が延びる可能性はあるが、しかし治癒ではない。この療法ではジダノシン、ジドブディンなどいくつかの薬を組み合わせて使う。カクテル療法の短所は非常に高価だということで、豊かな人々は治療を受けやすいが、おぜいの貧しい人々にはなかなか手が届かない。さらに、使われる薬には手足の焼け付くような痛み、抜け毛、危険な膵臓肥大など重いものから軽いものまで種々の副作用がある。

とくに重要なのはハイリスク・グループのＨＩＶ検診だ。この病気は容赦なく進行する病気で、治療法の可能性はごく限られているとはいえ、検診を行なうべき理由はほかにもある。早期発見によってＨＩＶの蔓延を防止できる可能性があるのだ。覚えておられるかもしれないが、乳房Ｘ線検査は病気そのものを減らしはせず、ただ死亡者を減らすだけだ。だが、ＨＩＶの場合はひとからひとに感染するので事情が違う。早期発見によってウイルスの広がりを食い止めれば、病気の蔓延も防止できるかもしれない。感染者が性的パートナーに事実を告げて、慎重に防御策を講じれば、だが。

社会的烙印と性的倫理

ライアン・ホワイトは一二歳でエイズと診断された。ライアンは血友病で、インディアナ州ココモに住んでいたが、この土地ではエイズという病気は社会的に受け入れられなかった。彼は生きるために必要な輸血でウイルスに感染した。そして、ウイルスをうつそうと唾を吐きかけたなどといろいろな話をでっちあげて非難する級友やその親の敵意と嘘に苦しめられた。ライアンはこの差別がウイルスの感染経路に関する無知と恐怖、誤解によるものだということはわかっている、と言った。彼は登校する権利、家の外に出て、嘲られることなく街を歩く権利、社会的に受け入れられる権利を求めて闘い、この闘いによってアメリカ全土の何百万人もの人々の敬意を勝ち得た。ライアンは一九九〇年に一八歳で亡くなった。

アメリカで最初にエイズの症例が見つかったのは（一九八一年）同性愛の男性たちだった。著名な福音伝道師、ビリー・グラハム牧師は「エイズは神のお裁きだ」と言った。当初、世間は拒絶反応を示した。メディアにはまだ同性愛や注射針、コンドームについて語る準備ができていなかったし、同性愛の男性たちには一九七〇年代の性解放で獲得した自由を再考する用意ができていなかった。一九八八年、『コスモポリタン』誌にロバート・グールドが書いた記事は、通常の膣を使ったセックスやオーラル・セックスを行なう女性たちには――たとえパートナーがHIV陽性であっても――事実上、エイズの危険性はないと保証した。

この拒絶反応に終止符を打つ出来事は一九八五年に起こった。ハリウッド・スターのロック・ハドソンがエイズにかかっていることを公表したのだ。その他の有名人も彼に続いた。その二年後、ピアニストでエンターテイナーのリベラーチェがエイズで死亡し、プロ・バスケットボールのマジック・ジョンソン選手は一九九一年にこう言った。「わたしは誰にだって可能性があるとはっきり言う。このわたし、マジック・ジョンソンだってかかったんだ」

現在、このウイルスは主として異性愛者の性的接触を通じて全世界に広がっている。だが、このような理解が進んでも、被害者への社会的烙印は消えなかった。ウェストヴァージニアのヒントンでは、ある女性が銃弾三発を打ち込まれて殺され、遺体は人通りの少ない道端に遺棄された。べつの女性は殴り殺されて車に轢かれ、下水溝に放置された。どちらも被害者はエイズだったと噂され、当局はそれが殺害原因だと述べた。オハイオ州ではHIV検査の結果が陽性だった男性が一二日間に仕事と自宅を失い、危うく妻まで失いかけた。自殺しようとした日、検査結果は偽陽性だったという知らせが届いた。

事実を公表せず、黙っていよう、嘘をつこうと考えたひとたちもいる。性的パートナーに事実を伝えていないＨＩＶ感染者は多い。たとえばボストン市民病院とロードアイランド病院のＨＩＶ感染者初期ケア施設の患者に、感染の事実を性的パートナーに伝えましたか、と尋ねた調査がある。四〇パーセントは告げなかったと答え、その大半がいつもコンドームを使用していたとは限らないと述べている。男性より女性のほうが、またパートナーが複数いるひとよりも一人のひとのほうが、事実を告げている率が高かった。南カリフォルニアの大学生も同じように欺瞞的な行動パターンを示している。性経験のある約五〇〇人の学生のうち、男性の四七パーセント、女性の六〇パーセントが性的な誘惑を目的とする嘘をつかれたことがあると答えた。ただし、性的誘惑のために嘘をついたことがあると答えたのは、男性の三五パーセント、女性の一〇パーセントだけだった。回答によると加害者よりも被害者のほうが多い。嘘やごまかしをしたほうは、全部が認めるとは限らないからだろう。男子学生の五人に一人は、自分がＨＩＶ陽性だったとしたら、セックスするために陰性だと嘘をつくだろうと述べた。ウイルスは蔓延するのに人間の欺瞞を利用しているだけでなく、神話も追い風になる。二〇〇〇年七月に開かれた第一三回国際エイズ会議で、南アフリカの地方行政府のズウェリ・ムキゼ保健担当相は、処女とセックスすればエイズが治るなどという暴力とレイプにつながる神話を含め、間違った信念の広がりと闘うための教育が必要だと主張した。これは純潔な者だけが汚れを吸収できるという処女の力に対する古代神話の現代版だ。

確実性の幻

一九八七年に開かれたエイズ会議で、フロリダ州のロートン・チャイルズ元上院議員は、フロリダではＥＬＩＳＡ法でＨＩＶ陽性だったと告げられた二二人の献血者のうち七人が自殺したと報告した（当時はＥＬＩＳＡ法とウェスタン・ブロット法の併用という標準的な検査方法はまだ確立されていなかった）。何年もたってこの悲劇を伝えた医学文献は読者に「ＥＬＩＳＡ法とウェスタン・ブロット法の両方で陽性だったとしても、その人物が感染している確率は五〇パーセントに過ぎない」とはっきりと教えている。これは、ローリスク・グループ――検診で感染症にかかっていないと判断された献血者のような――の陽性結果にあてはまる数字である。チャイルズ上院議員の報告に出てきた不運な献血者はＥＬＩＳＡ法の検査しか受けていなかったし、この検査はＥＬＩＳＡ法とウェスタン・ブロット法の併用に比べて偽陽性の率が高い。したがって彼らが感染していた確率は文献にある五〇パーセントよりさらに低かっただろう。結果が陽性だった場合に実際に感染している確率について献血者が教えられていたら、この七人の一部あるいは全員がまだ生きていたのではないか。

偽陽性があり得ることを知らないというのは確実性の幻のひとつのかたちだが、確実性の幻はこれだけではない。「自分に限ってそんなことはない、だいじょうぶ」というのも確実性の幻だ。いくつかの調査によれば、アメリカの一〇代の若者の半数はＨＩＶ感染について不安をもたず、したがって性的行動を変えようとも思っていない。ところが新たなＨＩＶ感染者の四人に一人は一三歳から二〇歳までの若者だ。ある一〇代の若者は「一〇代のときはホルモンが盛んだから、自分は無敵だと思っている。だが、自分はセックスでエイズに感染した」と言った。思春期の同性愛男性と異性愛交渉で感染した一〇代の女性、この二つのグループをあわせると一〇代のＨＩＶ感染者の七五パーセントに達する。どちらも――検査に間違いがあることを知らないのも、自分にも感染の恐れがあると気づかないのも――確実性の幻で、同じような結果を招く。ある人々は自殺を考え、ある人々は実行し、べつのある人々は致命的な、あるいは自暴自棄の暮らしをして、自分と他人を危険に陥れる。

わたしたちは生物学的にウイルスを退治することはできないかもしれないが、人々がリスクをもっとよく理解する手助けはできる。理解が進めば、病気の年間犠牲者を減らせるかもしれない。スーザン、ベティ、デイヴィッド、それにフロリダの献血者の事例が示しているように、カウンセリングにも問題がありそうだ。そこで、カウンセリンググルームで何が起こっているか、リスクの大きい行動をしていない人々にどんなカウンセリングが行なわれているかを詳しく見ることにしよう。

ローリスクの受診者

ＨＩＶ感染のリスクが最も高いのは同性愛の男性、静脈注射のドラッグの常用者、静脈注射のドラッグ常用者の異性のパートナー、血友病患者、それにＨＩＶ感染者の母親から生まれた子どもである。だがハイリスクの人々の大半は検査を受けないのに、ローリスクでＨＩＶ検査を受ける人たちが増えている。アメリカだけでも、毎年五〇〇〇万人の血液と血漿の検査が行なわれている。スイスでは全人口の約六〇パーセントが少なくとも一回、ＨＩＶ検査を受けたという。このうちの大多数は行動からみてローリスクの範疇に入る。

ＨＩＶのリスクが低いひとたちがＨＩＶ検査を受ける理由はさまざまだ。自発的に受けるひとたちは新しい恋愛関係を始める、結婚する、子どもをもつなどの前に感染の有無を調べたいなどの理由をあげる。自発的ではないというなかには、献血者、移民、保険の申し込みをするひと、それに軍人その他法律で受診を義務づけられているひともある。たとえばわたしの友人と婚約者は結婚する前にＨＩＶ検査を受けた。念のため、である。スウエーデン政府は検査を積極的に奨励し、その結果「感染していそうもないひとが、ぞろぞろ検査を受ける」という状況になった。

強制的な検査を法的に義務づけることが可能な国もあるし、保険会社が損失を免れるために検査を利用する可能性がある。たとえば一九九〇年、当時アーカンソー州知事だったビル・クリントンは生命保険の契約を更新するときにHIV検査を受けなければならなかった。一九八〇年代終わりには、イリノイ州とルイジアナ州が、結婚許可書を申請するカップルにHIV検査を受けてパートナーに結果を知らせることを要求した。このような方策には多大の社会的、財政的コストがかかる。間違ってHIV感染と診断して、婚約破棄や妊娠中絶につながったり、心理的ストレスを与えるおそれもある。アメリカ医学会は妊娠中の女性と新生児全員にHIV検査を義務づけようという政策を支持しているし、一九九六年にはニューヨーク州が州としては初めて新生児にHIV検査を義務づける法律を可決した（「ベビー・エイズ法」として知られている）。裁判所が個人に検査を命じることもあるし、政府が囚人や売春婦それに移民を希望する人々に検査を義務づけている場合もある。ローリスクの人々が知らないうちにHIV検査をされている場合すらあるかもしれない。たとえば、ボンベイの大企業は当人に無断で従業員にエイズ検査を実施したと伝えられる。結果が陽性だった従業員は解雇された。

HIVのリスクが低いひとたちに対するカウンセリングは、とくに偽陽性、つまり感染していなくてもＨＩＶ検査結果が陽性になる場合があることに重点を置かなければいけない。なぜなら、あるグループでＨＩＶの感染率が低ければ偽陽性の率は高くなるからだ。言い換えれば、ハイリスクの行動をとった者の検査結果が陽性なら、実際にＨＩＶに感染している可能性は大きいが、ローリスク・グループで結果が陽性と出たら、その可能性はそうとうに低いのである。

検査結果が陽性とは何を意味するか？

何年か前、ドイツ国民であるわたしはシカゴ大学の教授になるため、アメリカの就労ビザ《グリーンカード》を申請した。アメリカ移民局はＨＩＶ検査のために血液を採取し、結果が陽性ならばグリーンカードは認められないだろうと言った。そこである朝、車でフランクフルトのアメリカ領事館まで出向くことになった。その途中、ＨＩＶ検査（同一の血液サンプルに対するＥＬＩＳＡ法とウェスタン・ブロット法の検査）で陽性と出た場合に、実際にウイルスに感染している率はどのくらいだろうと自問した。当時、とくにリスクの高い行動をとっていないドイツ人男性についてはつぎのような情報があった。

とくにリスクの高い行動をとっていない男性の約〇・〇一パーセントがＨＩＶに感染している（有病率）。このグループの男性がウイルスに感染していれば、検査結果が陽性になる確率（感度）は九九・九九パーセント。感染していなければ、検査結果が陰性になる確率（特異度）は九九・九パーセント。

それでは、結果が陽性だった場合にウイルスに感染している確率はどれくらいか。大半のひとは九九パーセント以上だと考えるだろう。だが、この考え方は確率によって曇らされている。答えを求める方法の一つは、紙と鉛筆を使ってこの確率をベイズの法則にあてはめてみることだ。だが、わたしは運転中だった。しかし高速道路を走っていても、情報を頭のなかで自然頻度に変換することは簡単だ。

とくにリスクの高い行動をとっていない男性が一万人いると想像する。このうち一名は感染していて（有病率）、ほぼ確実に検査結果が陽性になる（感度）。残りの九九九九人のうち、一人が陽性と出るだろう（偽陽性の率）。そこで、あわせて二人に陽性という結果が出る。

検査結果が陽性と出た男性のうち、実際に感染しているのは何人か？　頭のなかで確率

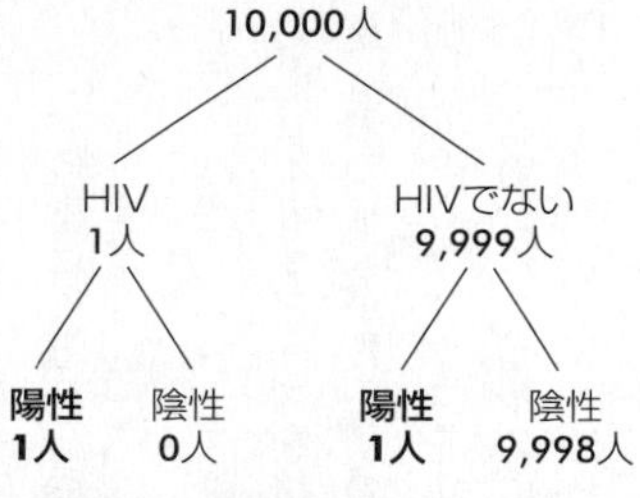

図7-1 HIV検査結果が陽性とは何を意味するか？ とくにリスクの高い行動をとっていない10,000人の男性のうち2人は検査結果が陽性になり（太字）、このうちの1人が感染者。(Data from Gigerenzer et al.,1998.)

を頻度に変えてみると、わたしが感染している確率――検査結果が陽性だったとして――はほぼ二分の一、五〇パーセントということがわかる。図7－1のツリーはこの考え方を示す。つまり、ＨＩＶ検査結果が陽性でも、自殺やカリフォルニアへの転居を考える必要はないし、この結果だけでアメリカ入国を拒否する充分な理由にはならないということだ。もう一度、新しい血液サンプルで検査をする理由になるだけである。

スーザン、ベティ、デイヴィッドはどうすれば悪夢の体験を免れることができたのか？ フロリダの自殺はどうすれば防げたか？ 答えは、運転中にわたしがやってみたような透明性のある方法でカウンセラーがリスクを伝えること、である。受診者がリスクの高い行動をとっていても――たとえばデイヴィッドが同性愛で、ＨＩＶ感染率が一・五パーセントのグループに属していても――同じ方法で透明性を実現することができる。その場合、医師はつぎのように説明するだろう。

同性愛の男性一万人を考えてください。このうち一五〇人が感染していると予想され、そのほとんどが陽性という検査結果になるでしょう。感染していない九八五〇人のうち、一人は検査結果が陽性になります。したがって一五一人が陽性という結果になって、このうちの一五〇人が感染者というわけです。あなたがウイルスに感染していない確率は一五一分の一、一パーセント以下です。

これは悪いニュースには違いない。間違いなくHIVに感染していると思い込んでカウンセラーのオフィスを後にするのより、ほんのわずかましなだけだ。これで陽性という検査結果の意味がHIVの有病率を決める基準の集団によって違うことがわかる。基準の集団に安全なセックスを実行している同性愛男性だけが含まれているなら、検査結果が陽性だった場合にウイルスに感染している確率はもっと低くなる。

では、アン・ランダースの回答はどうだったろう？　彼女の「再検査を受けましょう」という助言は的を射ている。だが、デイヴィッドが責めるべき相手は医師ではなく検査機関だという意見は、どんな理由にせよ偽陽性という場合があり、それがどのくらいの頻度で起こるかということを医師が説明すべきだったという事実を見逃している。すべてではないにしても、偽陽性の一部は検査機関の過誤によると考えられ、そのなかには血液サンプルの取り違えや検査機関での汚染、コンピュータにデータを打ち込むときの過ち（第1章のスーザンのように）などが含まれる。だが、HIVとは無関係のリューマチ性疾患、肝臓病、種々のがん、マラリア、アルコール性肝炎などの医学的条件によっても偽陽性になることがある。感度九九・九パーセント、特異度九九・九パーセントというのは、わたしが知っているかぎり（一つの血液サンプルに対して）ELISA法とウェスタン・ブロット法を組み合わせた場合の最善の数値だが、これも概数には違いないのである。スーザン、ベティ、デイヴィッドが受けたような不適切なカウンセリングは例外だろうか、それともふつうだろうか？ エイズ専門のカウンセラーは、クライアントにどんなふうにリスクを説明しているのか？

カウンセリング・ルームのなかで

ありがたいことに、わたしの教え子には優秀な学生だけでなく勇敢な学生もいる。教え子のアクセル・エバートが、リスクがどう伝えられているかを実地に知るために身元を隠して二〇の公共保健機関でHIV検査を受ける役を買って出てくれた。保健機関はベルリン、ハンブルグ、ミュンヘンの三大都市を含むドイツの二〇の都市にあり、無料でHIV

検査をしてくれて、一般市民へのカウンセリングを行なっている。受診者は検査前にカウンセリングを受けることが条件で、おかげでエバートは「もしウイルスに感染していなくても、検査結果が陽性になることはあるのか？　あるとしたら、どれくらいの頻度で起こるのか？」というような関連質問をすることができた。

エバートはまず電話で保健機関に連絡をして予約を取った。二カ所までは続けたが、そのあとは両腕の注射の跡が消えるまで少なくとも二週間は待った。この待機期間は必要だった。そうでないと注射の跡から麻薬中毒者と解釈され、ハイリスク・グループに入れられるからだ。

二〇人の専門カウンセラーのうち、一四人は医師で残りはソーシャル・ワーカーである。ＨＩＶ検査の前のカウンセリングは、検査手続きとＨＩＶ感染のリスク、それに陽性と陰性という結果が何を意味するかを受診者に理解してもらうことが目的だ。ドイツ政府の報告書では、カウンセラーが「受診者それぞれの量的、質的リスクを評価」して、検査実施前に「検査結果の信頼性を説明する」ようにと、はっきりと指導している。

エバートは各カウンセラーが、自発的に情報を提供してくれない場合には次の質問をした。

●感度

ＨＩＶに感染していても、検査結果が陰性になることがありますか？　この検査では、ウイルスが存在したときには、どのくらいの信頼度で検出しますか？

●偽陽性

ＨＩＶに感染していなくても、検査結果が陽性になることがありますか？　偽陽性ということからみて、この検査はどれくらい信頼できますか？

●ローリスクの受診者の有病率

自分のような、つまり二〇歳から三〇歳までの異性愛者の男性で、ドラッグの注射など危険な行動の経歴がないと思われる場合、ウイルスの有病率はどれくらいですか？

●陽性の的中率

自分と同じリスク・グループの男性で、検査結果が陽性の場合、ほんとうにウイルスに感染している率はどれくらいですか？

陽性の的中率とは、検査結果が陽性の場合に感染している率を指す。カウンセリングの際にエバートは「陽性の的中率」というような用語は使わず、前述のように日常的な言葉で尋ねた。カウンセラーが量的な回答（数字あるいは範囲）をした場合、あるいはそれ以上正確な回答はできないと言った場合には、それ以上は尋ねない。答えが質的なものだったら（たとえば「かなり確実です」）、あるいはカウンセラーが質問を誤解していたり、答えを避けたりした場合には、エバートはもう少し説明してくださいと頼み、必要なら再度、頼んだ。三度頼んでも答えてもらえない場合には、それ以上は追及しない。医師のなかには患者がしつこく説明を求めると、防御的になったり怒り出す者がいるからだ。ＨＩＶの有病率と陽性の的中率を尋ねるときには、エバートは必ず自分がローリスク・グループに属する（二五歳の異性愛者で、麻薬の注射を打ったことはなく、ほかにもリスク要因となる行動をしていない）ことを確認した。

エバートはカウンセリングの際に関連情報を速記で記録できるように記号を使った。三回以外は、カウンセリングのあとにＨＩＶ検査を受けた。二度は数週間待たなければならないと言われ、一度はカウンセラーが検査を受けるかどうか、もう一晩考えてみたらどうかと勧めたためである。当人に無断でエイズ・カウンセラーの行動を調べることは、倫理的な問題となるおそれがある。そこでわたしたちはドイツ心理学会の倫理委員会の許可を得た。覆面調査の方法を取ったことについては、カウンセラーのみなさんにお詫びするが、この研究の成果に免じて赦していただきたい。エイズ・カウンセリングをどう改善すべきかが明らかになったからだ。

カウンセリング

まず、いくつかのカウンセリングの実体を見て、それから全体的な結果に移ることにしよう。一度目のカウンセリングは一九九四年に人口二〇万人の都市の公共保健センターで行なわれた。エバートの質問は専門用語で簡略化してある。そのあとにあるのがカウンセラーの答え。回答が複数あれば、それはエバートがさらに質問して答えてもらったためである。

セッション1――カウンセラーは女性ソーシャル・ワーカー

感度は？

●偽陰性は絶対にありません。でも、文献をあたってみたら、そういうケースがあるかもしれませんね。
●正確な数字は知りません。
●一度か二度あっただけじゃないかしら。

偽陽性は？

●いいえ、検査は繰り返して行なわれますから、絶対に間違いありません。
●抗体があれば検査ではっきりと検出されますし、その結果は絶対に確実です。
●いいえ、偽陽性ということは絶対にあり得ません。だって、検査は繰り返しますからね、絶対に確実なんですよ。

有病率は？

●正確な数字は申し上げられません。
●五〇〇人か一〇〇〇人に一人でしょう。

陽性の的中率は？

●何度も言いましたけれど、検査は絶対に確実です。

このカウンセラーはＨＩＶ検査にわずかながら偽陽性があり得ることに気づいているが、偽陽性はないと間違ったことをエバートに告げた。エバートは偽陽性があり得ないというのが正しい理解かどうかを確かめるために、二度説明を求めた。カウンセラーは検査結果が陽性なら絶対に確かだ、受診者はウイルスに感染していると主張した。この結論は、偽陽性は起こり得ないという彼女の（間違った）主張から論理的に導かれるものである。このカウンセリングで、エバートはスーザンがヴァージニアの医師に言われたのとまったく同じことを言われた。結果が陽性なら、あなたは間違いなくウイルスに感染しています。終わり。

次のセッションは人口三〇万人の都市で行なわれた。

セッション2――カウンセラーは男性医師

感度は？

●充分な抗体があれば、どのケースでも検査でわかります。二つの検査（ＥＬＩＳＡ法とウエスタン・ブロット法）を行ないます。最初の検査は四世代目で、陽性も陰性も検出度が非常に高くなっています。しかし、どちらかというと陰性よりは陽性のほうを検出しやすくなっていますね。

●感度も特異度も九九・八パーセントです。だが、検査は繰り返しますから、陽性という結果が出たなら、それは鉄壁のごとく確かです。

偽陽性は？

●それは絶対にありません。間違った結果が出るとしたら、偽陰性だけで、抗体がまだ形成されていない場合に起こります。
●ここで確認検査を含めた検査を受ければ、ほとんど間違いありません。どちらにしても特異度は九九・七パーセントです。鉄壁のごとく確かですよ。混乱をなくすために二つの検査をするんです。

有病率は?

●いまでは個人をリスク・グループに分類するのは時代遅れです。したがって、そういう見方はしていません。
●覚えてませんね。ウイルスが一般人に広がる傾向があります。統計なんか、個々のケースには役立ちませんよ!

陽性の的中率は?

●もう言いました。絶対確実、九九・八パーセントです。

このカウンセラーは最初、偽陽性の存在を否定した。だがセッション1のカウンセラーと違って、受診者が説明を求めると意見を変え、ＥＬＩＳＡ法とウェスタン・ブロット法を組み合わせた場合の偽陽性の率は〇・三パーセント（特異度が九九・七パーセントだから）と推計した。この率は文献にあるよりかなり高い。陽性の的中率を聞かれたとき、カウンセラーが特異度と混同していたことは、「もう言いました」という言葉からわかる。この結果、情報は矛盾したものとなった。説明が一貫していないのだ。この混乱は、カウンセラーが示した確率を自然頻度に直してみるとわかる。全カウンセラーの推計の中位数を取ると、有病率（このカウンセラーは明確に答えなかった）は一〇〇〇人に一人になる。一〇〇〇人のローリスクの受診者を考えると、一人はウイルスに感染していて、現実的には確実に検査結果が陽性になるだろう。残る九九九人の非感染者のうち、三人が陽性になる。したがって、結果が陽性だった受診者四人のうち、一人だけがＨＩＶに感染している。四人に一人は九九・八パーセントではない。

　最初のカウンセラーは確実性という幻にとらわれていたが、二番目のカウンセラーは偽陽性の存在を否定はしなかった。しかし、そのリスクをどう表現していいかわからず、そのためにカウンセラーも受診者もリスクを理解できなかった。彼は条件付確率を使い、パーセンテージでリスクを説明しようとしたために、頭に霧がかかったのだ。当人は、自分があげた数値があり得ないことに気づいてもいなかった。

「抗体がまだ形成されていないとき」というのは、感染から検査で検出できるほどの数の抗体が形成されるまでの「空白期間」を指す。たとえば、性的接触で感染した場合の平均空白期間は約六カ月で、この期間には偽陰性ということがあり得る。三度目のカウンセリングは人口一〇〇万人以上の都市で行なわれた。

セッション3——カウンセラーは女性医師

感度は?

●検査は非常に信頼度が高いんです。だいたい九九・九八パーセントです。

偽陽性は?

●検査は繰り返して行なわれます。一度目の検査では陽性と言わず、反応と言います。全部の検査が終わったあとでは、結果は確実です。

●偽陽性がどれくらい起こるかを言うのは難しいですね。

●正確に何回か、ですか? そういう情報があるかどうか、文献をあたってみなければなりませんね。

有病率は?

●地域によります。

●ドイツではおよそ六万七〇〇〇人が感染していますから、異性愛者で九パーセントですね。

●この街には一万人の感染者がいますから、人口の一パーセントです。でもこれはただの数字で、あなたがウイルスに感染しているかどうかとは何の関係もありませんよ。

陽性の的中率は？

●すでに言いましたように、結果は九九・九八パーセント確実です。陽性という結果が出たら、それは信頼できます。

これまでのカウンセリングと同じように、カウンセラーははじめ、偽陽性はないと言った。だがエバートが説明を求めると、偽陽性は存在するが、どれくらいかはわからないと答えた。セッション2のカウンセラーと同じく彼女も感度、つまり感染者が陽性になる率と、ローリスクの受診者で検査結果が陽性の場合に感染者である率、つまり陽性の的中率を混同している。

四回目は違った。このカウンセラーは二〇人のなかで唯一、陽性という結果全体のなかの偽陽性の率は有病率によると説明した。ローリスクの受診者の検査結果が陽性なら、偽陽性の確率はそうとうに大きいということだ。四度目のカウンセリングが行なわれたのは、人口一〇〇万人以上の大都市の公共保健機関である。

セッション4——カウンセラーは女性ソーシャル・ワーカー

感度は?

●信頼度は非常に高いです。

●いいえ、絶対に確実ではありません。医学ではそんなことはあり得ません。ウイルスを検出できない可能性がありますから。

●一〇〇パーセント近いでしょう。正確にはわかりませんが。

偽陽性は?

●あります。でも、ごくまれです。

●一〇分の一パーセント台です。もっと少ないかもしれない。けれど、あなたの場合、ハイリスク・グループに比べて、偽陽性の割合は大きくなります。

●正確な数値はわかりません。

有病率は?

●あなたの接触の状況からみて、たぶん感染はないでしょう。

●一概には言えません。うちの場合、過去七年で一万回検査したうち、異性愛者で麻薬中毒者ではないというようにリスクのない受診者で陽性になったのは三人か四人です。

陽性の的中率は？

●さっきも言いましたが、検査は一〇〇パーセント確実ではありません。もし、検査で（ＨＩＶ）抗体が他のものと混同されれば、検査を繰り返すといった方法を取っても、役には立ちません。また、あなたのような現実的にリスクはないと思われるひとなら、結果が陽性と出た場合五パーセントから一〇パーセントは偽陽性ではないかと考えられますね。

二番目と三番目のカウンセラーは、エバートのようなケースでは有病率はあまり意味がないというようなことを言った。対照的に、四番目のカウンセラーは有病率と陽性の的中率の関係を理解していた。有病率が低いグループに属する受診者で検査結果が陽性になったら、偽陽性の危険は非常に大きい。このカウンセラーはまた、検査を繰り返しても偽陽性を完全には排除できないことを説明した唯一の人物だった。たとえば検査がＨＩＶと混同されたべつの抗体に反応するかもしれない。このカウンセラーも陽性の的中率を過大評価していると思われるが、しかしその推計はまあまあ正しいほうに数えられるだろう。

ほかのカウンセラーはどんな情報を提供し、どのように伝えたか？

二〇人のカウンセラー

バイエルン地方の小都市の医師は、検査結果が出るまでは受診者にＨＩＶ検査の感度、特異度、陽性の的中率に関するいかなる情報も提供しないと拒否した。それで回答は一九人分となる。大半のカウンセラーは感度については現実的な情報を提供したが、五人は空白期間以外には偽陽性はあり得ないと間違った主張をした。スーザンの場合の検査結果のやりとり（第１章）は、偽陰性の原因のひとつを物語っている。スーザンが偽陽性だったのだから、彼女の検査結果と取り違えられた人物は偽陰性という結果になったはずだ。有病率に関する質問はカウンセラーには難しかったらしい。大半は情報を見つけられなかった。数人はファイルやパンフレットをめくってみたが、西ベルリンのほうが東ベルリンよりもＨＩＶ陽性者の数が多い、といった無関係な情報しか見つからなかった。あるカウンセラーは探した答えが見つからなかったあと、「ベルリンの壁は東ベルリンにとって最善のコンドームだったようだ」と冗談を言った。

公共保健機関のカウンセラーは無知ではない。それどころか、数人は免疫診断技術やウ要約すると、ローリスクの受診者に対するカウンセリングにはつぎのような欠陥がある。

● リスクの伝え方に透明性がない

カウンセラー全員が、受診者（それにカウンセラー自身）にわかりやすい自然頻度のようなかたちではなく、確率とパーセンテージで情報を伝えた。このため、何人かのカウンセラーは自分の説明に矛盾があることに気づかなかった。たとえば、あるカウンセラーのような男性の場合、HIVの有病率は〇・一パーセントかそれより少し高い程度で、感度、特異度、陽性の的中度は九九・九パーセントだと言った。だが、頻度で表わすとすぐわかるが、この数字はあり得ないのである。

● 偽陽性の否定

カウンセラーの大半（一三人）が、偽陽性は絶対にあり得ないと間違いを教えた。これに対する説明は単純で断定的だった。検査は繰り返される、つまりELISA法とウェスタン・ブロット法で行なわれるから、偽陽性は排除されるというのだ。あるカウンセラー

イルスの特性、抗体、たんぱく質、感染経路などについて詳しい高度な説明をした。だが、検査結果が陽性だった場合のエバートの感染リスクとなると、ほとんどのカウンセラーは推計すらできず、ましてリスクを伝えることはできなかったのである。

は、偽陽性が起こるのはフランスのような国だけでドイツではあり得ないと言い、べつのカウンセラーは一九八〇年代には偽陽性もあったが、それ以降はないと言った。この一三人のほかに、三人が最初は偽陽性はあり得ないと（セッション2と3のように）否定したが、その後に意見を変えた。

●ローリスクの受診者の場合には偽陽性の率が高くなることを理解していない。

有病率が低ければ陽性に占める偽陽性の割合は大きくなると説明したのは、一人だけだった（セッション4）。言い換えれば、真陽性に対する偽陽性の率は、エバートのようなローリスクの受診者の場合にはとくに高いのである。

●確実性の幻

一〇人のカウンセラーが間違って、ローリスクの男性の検査結果が陽性なら、確実に（一〇〇パーセント）ウイルスに感染していると述べ（セッション1を参照）、ほかに五人が確率は九九・九パーセントかそれ以上だと言った（セッション3を参照）。だが入手できる最善の数値から考えると、この確率はじつは五〇パーセントである（図7－1を参照）。エバートの検査結果が陽性で、一五人のカウンセラーの誰かの情報を信じたとしたら、前例があったように彼も自殺を考えたかもしれない。ほかの二人のカウンセラーは、陽性の的中率に関する質問に答えなかった。三人だけが、この確率は九九・九パーセントより少ないと言った（三人とも九〇パーセントを超えると推計した）。カウンセラーは二つの経路を通ってこの普遍的な確実性の幻にいたっている。一部のカウンセラーは陽性の的中率を感度と混同している。そして他のカウンセラーは、検査が繰り返されるから偽陽性はあり得ない、したがって結果が陽性ならまちがいなく感染していると思っていた。

この研究から学ぶべきことは、次のようなことである。第一に、カウンセラーに確実性の幻を克服する訓練を行なう必要がある。第二に、受診者に（それにカウンセラー自身にも）理解できるかたちで、リスクを伝えるように教えるべきである。次に示すモデル・セッションのようにすれば、検査結果についてカウンセラーがわかりやすいかたちで伝えられるはずだ。

モデル・セッション――カウンセラーは自然頻度でリスクを伝える訓練を受ける

感度は？

●この検査では一〇〇〇人の感染者のうち九九八人は陽性になります。この数字は状況によって、つまり具体的な検査方法などによって、異なります。

偽陽性は？

●一万人に一人くらいです。偽陽性は検査を繰り返すことで（ＥＬＩＳＡ法とウェスタン・ブロット法）減らせますが、しかし完全には排除できません。検査機関の過誤のほかに、特殊な医学的状況が理由で起こることもあります。

有病率は？

●異性愛者でリスクの高い行動をしていない男性の場合は、ＨＩＶ感染者の割合は一万人に一人です。

陽性の的中率は？

●あなたのようなローリスクの男性が一万人いるとしましょう。一人は感染していて、ほぼ間違いなく検査結果は陽性になります。残りの九九九九人の非感染者のうち、一人が陽性という結果になります。したがって、陽性という結果が出た二人のうちの一人だけがＨＩＶ感染者です。これが、検査結果が陽性と出た場合の状況です。あなたがウイルスに感染している確率は二分の一です。

地域によって、あるいはリスクのある行動をしたかどうかで、数字は調整しなければならない。検査結果が陽性の場合、カウンセラーはべつの血液サンプルで再検査を受けるべきだとアドバイスするだろう。べつの血液サンプルを取ればある種のエラーは修正できるが、しかしすべてではない。結果が陰性だった場合も同じことが言えるのは、ある極端なケースが教えている。ソルトレーク・シティのＶＡメディカルセンターで、ＨＩＶに感染しているある男性が四年間に三五回、陰性という結果が出たことがある。不思議なのはこの男性が感染していたウイルス株がアメリカでは典型的なものだったのに、検査では抗体が検出できなかったことだ。完璧に確実ということは期待できないのである。しかし、医学研究や心理学的研究で、つまりウイルスに対する医学の武器と、人間のリスク理解の合理性を支える心理的なツールで現状を改善することはもちろん可能だろう。

情報リーフレット

公共保健機関が配布しているリーフレットやパンフレットは、有病率が低いグループの陽性結果がどういう意味をもつかを理解する助けになっているだろうか？　この問題を分析するために、わたしたちはドイツにある二〇の公共保健機関で入手したエイズとＨＩＶ

検査に関する七八のリーフレットやパンフレットを分析した。このなかには、アクセル・エバートがカウンセラーにもらったものが含まれている。

これらのパンフレットの長所と短所は、カウンセラーのそれをそっくり映し出している。長所はどんな経路でＨＩＶウイルスに感染するか、感染した場合にどう生きるかについて役に立つ重要な情報がたくさん掲載されていることである。そして、陽性という検査結果が何を意味するか、受診者の行動にまつわるリスクによって検査結果の意味がどう違うか、というあたりが盲点になっている。いくつかのパンフレットは偽陽性について、また偽陽性が起こり得ることに触れている。たとえば連邦政府の保健教育センターが編集したニューズレターには、リスクを冒した覚えがないのに検査結果が陽性だった場合には再検査を依頼すべきだ、というまっとうな助言が書かれている（それなら、陽性という検査結果は決定的だと信じているカウンセラーは、このような受診者にどう言うのかと聞きたくなるが）。しかし偽陰性と偽陽性がどれくらいの率で起こるかという推計値を掲載しているリーフレットやパンフレットは皆無だった。それどころか、あるパンフレットには、ＨＩＶ１型とＨＩＶ２型の感染を「確実に」検出できる抗体検査が「近い将来」に実現するだろう、と書いてあった。検査結果が陽性であっても、感染しているかどうかはこれまでの行動のリスクに大きく左右されると説明したものはまったくなかったのである。いちばん新しいニューズレターには、「ＨＩＶ検査結果が陽性だということは、ウイルスに感染したということを意味しているだけです。必ずしも、いまエイズにかかっているとか、これでおしまいだというわけではありません」とだけ書かれていた。このパンフレットを読めば、検査結果が陽性であればＨＩＶに感染していると思うだろう。これまでの行動のリスクの大きさや偽陽性についてはぜんぜん記されていない。対照的に、カウンセラー用のパンフレットには偽陽性の確率は一〇〇〇分の一以下であると正しい説明があるが、感度と特異度の定義がごっちゃになっていた。このように質のばらばらなパンフレットでは、カウンセラーも受診者もＨＩＶ検査結果を正しく理解できそうもない。

　アメリカ人はもっと優れた情報を受け取っているのか？　シカゴ大学病院やハワード・ブラウン・メモリアル・クリニックその他シカゴの医療機関で配布されている二一のエイズ関連リーフレットを見ると、そうではなさそうだ。いろいろな性行動について、安全、危険、中間といった区分がされていて、ＨＩＶ感染を防ぐにはどうすべきかという助言も記されている。また、空白期間の偽陰性の可能性について触れているものもある。だが、偽陽性の可能性に触れたものはただのひとつもなかった。たとえば、「ＨＩＶ疾病と闘う」と題されたイリノイ州公共保健局配布のリーフレットは、「ＨＩＶ陽性ならばＨＩＶ疾病にかかっています」と断言して、不確実性の余地をまるで残していない。

　アメリカとドイツのリーフレットの大きな違いは、アメリカのものは偽陽性の可能性にすら触れていないことだ。この基本的な情報を知らなければ、ローリスクの受診者で陽性という結果が出た場合には偽陽性の可能性がとくに高いということも理解できない。

なんとかすべきか?

すべきである。カウンセラーの確実性の幻を治し、リスクをわかりやすく伝える訓練を受けさせる必要がある。それでエイズを防止できるわけではないが、避けられるはずの結果が起こることはある程度、防げるだろう。そのなかには、偽陽性だったひとがHIV感染者と防護措置をしないでセックスすることも、感染したと思って何カ月も何年も苦しむことも、自殺を考えたり、実行したりすることも含まれる。ニューヨークのある病院でHIV検査を受けたひとの三〇パーセントは自殺を考えたことがあると、検査前のカウンセリングで述べている。

一九八一年に初めてエイズの症例が報告されてから、HIVの研究には歴史上かつてなかったほどの人的、金銭的資源が投入されてきた。だがこれとは対照的に、HIV陽性という検査結果の意味について一般市民を教育する面ではほとんど手が打たれていない。自分でできるHIV検査キットが市販されれば、一般市民が検査結果の意味を理解することはさらに重要になる。食品医薬品局は何年間も、自宅でできるHIV検査では対面カウンセリングが行なわれないからと反対してきた。だが一九九六年に態度を変えて、二つの自己検査キットを認可した。認可理由のひとつは、リスクの高い行動をしているひとたちの八〇パーセントはＨＩＶ検査機関を訪れようとしないという推計があるが、自宅用の検査キットなら利用するのではないか、ということにあった。このキットは年齢に関係なく購入できる。指を突いて出した三滴の血をカードに垂らし、それを匿名で検査機関に送って、一週間後に電話をかけ、認証番号を押せばいい。検査結果が陽性なら電話はカウンセラーにつながる。陰性なら自動応答になる。だが、この章で見てきた対面カウンセリングの問題を考えれば、電話カウンセリングはもっと問題があると思われる。

この章を書いているとき、友人が、医師にＨＩＶ検査結果が陽性だと電話で知らされた青年の話を聞いた。その青年はすぐに自殺したという。検査後のカウンセリングもなければ、新しい血液サンプルを使った再検査も行なわれなかった。ダラスのデイヴィッドが自殺していたら、彼が偽陽性だったこともわからずじまいだっただろう。

8 妻への暴力

法廷での宣誓――「真実を述べ、真実のすべてを述べて、真実以外のなにものもつけ加えないことを誓います」――は証人にだけ適用される。被告弁護士と検事、判事はこの宣誓をしない。できないのだ！　それどころか、アメリカの司法システムはすべての真実を「言わない」ことを基礎に成り立っているといっても過言ではない。

――アラン・M・ダーショウィッツ

『最善の弁護』

ロサンゼルス

評決は一九九五年一〇月三日午前一〇時に予定されていた。ロサンゼルス市警は厳戒態勢を敷き、全国的にも暴動が起こった場合に備えて警戒態勢が取られ、これについてクリントン大統領が説明を行なった。問題の時刻が近づくにつれて、長距離通話の量は五〇パーセント低下し、ジムのエクササイズ・マシンの利用者はなくなり、工場では作業が停止し、ニューヨーク証券取引所の取引量は四〇パーセント減少した。推計で一億人がテレビやラジオのスイッチを入れた。O・J・シンプソン裁判の評決を聞くためだ。三分の二が黒人女性で構成される一二人の陪審員は、元妻で白人のニコル・ブラウン・シンプソンとその男友達を殺害したかどで訴えられている黒人男性にどんな評決を下すか？　予定の時刻がきて、ランス・イトウ判事が開廷を宣言した。陪審員が評決を述べた。無罪。

判決を見守る大学生たちの映像が世界中を駆け巡った。若い黒人女性は飛び跳ね、叫び、抱き合い、拍手した。若い白人女性は呆然と口もきけずに座り込み、がっくりと顔を両手に埋めた。アメリカのフットボール・スターの無罪放免は人々を人種で分断した。人種がジェンダーを踏みにじった。

だがこの人種がらみの裁判は同じようにたやすくジェンダーがらみに転じたかもしれなかった。シンプソンの弁護側が直面した最も危険な証拠は、陪審員を人種ではなくジェンダーで分断する怖れがあった。シンプソンの配偶者虐待の経歴だ。少なくとも一度、シンプソンは妻に暴力をふるっていたし、性的嫉妬と暴力的傾向を露呈した出来事は数多かった。検察側は配偶者虐待の事実が殺害動機を反映していると主張し、裁判開始後の一〇日間を使って、さまざまな証人に一八年に及ぶシンプソン夫妻の関係を証言させた。ある検察官の言葉によれば、「平手打ちは殺人の前奏曲」だからだ。

著名なハーヴァード・ロースクール教授アラン・ダーショウィッツは、シンプソン弁護団に助言した。ベストセラーになった『合理的な疑い――刑事司法とO・J・シンプソン裁判』で、ダーショウィッツは、弁護が成功したのは配偶者虐待が殺人につながるという検察側の主張を粉砕したおかげだと説明している。ダーショウィッツは、虐待と暴力を殺人事件の裁判の証拠として取り上げるべきではない、と繰り返し主張した。「現実として殺害された女性の大半は関係のあった男性に殺害されているが、その男性がそれまでに女性に暴力をふるったかどうかとはかかわりがない。暴力だけでは殺害の信頼できる予兆とはならない」

それではダーショウィッツが言う証拠とはどんなものだったのだろう？　弁護側は法廷で、つぎのような調査を引き合いに出して弁論を行なった。

（アメリカでは）四〇〇万人の女性が毎年、夫やボーイフレンドに暴力をふるわれている……連邦捜査局の統一犯罪報告によると、一九九二年には九一三人の女性が夫に殺され、五一九人がボーイフレンドに殺された。言い換えれば、二五〇万件から四〇〇万件の虐待があるが、殺人は一四三二件のみである。これらの殺人の一部は虐待ののちに起こっているが、しかし虐待の大半はどんなに深刻な虐待であっても殺害にはいたらないのである。

ダーショウィッツはこれらの数字から、殺人は虐待二五〇〇件につき一件未満だと計算する。「われわれは当初から、いわゆる〝ドメスティック・バイオレンス〟を強調する検察側の主張は弱点をさらけだしていると確信していた。われわれは必要なら、家庭内でパートナーを殴る男性のうち殺害にいたるのはごくごくわずか――二五〇〇分の一以下――であることを証明できると知っていたのだ」ダーショウィッツは次のように結論する。「ドメスティック・バイオレンスは決して正当化できない。だが、家庭内の虐待が――シンプソンに云々されるほどの最悪の虐待ですらも――殺人の前奏曲だということを科学的に受け入れられる証拠もない」

なるほど納得できる、そうではないか？　ダーショウィッツは妻に対する虐待は「証明力ある証拠」というより「被告に不利益な誤謬」だと主張した。これがほんとうなら、O・J・シンプソンのケースのように虐待された経験のある妻が殺された場合、夫が無罪放免になっても世間は簡単に納得するだろう。だがダーショウィッツの主張はごまかしである。法廷もごまかされたのかもしれない。与えられた「科学的に受け入れられる証拠」からして、女性がパートナーに虐待され、その後に殺されたとすれば、虐待者が犯人である可能性は実際にはきわめて大きい。なぜか？

ダーショウィッツは計算のときにとくに重要な事実をひとつ省略している。ニコル・ブラウン・シンプソンは虐待されただけではなく殺害された、ということだ。ここで意味をもつパーセンテージは、ダーショウィッツが信じ込ませようとしたのとは違って、家庭内のパートナーを殴っている男性のうち何人が相手を殺害したか、ということではない。そうではなく、意味をもつのは、家庭内のパートナーに暴力をふるい、しかも殺害した男性がパートナーを殺害した男性全体に占める比率なのだ。これはたぶん二五〇〇分の一ではない。では、どのくらいか?

これまで乳がんやその他の医学検査で説明したように、この比率を推計する方法は二つある。ひとつはベイズの法則に確率を挿入するもので、陪審員も判事も、それどころか計算する専門家たちも混乱しかねない。もうひとつは情報をもっと理解しやすい自然頻度で表わす方法である。これからダーショウィッツの議論の欠陥を説明するが、使うのは彼と同じ、毎年、家庭内暴力をふるわれている女性二五〇〇人に一人が夫かボーイフレンドに殺されている、という数字だ。これは一〇万人に四〇人の割合である。ほかに必要なのは、毎年、パートナー以外の誰かに殺されている虐待被害者女性の数である。虐待されているかどうかは別として一般的なアメリカ人女性の場合、アメリカおよび統治領統一犯罪報告(一九九三年)によると、毎年一〇万人に五人が殺されているので、これにはこの数を使う。自然頻度を使うと虐待され殺害された女性のうち、何人が夫あるいはボーイフレンド

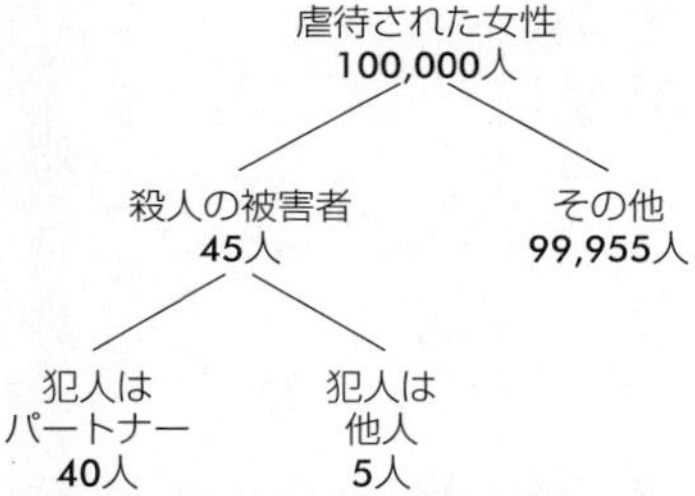

図8-1　アメリカで起こる妻の虐待と配偶者殺しには関連があるか？　O・J・シンプソンの弁護団に助言したハーヴァード・ロースクールのアラン・ダーショウィッツ教授は、妻が殺害された場合、夫（あるいはパートナー）が妻を虐待していたことは夫（パートナー）にとって不利な証拠にはならない、と主張した。しかしダーショウィッツの数字をもとに頻度のツリーをつくると、彼の主張の欠陥がよくわかる。裁判当時、毎年10万人の女性が虐待されて、45人の女性が殺されていた。そして、殺害された女性のうち40人はパートナーに殺されていたのである。したがって、妻の虐待は被害者のパートナーに不利な証拠になる。

に殺されたかが簡単にわかる（図8－1）。虐待された女性一〇万人を考えよう。一年に四〇人が虐待者によって殺され、ほかに五人がそれ以外の誰かによって殺される。したがって、殺害と虐待の被害者四五人のうち四〇人が虐待者によって殺されていることになる。虐待者以外の誰かに殺された女性はわずか九人に一人なのだ。

　自然頻度のツリーをつくると、この論理の道筋がすぐにわかる。これは、乳房X線検査で陽性という結果が出た女性のうち、乳がんである割合はどれくらいかを見たときのツリーと同じだ。どちらも自然な状況でのサンプリングのように、具体的なケース――この場合は被虐待女性――をサブ・グループに区分けしていく。これを見ると、被虐待女性が殺された場合、虐待者が殺人者である率は九件に八件、約九〇パーセントになる。ただし、この確率をO・J・シンプソンが有罪である確率と混同してはいけない。陪審員が合理的疑いの余地なく有罪だと評決するには、虐待以外のもっとはっきりした証拠に配慮する必要がある。しかしこの確率はダーショウィッツの主張とは逆に、虐待はかなり信頼できる殺人の予兆であることを示している。虐待は「証明力」ある証拠であって、「被告に不利益な誤謬」ではない。

ダーショウィッツが自分でも数字に幻惑されていたのか、あるいは法廷と市民とシンプソン裁判に関する著書の読者を幻惑しただけなのかは、わたしには判断がつかない。それに、これはダーショウィッツにとってはあまり意味をもたない問題かもしれない。ダーショウィッツは司法システムを野球にたとえ、「検察官（あるいは被告側弁護人）はメジャーリーグのピッチャーと同じくらい勝率を気にする」と言っている。彼の言葉によれば、「誰もほんとうは正義など求めてはいない。刑事司法システムの大半の参加者にとっては、勝利が〝唯一の重要事項〟なのだ。プロのスポーツ選手と同じである」。モラルもまあ似たようなものなのかもしれない。野球は労働者や農民の子どもたちの文化のなかで、空き地や町の通りで育ってきたものだし、現在のプロ選手はボールをいじるのと同じように統計数字をもてあそぶ。少年たちは打率や勝率、その他の統計数字をよく知っている。ところが法廷となるとそうはいかない。学生時代に数学や統計学をできるだけ避けてきた多くの学生が法律家になる。このひとたちは条件付確率、一致確率、その他の統計的数字にはなじみがない。統計情報を自然頻度で提示することは、裁判関係者が――それに一般市民も――議論に勝ち、妻への暴力と殺人のあいだのほんとうの関係を見抜くために有効なはずだ。

DV――もっと大きな文脈で

がんやHIVと違って、妻への暴力は人間が生み出した社会的な疾病だ。その歴史を考えてみると、時間はかかるとしても、この現象をどのように変えていけるかがわかるだろう。それに現在の西欧民主主義国家のもとでさえ、女性に対する暴力がどれほど頻繁かを知っておくことは、隠された問題を明るみに出すのに役立つ。

一八七四年、リチャード・オリヴァーは酔って朝帰りし、妻の料理が気に入らないとカップとコーヒーポットを床に投げつけて、二本の木の枝を取ってきて妻を叩き、見ていたひとたちが止めるまでやめなかった。木の枝はどちらも男の親指よりも細かった。それにもかかわらず、J・セトル判事はオリヴァーを脅迫暴行で有罪と認定した。「親指ルール」はノースカロライナの法には適用されないと判断したのだ。この古いルールによれば、夫は妻を鞭打つ権利があるが、使う棒は親指より太くてはいけない。このセトル判事の判決は、少なくともノースカロライナでは「夫はどのような状況のもとでも妻に懲罰を与える権利を有しない」ことを確定させた。同じころ、チャールズ・ペラム判事は書いている。「妻を棒で叩き、髪を引っ張り、首を絞め、顔に唾を吐きかけ、蹴りまわし、同様の虐待を行なう特権は、いかに古くからある考え方とはいえ、現在のわれわれの法では認められない」ペラム判事がこの種の妻への暴力を有罪と断定してから約一二〇年後、アメリカの法廷に提出された宣誓供述書を見ると、いまもアメリカ人女性が同じ暴力行為を訴えていることがわかる。

進化心理学者のマーティン・デイリーとマーゴ・ウィルソンは、妻への暴力の大半は、現実か思い込みかに関わらず妻が裏切っているとか自分を捨てようとしていると考えた夫の嫉妬と所有意識に基づく反応から生じていると言う。このうちの少数は、暴力が「行き過ぎて」殺人にいたる（ご存じのようにニコル・ブラウン・シンプソンは男友だちと一緒に殺された。夫が――殺人犯だったとして――この男友だちを性的ライバルと考えた可能性はある）。被虐待女性は多くの場合、パートナーに殺すと脅されたと言う。事実、毎年殺人事件の犠牲になるアメリカ人女性のうち約三〇パーセントから四〇パーセントは、親密なパートナーによって殺されている。救急外来に関する最近の全国調査によれば、親密なパートナーあるいは元パートナーによる脅迫暴行が、暴力による女性の怪我の（暴行犯人が特定されたケース全体の）四五パーセント以上を占めている。サンフランシスコの女性に対する無作為抽出調査では、五人に一人が殴られたことがあると答えた。福祉の給付を受けている女性になると、一般女性よりさらにリスクが大きくなるようだ。たとえばマサチューセッツ州で福祉の援助を受けている女性の三人に二人が夫に暴力をふるわれたことがあると述べている。アメリカでは経済的に恵まれた人々を対象とする調査は、ジャーナリストの手によるもの以外はあまり見あたらない（たとえば、ピューリッツァー賞受賞者のシーモア・ハーシュは、リチャード・ニクソン元大統領は何度も入院させるほど妻のパットを殴ったと言っている）。

女性に対する物理的暴力は、パートナーに対するものだけではない。毎年、一二歳以上のアメリカ人女性の一〇〇〇人に一人がレイプされている。この数字は届出のあった強姦事件だけで、表に出ないレイプの数を考えれば、実際はもっと多いはずだ。アメリカ人女性の五、六人に一人は生涯のいずれかのときにレイプされた経験をもつという推計さえある。

女性に対する強制支配はあらゆる、あるいはほとんどの文化圏に存在したようだし、いまでも見ることができる。だからといって虐待を劇的に減らすことが不可能だというわけではない。姦通罪に関する法律の変化がいい例だ。古代エジプト、シリア、ユダヤ、ローマ、スパルタ、その他の地中海文化圏では、姦通を女性の婚姻上の地位によってのみ定義していた。つまり女性が既婚の場合で、男性は既婚未婚を問わない。姦通は夫からの盗みの一種とみなされていた。盗品は妻への性的アクセスである。一九七四年まではテキサスの法律（テキサス刑法1925、第1220条）が、夫が妻の姦通現場を見つけたら相手の男を殺す権利があり、その場合はいかなる罪にも問われない、と定めていたことも、この見方と一貫している。これほど変化が遅かったテキサスはいかにも極端な事例だろうが。一八五二年、オーストリアは男性の姦通と女性の姦通を法的に同等と明記した最初の国になった。一九九六年、オーストリアは再び世界に先がけて妻への暴力を禁止した例外的な法律を制定した。この法律によって、暴行された女性はDV被害者のためのシェルターに逃げ込む必要はなくなった。ただ、警察に電話すればいい。警察官が即刻やってきて、妻が求めれば夫を家から連れ出してくれる。警察は家の鍵を夫から取り上げ、最長三カ月まで近隣に立ち入ることを禁止することができる。

男性の暴力的傾向は経済状態や政治情勢の変化によって変わり得る。たとえばソ連ではパートナーに殺される女性の数が一九八九年には約一六〇〇人と報告されていたのだが、一九九〇年には一九〇〇人に、一九九一年には五三〇〇人になった。ソ連崩壊後、ロシア連邦の全国レポートは一九九三年に（ロシアだけで）一万四五〇〇人の女性が男性パートナーに殺されたと記している。この数字はその後二年に一万五〇〇〇人、一万六〇〇〇人と増加した。ロシア連邦の配偶者殺人の率は西欧諸国のどこの国よりも、比較的高いアメリカよりもさらに何倍も高い。共産主義体制の崩壊に続く混乱のなかでロシアの経済的、政治的、社会的状況が悪化するとともに――とくに失業率が上昇し、多くのロシア人男性がアルコールに逃避するようになって――暴力が激しくなったのだろう。

妻に対する暴力はロシアやアメリカだけの問題ではない。図8－1に示された――虐待されて殺された女性の多く（九人のうち八人）がパートナーの手にかかっているという――事実は、西欧諸国一般にあてはまるようだ。それに男性は女性よりも配偶者を殺害する割合が多く、この事実もすべての国に共通らしい。女性がパートナーを殺害するという比較的に少ないケースでは、女性は何年もパートナーに虐待され、暴力をふるわれていることが多い。ドイツの判例に関する分析では、女性が殺人で有罪になったケースをとると、五件のうち四件はパートナーを殺しており、その大半はパートナーに暴力をふるわれていた。メキシコの地方および都市の女性の調査によると、暴力をふるったのは大半がパートナーで、理由はアルコール中毒、金銭的な問題、嫉妬、事実も想像も含めた女性の裏切り、「間違った」性別の子どもの（ということは女児の）誕生などだという。チリのドメスティック・バイオレンスに関する最近の報告によれば、チリの文化では、男は暴力を通じて愛を表現するものだという考え方が一般に受け入れられているという。男性性の誇示（マチズモ）やアルコール中毒と並んで、このような思い込みが女性と子どもに対する暴力を「日常茶飯事」にしている。一九八九年まで、チリの民法では女性の人権侵害が法的に認められていて、妻は夫に従属しなければならないと定められ、夫は妻を守り、妻の所有物と人格に支配権をもつとされていた。

なぜ、妻への暴行は世界的なのだろう？　どうして女性より男性のほうがパートナーを殺害する傾向が高いのか？　アルコール依存症などさまざまな変数はあるものの、古典的な説明は父性のあいまいさである。哺乳類の大半とは異なり、ヒトは男性と女性が協力して子育てをする。だが父親は母親にはない問題にぶつかる。進化論によればこの重大問題のために、ほとんどの哺乳類の父親は親としての投資を完全に放棄するという。その問題とは妻の不貞である。つまり男は自分がほんとうに子どもの父親なのかどうかについて、ある程度までは不確実性を受け入れなければならない。対照的に女性は自分が子どもの母親であることを確信できる（病院での赤ん坊の取り違えはべつとして）。父性の不確実性は多くの手段で低下させられる。そのひとつがパートナーを物理的に支配して、他の男を近づけないことだ。この議論によると、男性の父親としての投資のコストが性的嫉妬をもたらし、これが監視から暴力にいたるさまざまな方法でパートナーへの性的アクセスを支配しようとすることにつながる。

ヒトの父親はどれくらい父親であることを確信したいのか？　たぶん一九八〇年代半ばからDNA鑑定によって理論的に可能になったほどは、親子関係の確実性を求めてはいないだろう。研究者によれば、DNA鑑定を実施したところ、西欧諸国の子どもたちの五パーセントから一〇パーセントは父親だと思っていた人物と生物学的父親が違っていたという。

ＤＮＡ鑑定は当然ながら親子関係確認訴訟で決定的な役割を演じているし、その刑事事件における可能性も限界も、これまたＯ・Ｊ・シンプソン裁判で注目された。ＤＮＡの一致の解釈には、ダーショウィッツが否定した妻への虐待と殺人の関係で見たように、明快な統計的思考が必要となる。第10章では、ＤＮＡ関連技術を詳しく取り上げることにしよう。

9　法廷のエキスパート

確率理論は、突き詰めれば計算に還元された常識にすぎない。
――ピエール－シモン・ラプラス侯爵『確率の哲学的試論』

ロサンゼルス

一九六四年六月一八日、ホアニータ・ブルックスは自宅に帰ろうとロサンゼルス、サンペドロ地区の路地を歩いていた。片手に杖をもち、もう片手で食料品を入れた籐のキャリーバッグを引き、キャリーバッグの上には財布が載せてあった。ところが姿も見えず足音も聞こえなかったのに、いきなり誰かにつきとばされた。倒れた彼女がやっと顔をあげたとき、走って逃げていく若い女性が見えた。三五ドルか四〇ドル入っていた財布は消えていた。路地のはしに住んでいた証人は、逃げた女性はブロンドでポニーテール、黒っぽい服を着ていて、あごひげと口ひげをはやした黒人男性が運転する黄色い車で現場から逃走

した と証言した。

この証言をもとに、警察は手配の人相その他にぴったりのジャネット・コリンズとマルコム・コリンズを逮捕した。ふたりは二週間前に結婚したばかりだが、結婚当時一二ドルしか所持しておらず、その金もティファナへの旅で使い果たした。結婚式以来、マルコムは働いていなかったし、メイドとして働くジャネットも週給せいぜい一二ドルだった。七日間の裁判で、検察側は窮地に陥った。証人が法廷で、逃亡に使われた車を運転していたのはマルコム・コリンズだと証言したが、裁判前の聴取では、警察の面通しであごひげを剃り落としたミスター・コリンズを見分けられなかったことを認めていたのだ。ミセス・ブルックスはどちらの被告も見分けられなかった。

コリンズ夫妻の裁判で、検察官は訴追の根拠を固めるために州立大学の統計学教師を専門家証人として証言台に呼んだ。検察官は表9－1のような表を示したうえで、次の質問をした。六つの犯人の特徴のすべてに合致するとして、コリンズ夫妻が無実である確率はどれくらいか？　専門家証人は特徴の組み合わせの確率、つまり結合確率は個々の確率から計算されると証言した。次に検察官は六つの特徴のそれぞれの確率の推定値を出し、これをかけあわせて、無作為に抽出したカップルが六つの特徴のすべてにあてはまる確率は一二〇〇万分の一であるという答えを出した。この計算によれば、被告が無実である確率はわずか一二〇〇万分の一である、と検察官は述べた。さらに、この推計値でさえ控えめ

表 9-1　コリンズ裁判で検察側が提示した確率表　これらの確率は、たとえば若い女性３人のうち１人はブロンドであるとか、10人のうち１人はポニーテールであるといった推計の相対頻度を意味する。（Data from Koehler,1997,p.215.）

証拠	確率
ブロンドの若い女性	1/3
ポニーテールの若い女性	1/10
一部が黄色の自動車	1/10
口ひげを生やした男性	1/4
あごひげを生やした黒人男性	1/10
同じ車に乗っている人種が違うカップル	1/1000

である、なぜならば現実には「被告以外の人物が現場にいあわせた確率は……一〇億分の一程度」だからである、と付け加えた。陪審員はコリンズ夫妻に第二級窃盗で有罪を評決した。

被告側は控訴し、カリフォルニア最高裁判所は四つの理由で一審判決を覆した。第一に、検察官が作成した確率表には証拠となる根拠が欠けていて、推計に過ぎないこと。第二に、六つの確率をかけあわせるには、六つの特徴が独立であるという推定が必要だが、これについて充分な証拠がないこと。たとえば口ひげとあごひげは独立ではない。あごひげを生やしている男性は、無作為に抽出した男性よりも口ひげを生やしている確率が高いはずである。第三に、検察官の計算は六つの特徴が確実であることを前提にし、犯人たちが変装していた場合、あるいは六つの特徴のひとつあるいは複数についての証人の証言が不正確であった場合を無視している。たとえば、女性の犯人がポニーテールだったかどうかは、現実には確定していない。証人は確かにポニーテールだったと述べているが、被害者は犯人の女性が——走って逃げたのは見たが——ポニーテールだったとは断定できなかった。あるいは犯人の女性は白人ではなくて、肌の色が薄くて髪を脱色した黒人女性だったかもしれない。第四、最も重要なことに、検察官の論理には基本的な欠陥がある。検察官は、無作為に抽出したカップルが六つの特徴全部に一致する確率をコリンズ夫妻が無実である確率だと推定した。これはいわゆる「訴追者の誤謬」というものである。

この誤謬を理解するためには、問題をふたつに分ける必要がある。ひとつは、ある個人（あるいはカップル）が、犯人の特徴のすべてと一致する確率はいくらか？　もうひとつは、犯人の特徴のすべてと一致したとして、その個人（あるいはカップル）が犯人である確率はいくらか？　訴追者の誤謬とは、この二つの確率を同一視することによって起こる。

p（一致）をp（有罪｜一致）と誤解するのが、訴追者の誤謬

言葉で説明すれば、訴追者の誤謬とは、証拠と偶然に一致する確率と被告が無罪である確率は同じだと考えるという間違いである。言い換えれば被告が有罪である確率は一から偶然に一致する確率を引いたものだという考え方だ。たとえば偶然の一致の確率を一〇〇

〇分の一だとする。訴追者の誤謬に陥っていると、被告が無罪である確率は一〇〇〇分の一だと、あるいは同じことだが被告が有罪である確率は一〇〇〇分の九九九だと考える。だが、実際には二つの確率は異なる。

偶然の一致の確率とは、ある特徴あるいは特徴の組み合わせが（たとえばポニーテールが）、ある特定の集団（たとえばアメリカの全カップル）のなかで偶然に一致する確率のことだ。有罪の確率p（有罪｜一致）はこれとは違って、その特徴が一致した場合に被告が有罪である確率を指す。この二つの確率が同じではないことは、男性であることと次期アメリカ大統領との関係を考えるとよくわかる。アメリカ人を無作為に選んだとき、男性という特徴に一致する確率はほぼ五〇パーセントだ。だが、無作為に選びだした男性が次期大統領になる確率p（大統領｜男性）は五〇パーセントではない。男性の大半は決して大統領にはならないのである。

「訴追者の誤謬」という言葉は、弁護士で社会心理学者のウィリアム・トンプソンと教え子のエドワード・シューマンが言い出したものらしい。ふたりはこの言葉を、ベテランの検事補の主張を説明するなかで使った。この検事補は、被告と犯人の血液型は人口の一〇パーセントがもつものだから、被告が無実なのに偶然にこの血液型だったという確率は一〇パーセントである、したがって偶然ではなくて有罪だという確率は九〇パーセントだと主張した。これを読んでよくわからないと思われたら、それはこの主張そのものが混乱しているからだ。偶然に一致する確率で有罪の確率が決まるわけではない。そして、これまでの章で見てきたとおり、訴追者の誤謬は訴追者に限られない。専門家が確率を扱う場合にも同じように間違った推定をすることがある。訴追者の誤謬は、第7章に出てきたエイズ・カウンセラーがHIV検査の感度と陽性だった場合のHIVの確率を同一視したことにも関連する。

p(陽性｜HIV感染)と、p(HIV｜陽性)は同じではない。

また訴追者の誤謬は、第5章の医師たちが乳房X線検査の感度(実際に病気のあるひとを陽性と判断する確率)と陽性だった場合に実際に乳がんである確率を混同していたことにも関連する。

実際には、p(陽性｜乳がん)と、p(乳がん｜陽性)は同じではない。

訴追者の誤謬に陥る専門家はよく、「被告以外の誰かが」という言葉を使う。

被告と証拠のサンプルが一致する確率は一万分の一であるから、被告以外の誰かが有罪である確率は一万分の一である。

この種の数字オンチを防ぐためにはどうすればいいか? 簡単な解決策は、法廷では証拠を一度限りの出来事が起こる確率ではなく頻度で表現すべし、と決めることだ。コリンズ夫妻の場合、次のように確率で表現されたために混乱が起こった。

「被告がこれらの六つの特徴と一致する確率は一二〇〇万分の一です」

この確率は、被告にとってはきわめてまずい数字に見える。これをもっと透明度が高くてわかりやすい頻度で表現すると、べつの疑念が生じる。

「一二〇〇万組のカップルのうち一組は、この六つの特徴に一致します」

これを聞けばすぐに、では犯人であり得るカップルは何組あるか、と考えるだろう。頻度で表現すれば、コリンズ夫妻が有罪か無罪かを推定するには基本になる集団に何組のカップルが存在するのかを知る必要があることが見えてくる。たとえばその基本集団がカリフォルニアの全カップルだとすれば、約二四〇〇万組のカップルがあるから、六つの特徴に一致するカップルは二組だということが、すぐに理解できる。するとコリンズ夫妻が無罪である確率は二分の一であって、一二〇〇万分の一ではない。控訴審ではカリフォルニア最高裁も同じ計算をして、コリンズ夫妻を有罪と断定するのは、証人がXもしくはXの双子が犯罪を犯したのを目撃したという理由でXを有罪とするのに等しいという結論を出した。判決文はさらに続けて、法廷における統計解釈の現状について次のような見解を述べている。「繰り返すが、この検察側の分析の基本的欠陥を理解できると思われる弁護人は少なく、まして陪審員が理解できるとは想定しにくい」

コリンズ裁判は、しろうとではなく専門家でも確率には混乱するというたくさんの裁判事例のひとつにすぎない。たとえば一九世紀フランスの有名な例として、ドレフュスのスパイ罪による有罪判決が最終的にはコリンズ裁判と同じように覆り、証拠とされた統計的な議論の間違いが指摘されたケースがある。つまり法廷における証言で専門家が確率を使い、そのために混乱が生じるという事態は、もう一世紀以上も続いている。だが現在でも法廷では頻度よりも確率を使って統計的な議論をすることがふつうになっている。このやり方では主張の間違いを指摘しにくい。

ドイツ、ヴッパータール

夏のある夕方、ドイツの工業地帯にある都市ヴッパータールで、四〇歳の塗装工が三七歳の妻と森を散歩していた。二人はとつぜん襲われ、夫は首と胸に三発銃弾を受けた。夫は地面に倒れた。犯人は妻を強姦しようとした。妻が抵抗しているとき、思いがけなく夫が起き上がって妻を助けようとした。犯人は妻の頭部を二度撃って逃走した。夫は生き残ったが、妻は死亡した。三日後、森林警備隊員が犯行現場から二〇キロ離れたところで、やはり同じ森で週末を過ごす習慣があった二五歳の煙突掃除人所有の乗用車を発見した。写真を見せられた夫は煙突掃除人が犯人だと言ったが、実際に面通しをしたときには確信が薄れ、その後、べつの容疑者を殺人犯だと考えた。しかし、その容疑者が無実であることが判明すると、検察側は煙突掃除人を裁判にかけた。煙突掃除人には前科はなく、無実を主張した。

検察側の証拠のなかには被害者の女性の爪の間に残っていた血液があり、これが被告の血液型と一致した。裁判では大学講師が、ドイツ人の一七・三パーセントがその血液型に一致すると述べた。第二の証拠として、煙突掃除人のブーツについていた血液があり、これが被害者の女性の血液型と一致した。くだんの専門家は、ドイツ人の一五・七パーセントがその血液型であると証言した。二つの確率を掛け合わせると、この二つが偶然に一致する確率は二・七パーセントと出る。したがって、煙突掃除人が殺人者である確率は九七

・三パーセントである、と専門家証人は言った。

なぜこの専門家証人の結論が間違っているかを調べるために、ヴッパータールのおよそ一〇万人の男性に犯人の可能性があると想定しよう。このうちの一人が殺人者で、ほぼ確実に両方の証拠と一致する（鑑定の際にサンプルが取り違えられるなどの誤りがあればべつだが）。犯人以外の九万九九九九人の住人のうち、約二七〇〇人（二・七パーセント）もこの二つの証拠と一致する。したがって、二つの証拠に一致する被告が殺人者である確率は、専門家証人が述べた九七・三パーセントではなく、二七〇〇分の一で、〇・一パーセント以下である。

もうひとつの証拠は、被害者と煙突掃除人の両方から発見された衣類の繊維だった。両者が一致したことから、州犯罪研究部から来た第二の専門家証人は同じ推論により――したがって訴追者の誤謬に陥り――煙突掃除人が有罪である確率は比較的高いと計算した。ところが犯行当時、被告は犯罪現場から一〇〇キロ離れた故郷の町にいたという決定的な証拠が出されて、これらの専門家の論理は崩壊した。

ここで一〇万人に犯人の可能性があると想定したのは、単に説明のためである。第10章で見る殺人事件のように、容疑者の人口を絞るだけの独立した証拠があれば、この推定はそれにしたがって変更しなければならない。ヴッパータールの事件の場合にはそのような証拠はなかった。ある集団の規模は一般には推定するしかない。しかし上限と下限（たとえばヨーロッパの男性総数とヴッパータールの男性総数）を設定すれば、証拠が被告のものである確率の上限と下限が計算できる。いずれにしてももとになる集団の規模を具体的に考えて、これを自然頻度で分けていけば、おおまかな予測がつき、訴追者の誤謬は避けられる。

この場合、二人の専門家証人の理論のたてかたはコリンズ裁判の検察官と同じだ。この種の間違った考え方が「弁護人の誤謬」ではなくて「訴追者の誤謬」と言われるのは偶然ではない。この手の誤謬はふつう、被告が有罪である確率をふくらませるために用いられる。たとえばコリンズ裁判では偶然の一致の確率は一二〇〇万分の一と言われ、訴追者の誤謬によって、これが別のカップルが犯人である確率と同一視された。したがって、どう見てもコリンズ夫妻が有罪だろうということになる。訴追者の誤謬によって、偶然の一致の確率――通常は非常に小さい――が、きわめて高い有罪確率を意味するという奇跡が起こるのである。

法律専門家の一部は、統計は操作されやすくて理解しにくいから、法廷での証拠から排除すべきだと主張している。わたしは統計的証拠を排除すべきだとは考えないが、刑法にたずさわる専門家は統計情報を理解するツールを身につけるべきだと思う。ロースクールでは学生に本章で紹介した二例のような裁判事例を使って教え、次の二つの役割を演じることを想像させればいい。検察側として法廷を意図的に混乱させるには、どのように証拠を提示すればいいか？　それから検察側の確率にもとづく主張を聞く弁護側として、検察側の主張の間違いを陪審員に理解できるシンプルな言葉で説明するにはどうすればいいか？

検察官も弁護人も判事も、証拠が認められるべきか、真実かということだけでなく、考え方が混乱するようなやり方で提示するか、それともきちんと論理が見通せるような方法で提示するかということも重要だと認識する必要がある。裁判所が法廷に出す統計的情報をどのように表示するかを決めない限り、同じような間違いがいつまでも繰り返されるだろう。そのいい例がＤＮＡ鑑定である。だが、ここには希望もある。法律専門家が統計的思考を身につけざるを得ない展開があるとすれば、それはＤＮＡ鑑定の証拠の妥当性にからむはずだからだ。適切に理解されれば、この新しいテクノロジーによって司法の大義が一段と強化されるかもしれない。

法律と不確実性

人生の大半を統計や心理学を避けて過ごしてきた多くの学生が法律家になっている。アメリカの定評あるロースクール約一七五のうち、基本統計学や調査方法の課目を必修にしているのはたった一校しかない。わたしがアメリカでも有数のロースクールの客員教授だったとき、学生たちの賢明さとレトリックの巧みさに感動したが、同時に統計学の基本原則にあまりに無知なのにも驚いた。批判的な思考に秀でた学生が、統計的証拠から引き出された結論が正しいか間違っているかを判断できないのである。同じく大半の学生は、統計情報を他人にわかるように伝えることを含め、心理学にも疎《うと》かった。だがこの学生たちも、自分の仕事には統計学と心理学が重要であることに気づく。多くの法律事案が不確実な証拠に基づいて決定されるからである。嘘発見器、繊維分析、毛髪分析、DNA鑑定、血液型分析、筆跡鑑定などの技術が提供する証拠はすべて不確実で、評価を必要とする。法廷は専門家証人を呼ぶ傾向があるが、これまで見てきたとおり、法廷が選ぶ専門家当人が混乱した考え方をしているかもしれない。

このような状況は、どうすれば変えられるか？　第一歩は、司法関係者、行政関係者、法律学者が問題の存在を認識することだ。その次のステップは、問題解決には何が役立つかについて、学問分野の境界を超えて知識を探り、その知識をロースクールのカリキュラムと裁判手続きの指針に盛り込むことである。そのようなプログラムが制度化されるまでは、学生たちは自助努力のためのプログラムを実施して、法科の学生やその他問題に悩むひとたちに開放すればいい。ある法律学者が提案したように、「アルコール依存者更生会」にならって、「数学オンチ更生会」をつくったらどうだろう？

10　DNA鑑定

DNAに関する専門家の証言がどのような方法で行なわれれば
そうした誤解を減らすことができるかを評価するため、行動科
学的研究を実施するべきである。

——ナショナル・リサーチ・カウンシルによる
法医学的DNA鑑定への評価

ドイツ、オルデンブルグ

一九九八年四月、ドイツのオルデンブルグで一八歳から三〇歳までの男性一万五〇〇〇人以上がDNA鑑定を受けるために公立学校にやってきた。周辺に点在する町からやってきたこの男性たちは、この検査を非常に深刻に受け止めていた。全員が自発的に検査を受け、なかにはイースターの休暇を延期してまで参加した者もあった。手続きは迅速で、苦

痛もなかった。DNAは口のなかに綿棒を入れて採取した唾液から抽出された。ドイツでは最大規模のこのDNA検査の費用は推計で二〇〇万ドル以上。これらの男性がどうしても参加すべきだと考えた理由は、恐るべき犯罪だった。同じ年の三月の夕方、地元の公営プールに出かけた一一歳のクリスティーナ・ニッチが帰宅しなかった。心配した親が警察に通報し、五日間の捜索ののち、暴行され刺殺された遺体が林のなかで見つかった。

クリスティーナの遺体から発見されたDNAは、これより二年前に近くの町で少女がレイプされた事件で見つかったものと一致した。この少女は生命が助かった。少女の証言から警察は犯人のおよその年齢を推定し、クリスティーナが住んでいる地域の田舎の住人だろうと推理した。そこで犯人はこの地域の一八歳から三〇歳の男性のなかの誰かだということになったのだ。警察は全員を検査しようと考えた。しかし法的に強制はできない。だがクリスティーナの暴行殺人に対する地域の怒りと住民同士の圧力で、誰も参加を拒絶できないはずだとあてにした。

警察は正しかった。イースターの二日前の聖金曜日、三〇歳の失業者で既婚、三人の幼い子どもの父親でもある男性が、一緒に検査に行こうと二人の知り合いに誘われた。男性は応じた。拒否すれば疑いがかかるから、行くしかないと感じたのだろう。この男性のDNAのプロファイルが犯罪現場で発見されたものと一致したのち、男性はクリスティーナの暴行と殺人を自白した。二年前の少女の事件も自分がやったと認めた。クリスティーナの事件の場合には社会的圧力と新しいテクノロジーがあいまって、警察が殺人者を特定することができたのである。

この章では、DNAが一致したという判断から被告人の有罪判決までの推論の鎖を検討する。この推論の鎖には、勘違いが生じやすい統計的な思考がかかわってくる。まず、指紋とDNA鑑定に関する歴史を簡単に振り返っておこう。

DNA鑑定

サー・フランシス・ゴルトン（一八二二〜一九一一年）はチャールズ・ダーウィンの従兄弟で、統計学でも有名な、勇ましくも多彩な人物で、たぶん最後の紳士科学者でもあった。彼はアイデアが豊かで、気象学、遺伝学、知能測定、祈禱の効力などさまざまな分野での開拓者だった。たとえば彼は祈禱が対象とされた人物に何らかのメリットをもたらすかどうかを調べるためにデータを集め、メリットはもたらされないという結論を出した。全国民が長寿を祈る統治者も、ほかの富裕階級以上には長生きしていなかったし、聖職者も同じだったのだ。個人の特定のために指紋を使うというのも彼の思いつきだった。ゴルトン‐ヘンリー・システムの指紋分類法は一九〇一年にロンドン警視庁で導入され、すぐに英語圏の国々に広まった。一九二四年には二つの大規模な指紋データがひとつにまとめられて、FBIの現在の身元認定データベースの基本ができあがった。二〇世紀末には、このデータベースのファイルに記録された指紋は九〇〇〇万人分以上に上った。

一九五〇年代はじめ、遺伝の化学的ベースが発見された。四つの塩基（A、C、G、Tの頭文字で表わされる）からなるDNA（デオキシリボ核酸）の配列である。一九八〇年代に、英国レスター大学のサー・アレック・ジェフリーズ教授によって新しい「指紋」技術が開発された。DNA指紋、あるいはDNAプロファイリングと呼ばれるものである。ジェフリーズ教授は血液その他の生物学的サンプルから抽出したDNAの断片を調べる方法を開発したのだ。ジェフリーズ教授が興味をもった断片は、ヒトゲノムのなかの遺伝子をコードしていない部分、つまり細胞のタンパク質生成に何も役割を果たしていないと思われるDNAだった。遺伝子をコードしていないDNAはコードしているDNAに比べて淘汰圧が少ないので、個人によって大きな違いがある。この相違の大きさが人物の特定にはもってこいだというわけで、非常に大きな可能性のあるツールの開発につながった。これを指紋にたとえるのは正確ではない。たとえば一卵性双生児のDNAは同一だが、指紋は異なる。しかし指紋と違ってDNAは毛髪、唾液、血液などあらゆる種類の生物学的痕跡から採取できるし、ずっと長持ちする。

DNA鑑定は犯罪から親子鑑定にまで応用できることが明らかなので、法医学研究の二

○世紀最大の突破口だと広くもてはやされた。強力な顕微鏡などの道具を使ってもＤＮＡを直接に見ることはできないから、ＤＮＡ鑑定にはふつう次のような間接的な方法が取られる。研究機関は酵素を使って長いＤＮＡ配列をいくつかの断片に切り分け、サンプルをつくる。この断片を電気泳動法によって分けて、ナイロン皮膜のうえに並べ、Ｘ線フィルムに感光させる。このプロセスでつくられるスーパーマーケットのバーコードに似た一連の線あるいはバンドはオートラジオグラムと呼ばれる。この何本かのバンドのパターンがＤＮＡプロファイルだ。ＤＮＡプロファイルのバンドが一定の誤差の範囲内で特定のサンプルと重なれば、「一致」したと言う。コンピュータを使ったＤＮＡ指紋のデータバンクが全世界で作成され、あるいは作成の途上にある。たとえば、クリスティーナ殺人事件から一カ月後、ドイツ連邦犯罪捜査局は性犯罪の捜査に役立てるためにＤＮＡデータバンクを設立した。

ＤＮＡ指紋は犯罪者を特定するうえで大きな可能性を秘めている。たとえばユナボマーの捜査では、ＦＢＩがユナボマーの手紙に貼ってあった切手の裏の唾液からＤＮＡサンプルを採取し、これがセオドア・カジンスキーのＤＮＡと一致することを確認した。

ＤＮＡの証拠は犯罪者を認識するツールとして有効なだけでなく、冤罪を証明するのにも役立つ。Ｏ・Ｊ・シンプソン裁判の弁護チームに参加して有名になった弁護士ピーター・ノイフェルドとバリー・シェックは、冤罪を晴らすことを目的とした「無実プロジェクト」というプログラムを実施している。このプログラムでは、ニューヨークのロースクールの学生ボランティアの協力を得て、有罪判決をチェックするためにDNA鑑定を行ない、数十人の服役者の有罪判決を覆すのに力を貸してきた。同じくロンドン首都警察司法科学研究所は、強姦事件の容疑者の約二〇パーセントがDNA鑑定で排除できることを発見した。DNA技術が開く可能性はSFの世界にも広がっていて、映画化されたベストセラー『ジュラシック・パーク』では、絶滅した恐竜をいまはまだ仮想のバイオテクノロジーを使って甦らせている。

DNA指紋がアメリカの犯罪捜査に導入されたのは一九八六年のことである。それから一〇年後、イギリスでは、検察側がDNAの証拠だけを根拠に、たとえば被害者の説明よりも被告のほうがかなり年齢が高く、面通しでは被害者が被告を選び出せず、ガールフレンドが証言するアリバイがあるなど被告に有利な証拠があったにもかかわらず、被告を強姦罪で訴追した最初の裁判が報じられた。DNAの証拠だけで訴追される容疑者の数は、全国的なDNAデータベースの確立とともに将来増えていくと思われる。警察は犯行現場で証拠を探すよりもコンピュータのなかを探すようになるかもしれない。

DNA指紋は当初、法廷でもメディアでも、犯行現場に生物学的な痕跡を遺した犯人を特定するほとんど完璧な手段として、また親子関係確認訴訟で父親を特定するための手段として受け入れられた。しかしすべての新しいテクノロジーと同じで、DNA指紋もきちんと理解するには心理学的な助けがいる。つまりどんなに立派な技術でも、それにかかわる不確定性が理解されなければつまずくということだ。ナショナル・リサーチ・カウンシルは、DNA指紋が引き起こす技術的、心理学的問題を取り上げた二つのレポートを出している。一九九六年版のレポートの勧告のひとつは、「事実を検討する者がどのような状況でDNAプロファイリングによる証拠を誤解するかを明らかにし、DNAに関する専門家の証言がどのような方法で行なわれればそうした誤解を減らすことができるかを評価するため、行動科学的研究を実施すべきである」ということだった。この目標のために、この章を役立たせてもらえればと思う。

推測の連鎖

被告のDNAと犯行現場で発見されたDNAが一致すれば、被告がその証拠のDNAの帰属者であることが証明される、とひとは考えるだろう。だが両者の一致だけでは、被告が有罪だとは確定できないし、被告がその証拠のDNAの帰属者であるとさえ確定できない。DNAの一致から具体的な人物の有罪にいたる不確実な推測の連鎖を、図10－1に示した。まず、二つのDNAが一致したとされても、ほんとうは一致していないかもしれない。検査機関の人的あるいは技術的な誤りによって、HIV検査のように偽陽性という結

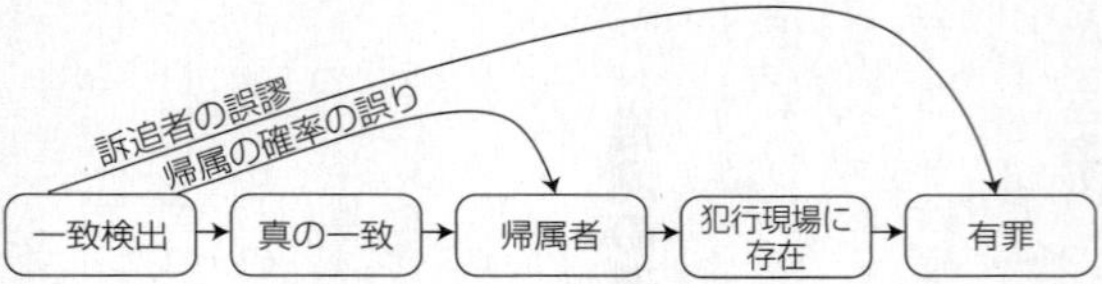

図10-1　DNAの型に関する不確実な推測の連鎖：一致から有罪へ。（After Koehler,Chia & Lindsay,1995.）

果が出たかもしれない。第二に、ほんとうに一致したとしても、被告が証拠のＤＮＡの真の帰属者ではなくて、偶然の一致かもしれない。珍しいＤＮＡパターンといえども複数の人間がもっている可能性があるし、生物学的に関連のある人物どうしならとくにその可能性は大きいだろう。第三に、被告が証拠のＤＮＡの真の帰属者だとしても、本物の犯人か誰かが故意に、あるいは意図せずに、被告の生物学的な痕跡を現場に置いたとすれば、被告は現場にはいなかったかもしれない。たとえばＯ・Ｊ・シンプソンの裁判では弁護人が、犯行現場で発見された証拠の血液の一部は警察による捏造ではないか、という説得力のある主張をした。「証拠のＤＮＡの帰属者」と「犯行現場にいた」という推測の連鎖を弁護側が断ち切ったことが、シンプソンの無罪獲得に決定的な役割を果たしたのだ。最後に、犯行現場に被告がいたとしても犯人だとは限らない。犯行の前かあとに、証拠となった痕跡を残したかもしれない。

　これまでの章に出てきた医師やエイズ・カウンセラー、専門家証人のように、検察官、弁護士やＤＮＡの専門家もＤＮＡ指紋にかかわる不確実性を確率で語る傾向がある。前章でみたとおり、偶然の一致の確率は、ある集団から無作為で選び出した誰かが、容疑者と同じくらいに証拠の痕跡と一致する確率である。これは、容疑者が実際に証拠となった痕跡のDNAの帰属者である確率とは違う。有罪の確率はさらにべつで、前述したように、容疑者が証拠の痕跡のDNAの帰属者だとしても、犯罪の実行者ではないかもしれない。偶然の一致の確率をあとの二つの確率と混同することから、二つの間違いが生じる。帰属者である確率の間違いは、推測の連鎖の最初の二段階を飛ばして、偶然の一致の確率から証拠の帰属者の確率を推測することから起こる。つまり

p(一致)を、p(帰属者でない｜一致)と誤解する。

たとえば偶然の一致の確率が一〇万分の一だとして、帰属者である確率の誤りは、これを被告が証拠の帰属者ではない確率であると、同じことを逆から言えば被告が証拠の帰属者である確率が一〇万分の九万九九九九であると考えることから生じる。前章で紹介した訴追者の誤謬は、この連鎖の最後の要素を飛ばすことから生まれる。つまりp(一致)をp(有罪でない｜一致)と誤解する。

確実性のでっちあげ

先の推測の連鎖の最初にある「一致が報告される」段階をもう少し詳しく見てみよう。一致と断定された場合、この段階で起こり得る唯一の過誤は偽陽性、つまり一致と報告されたけれど真の一致は存在しなかったということだ。偽陽性は起こり得る。どの程度の頻度で起こるかは、残念ながら推定が難しい。ひとつの理由は、DNA検査機関が精度の調査を外部の独立した機関に依頼するのではなく、内部で行ないたがる傾向があることだ。たとえばFBIは、そうした内部の精度調査の結果を部外者に見せまいと抵抗してきた。弁護士のウィリアム・トンプソンは次のように述べている。

弁護人がFBIの内部の精度調査結果を見ることができたのは、長期間の訴訟によって、これらのデータは「自己負罪特権」によって守られていると主張するFBIの抵抗を打ち破ってのちのことだった。FBIの覚書によれば……FBIの研究部門担当のジョン・W・ヒックス副長官は一九九〇年にFBIのDNA鑑定精度調査データを廃棄する許可を求めたが、得られなかったという。これは（わたしを含めて）数人の弁護人がまさにそのデータを見つけようとして、FBIの抵抗にあっているときだった。

ヒックスは、「FBIの精度調査のいずれにも、偽陽性あるいは偽陰性という結果は存在しなかった」と言っている。

法医学研究所が外部の精度調査に応じた数少ない事例でも、調査が盲検法によって行なわれることはほとんどなく、研究所と技術者は調査されていることを知っていた。文献に出てくる最初の盲検法の調査では、三つの主要な民間研究所にそれぞれ五〇のDNAサンプルが送られた。三機関のうち二機関は一つ間違った一致を報告した。一年後に行なわれた二回目の調査では、同じ三つの機関のうちのひとつに、間違った一致の報告例が一つあった。心理学者のジョナサン・ケーラーとその同僚は、カリフォルニア犯罪研究所長協会、コラボレーティブ・テスティング・サービス、その他の機関が実施した外部調査をもとに、DNA指紋の偽陽性の率は一〇〇分の一の台だろうと推計している。O・J・シンプソンのDNAと殺害現場で採取された血液のDNAが一致するという検査結果を出した研究機関のひとつセルマーク・ディアグノスティクスは、シンプソンの弁護人に自らの偽陽性の率をほぼ二〇〇分の一と報告している。

何が原因で偽陽性が起こるのか？　たとえば酵素が間違ったDNAのバンドのパターンを作り出すといった技術的な要因もあれば、サンプルの汚染やラベルの貼り間違い、パターンの解釈の間違いなどの人的な要因もある。DNA指紋の偽陽性と偽陰性については、もっとデータを公表する必要があるのだ。

法廷では、何人かの法医学者がしぶしぶながら、偽陽性の可能性を認めている。つぎに抜粋したのは一九九一年のテキサスにおける裁判での弁護人と法医学専門家のやりとりだが、教えられることが多い。

弁護人　さて、あなたは結果が出るか出ないか、どちらかしかない、とおっしゃいましたが、そうですか？

専門家　そのとおりです。

弁護人　それでは偽陽性ということはあり得ないんですね？

専門家　これには、偽陽性のようなものはありません。

弁護人　サンプルが間違っていたら、どうですか？

専門家　サンプルが間違っていたら、ですか？

（弁護人、うなずく）

専門家　結果が出るか出ないか、どちらかです。偽陽性はありません。

この抜粋では、反論の余地のない人的ミス（サンプルの間違い）の可能性を指摘されてもなお、専門家が偽陽性はないと繰り返している。絶対確実だと断言するのは、この専門家に限らない。アメリカの専門家証人たちは、「現時点ではDNA鑑定に偽陽性はあり得ない」し、「偽陽性（が起こること）は不可能だ、なぜなら手続きにミスがあれば、DNAは一致しないから」と証言し、精度は一〇〇パーセントで、DNA指紋は「フェイルセーフ」だと述べている。ドイツでは、法医学会会長が公然と、DNAの一致によって「一〇〇パーセントの確率で犯人を特定」できると主張したと伝えられている。別のケースでは、法医学者が人的ミスを排除し、偽陽性を技術的ミスにすぎないとしたうえで、確実性を主張している。だがこれは確実性の幻であり、技術的ミスと人的ミスの両方が偽陽性を引き起こす。

的外れな考え方

的外れな考え方というのは、自分では気づかずに統計から間違った推論をすることを意味する。そのひとつが帰属の確率の間違いだ。ここでは偶然の一致の確率と、証拠が被告に帰属する確率とが混同されている。

新聞で

一九九五年七月五日の『ボストン・グローブ』紙第一面に、O・J・シンプソン裁判の「ビッグ・ナンバー」が報道された。以下に紹介する三節は、記者が偶然の一致の確率と帰属者の確率のあいだを行ったり来たりうろうろして、わけがわからなくなっていることを示している。

今週の結審を前に、O・J・シンプソン裁判の検察側は陪審員にビッグ・ナンバーを記憶してもらおうとしている。たとえば一億七〇〇〇万分の一、これはニコル・ブラウン・シンプソン殺害現場の血液が被告以外のものである確率だ。

だがこれほど衝撃的でない数字――アメリカ人の九パーセントがサイズ12の靴を履き、二〇〇分の一が犯人と同じ「遺伝子マーカー」をもち、犯人の手袋についていた血液がシンプソン以外の人間のものである確率は一六〇〇分の一である――も、組み合わされると同じ方向を指し示す。

誰かが偶然にこの三つのすべてに適合する確率は三五〇万分の一で、ほかの統計的証拠を考慮すると、数字はさらに天文学的になる。

最初の一節は帰属者の間違いを示している。記者は偶然の一致の確率（一億七〇〇〇万分の一）を帰属者の確率、つまり被告以外の誰かにその血液が帰属する確率p（被告に帰属しない｜一致）と混同しているが、実際には、

p(一致）は、p(帰属しない｜一致）とは同じではない。

第二の節では、最初の二つの数字は正しく偶然の一致の確率として説明されているが、第三の数字はオッズ（二つの確率の比）で表わされて、帰属者の確率と取り違えられている。第三の節で記者はまた偶然の一致の確率に戻っているが、これは正しい。

法廷で

確率で混乱しがちなのはマスコミだけではない。法廷では、専門家が弁護人の尋問に答えるときにも往々にして混乱が生じる。たとえば一九九二年にテキサスで行なわれた加重性的暴行罪を問う州対グローヴァー裁判で、検察官が専門家証人に直接尋問を行なった（アメリカでは検察官あるいは弁護人がまず自分の証人に直接尋問を行なう。その後に相手側が反対尋問を行ない、つぎに最初に尋問した側が再び尋問し、ついで相手側が、というかたちで尋問が進む）。検察官は最初に偶然の一致の確率について尋ね、つぎにこの確率を帰属者の確率と言い換えているが、専門家証人はどちらの言い方もそのまま受け入れ

る答え方をしている。

検察官　それではその四つの確率のすべてを組み合わせて、ビリー・グローヴァーのDNAがべつのDNAサンプルと偶然に一致する確率を計算することができますか？

専門家　はい。

検察官　それでは、その率は？

専門家　計算には、さっき言いました四つの確率をかけあわせます。それぞれがべつべつの独立した確率なのでそうするのですが、最終的な数は一八〇億分の一となります。

検察官　すると、そのDNAがビリー・グローヴァー以外の誰かのものである率は一八〇億分の一であるというわけですね？

専門家　そのとおりです。

ここでも、偶然の一致の確率が帰属者の確率と混同されている。帰属者の確率の誤りが記録に見られるのはテキサスばかりでなく、ほかの州でも同じだ。たとえば一九九一年のカリフォルニアの殺人および窃盗未遂に関する裁判記録には、「ヒスパニック系の市民のあいだでそのDNAのバンドのパターンが検出される頻度は六〇億分の一であり……上訴人以外の者が犯行現場に帰属者不明の毛髪を残した確率は六〇億分の一だということになる」と記されている。カンザスの強姦殺人の裁判記録には、「州側の三人の専門家によれば、スミスが綿棒に付着した精液の持ち主である確率は九九パーセントである」と州は宣言している。これらの裁判では、偶然の一致の確率が間違って帰属者の確率とされている。ただし、常に的外れな考え方がされるわけではない。イギリスでは上訴審が強姦罪に問われたアンドリュー・ディーンの有罪判決を覆したが、理由は法医学者が帰属者の確率で誤りを犯したためだった。この科学者は一致確率を「問題の精液がアンドリュー・ディーン以外の者に帰属する確率」として、「これ（証拠）がアンドリュー・ディーン以外の者に帰属する率は三〇〇万分の一である」という結論を出したのだ。

一〇億分の一ならいいか？

では偶然の一致の確率が五七〇億分の一という、O・J・シンプソン裁判で有名になり、そして地球の全人口よりももっと大きな数が分母の数字ならどうなのか？　これなら確率は充分に小さいと言えるのではないか？　確かに偶然の一致の確率が小さくなればなるほど、帰属者の確率との違いはあまり意味がなくなっていく。だが証拠と一致した容疑者が帰属者ではないかもしれない理由は二つある。ひとつは偶然の一致で、その可能性は偶然の一致の確率が小さくなればなるほど小さくなる。もうひとつは偽陽性だ。

偽陽性は図10－1に示した推測の連鎖では「一致検出」と「真の一致」をつなぐ最初のリンクにかかわり、偶然の一致の確率は次の「真の一致」と「帰属者」のリンクに関係する。最初のリンクが偽陽性だったら、第二のリンクにはまるで意味はない。連鎖はすでに断たれているからだ。とくに、偽陽性の確率が偶然の一致の確率の何倍、何十倍だとすれば、後者が一〇〇万分の一だろうが一兆分の一だろうがたいした違いはない。たとえば偽陽性の確率が、Ｏ・Ｊ・シンプソン事件に一役買った研究所セルマークが報告したように二〇〇分の一前後なら、被告が無罪でも二〇〇回に一回は間違って一致したという結果が出ることになる。一致が偽なら、偶然の一致の確率がどれほど小さくても意味はない。一致したということそのものが間違いなのだから。

それなら検察官や弁護士、専門家証人、判事が問題の確率をきちんと理解していれば、リスク伝達のミスは避けられるのではないか、と考えるかもしれない。だが検察官が偶然の一致と帰属者の一致を混同しないように注意を払ったとして、それでもしろうとの陪審員は混乱するかもしれない。ある陪審員の言葉を借りれば、「科学に反論はできない」。ＤＮＡの証拠は、「専門家が説明したとおり決定的」だというわけだ。

数字オンチから洞察へ

司法関係者の頭の霧は、医学関係者のそれと同じようにして晴らすことができるだろうか？　この問題に答えるために、わたしはサム・リンゼイ、ラルフ・ハートウィグとともに、ロースクール上級の一二七人の学生と、ベルリン自由大学法学部の講師および教授を中心とする二七人の専門家に二つの刑事裁判の記録を評価してもらった。この記録は実際にドイツで起こった強姦殺人事件とほぼ同じで、実験的な操作とプライバシーの保護のために必要な変更だけが加えてある。どちらも被告のＤＮＡと被害者に残された痕跡のＤＮＡが一致したと報告されたが、この一致以外には被告を有罪とする理由はほとんど存在しない。ＤＮＡが被告の有罪を示す唯一の、あるいは少なくとも主要な証拠とされる状況は、今後ますます増えていくと予想される。一九九六年、ドイツ連邦憲法裁判所は、重大事件に際しては、当該人物を疑う強力な根拠がない場合でさえ、判事がＤＮＡ分析のための血液サンプル採取を命令できるという判断を下した。これで、憲法上の市民権侵害にはあたらないと、市民のＤＮＡのスクリーニングが認められたことになる。

ロースクールの学生と法律学者は、頻度を使った説明につきものの不確実性を理解するだろうか？　表示の仕方によって判決は、つまり被告が有罪か無罪かという判断は変わるのか？　ロースクール学生と専門家の半数には関連の情報を確率のかたちで、残る半数には自然頻度のかたちで提示した。事例が実際にあった事件だったので、参加者のやる気は充分で、平均して一時間半をかけてファイルを読み評価してくれた。刑事事件の記録は長くて細かいので、ここでは二つの強姦殺人事件のうちの関連部分を一つだけ紹介する。先に述べたとおり、DNAが一致した以外は、被告を犯人とする根拠はほとんどない。

条件付確率

専門家証人は、犯人の可能性がある男性は一〇〇万人いると証言した。無作為に選び出した男性が、犯行現場で発見された痕跡と一致するDNAプロファイルを偶然にもっている確率は、ほぼ〇・〇〇〇一パーセントである。ある男性がこのDNAプロファイルの持ち主であれば、ほぼ確実にDNA分析で一致という結果が出る。同じDNAプロファイルをもっていなくても、現在のDNA技術では〇・〇〇一パーセントの確率で一致したという結果が出てしまう。

被告のDNAと被害者に残された痕跡が一致したと報告された。

質問1　報告された一致が真の一致である確率、つまり被告が実際に証拠のDNAプロファイルをもつ確率はどれくらいか？

質問2　被告が証拠の帰属者である確率はどれくらいか？

質問3　本件についてあなたが判決を下すなら、被告は有罪か、無罪か？

三つの問いは、一致検出から有罪までの推測の連鎖（図10－1）の三つの段階にかかわっている。最初の質問は検出された一致が真の一致である確率で、二番目の質問は帰属者である確率、第三は被告が有罪か無罪かの判断である。

自然頻度

専門家証人は、犯人の可能性がある男性は一〇〇〇万人いると証言した。このうちほぼ一〇人が、犯行現場で発見された痕跡と一致するDNAプロファイルをもっている。ある男性がこのDNAプロファイルの持ち主であれば、ほぼ確実にDNA分析で一致という結果が出る。同じDNAプロファイルをもっていなくても、現在のDNA技術では一〇〇〇万人に一〇〇人は一致したという結果が出てしまう。被告のDNAと被害者に残された痕跡が一致したと報告された。

質問1　報告された一致が真の一致である確率、つまり被告が実際に証拠のDNAプロファイルをもつ確率はどれくらいか？

質問2 被告が証拠の帰属者である確率はどれくらいか？

質問3 本件についてあなたが判決を下すなら、被告は有罪か、無罪か？

情報が確率で説明されると、学生も専門家も迷わされた。一致検出から真の一致への推論について考えてみよう（質問1）。ここで問題になるのは偽陽性である。一致確率の〇・〇〇〇一パーセントと、偽陽性の確率〇・〇〇一パーセントから、どう結論を引き出せばいいのか、わかった者はごく少数だった。図10－2は、学生の一パーセント、専門家の一〇パーセント程度しか、この問題が解けなかったことを示している。情報が自然頻度のかたちで与えられた場合には、この数字はそれぞれ四〇パーセントと七〇パーセントに上昇する。頻度で考えると、基本となる人口グループに同一のDNAプロファイルをもつ男性が一〇人いること、さらに一〇〇人はDNAプロファイルが違うにもかかわらず、一致という結果が出ることがわかる。つまり一一〇人のうち、実際にDNAプロファイルが一致するのは一〇人だけである。

二番目の質問の、被告が実際の犯行現場で発見された痕跡の帰属者である確率について考えてみよう。情報が確率のかたちで与えられたときには、やはりその意味を理解したのは少数の学生と専門家だけだった。だが頻度の場合には、質問1と同じく洞察が働いた。

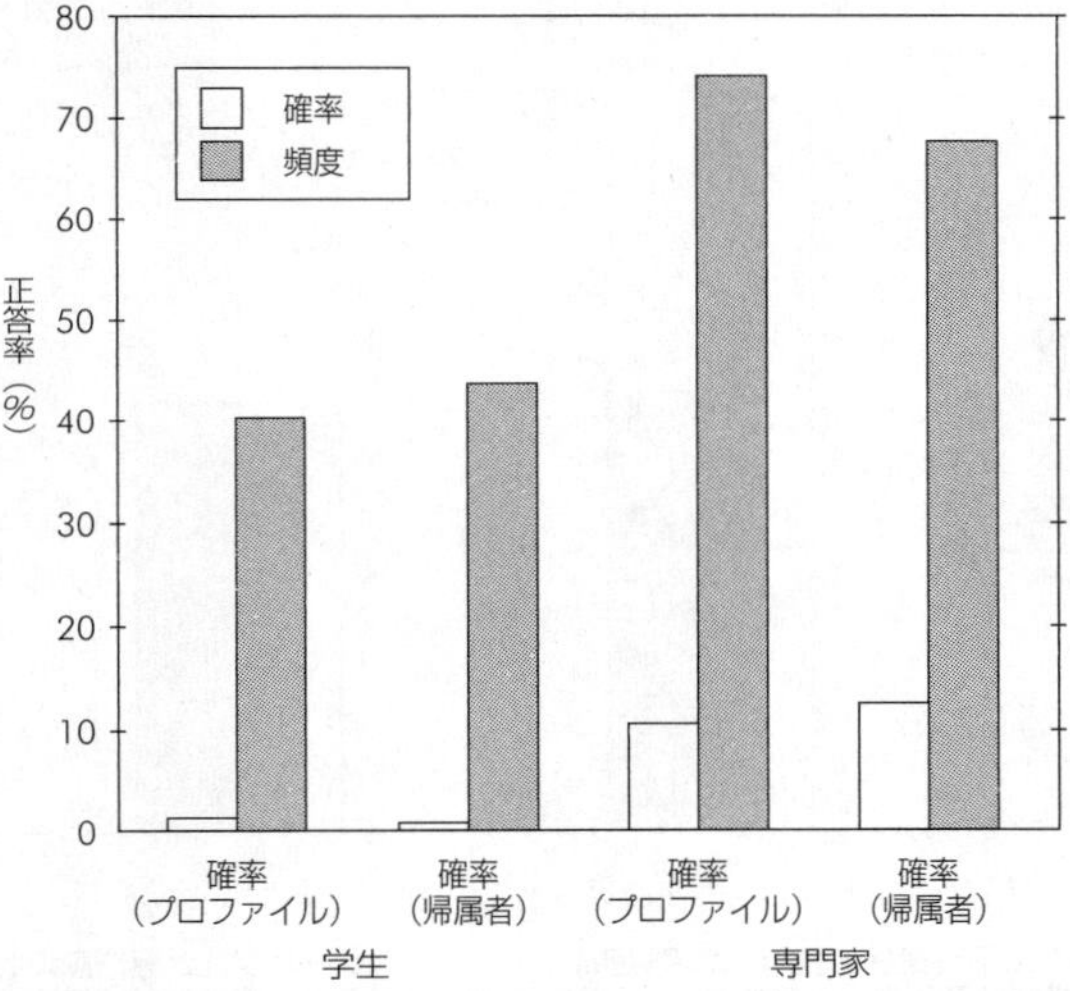

図10-2　不確実性の表示（確率対頻度）がロースクール学生と専門家の論理に与える影響。証拠のDNAに関する情報が通常のように条件付確率で与えられた場合、正確な推論（ベイズの法則）ができたのは少数だった。自然頻度の場合には、学生の40%、専門家の大半に答えが「見えた」。ここでは2つのことが問われた。確率（プロファイル）については、一致という結果はほんとうに被告がそのプロファイルをもつことを示すかどうか（真の一致）。確率（帰属者）については、一致という結果は証拠の帰属者が被告であることを示すかどうか。この2つの問いは、図10-1の推論の連鎖の最初の2つのステップに相当する。（Adapted from Hoffrage et al.,2000.）

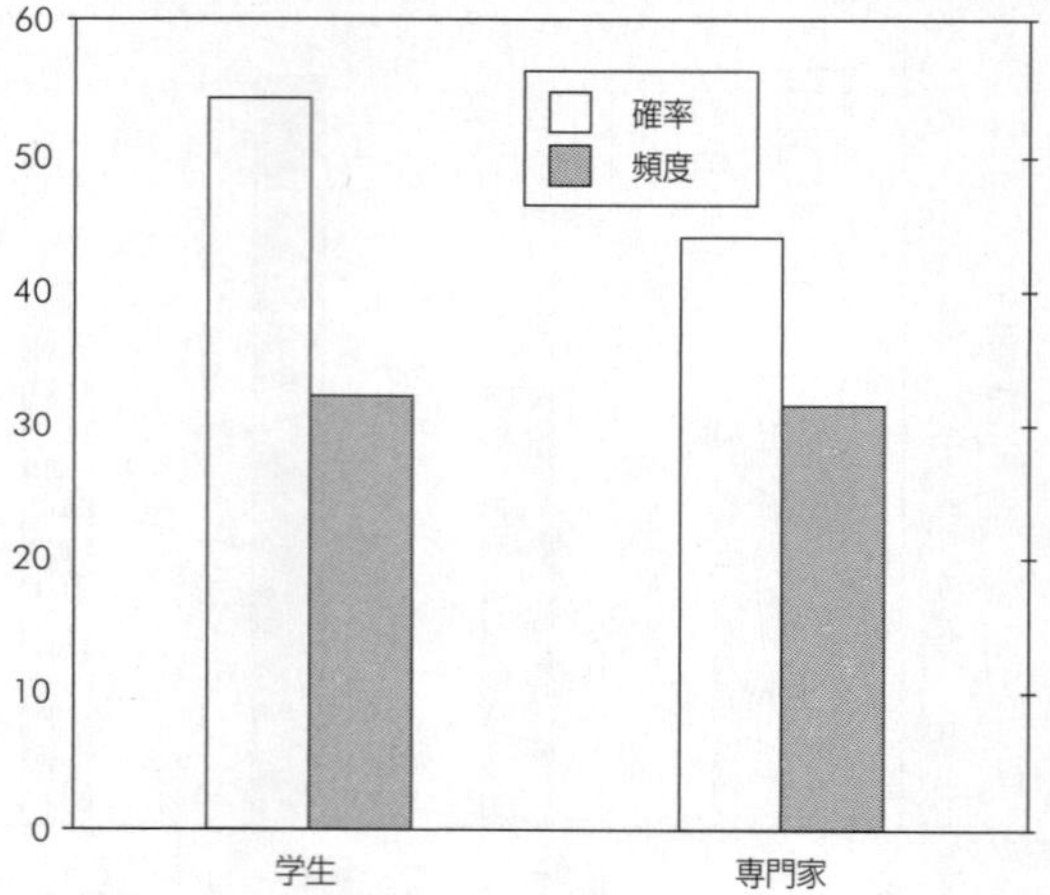

図10-3　不確実性の表示（確率対頻度）は、ロースクール学生と専門家の判決（有罪か無罪か）に影響を及ぼすか？　証拠のDNAに関する情報が条件付確率で表示された場合のほうが、学生も専門家も「有罪」という判断が多くなった。（Adapted from Hoffrage et al.,2000.）

多くは、証拠の帰属者は一一〇人の男性のうち一人だけであることを理解したのである。

刑事事件の最後の判断は被告が有罪か無罪かで、これは確率ではなくイエスかノーかで示される（質問3）。DNAの証拠の説明の仕方によって判決は変わったのか？　変わった。学生も専門家も「有罪」と判断する人数が多かったのは、証拠が確率のかたちで提示された場合、つまり考え方が的外れだった場合である（図10－3）。この影響は学生のほうが少し大きかったが、しかし専門家にも同じ影響が見られた。全体として、確率で提示したほうが有罪判決は五〇パーセント多くなった。

この調査は二つのことを教えている。ロースクールの学生と専門家は推論の連鎖にかかわる不確実性を低レベルでしか理解していないこと、それに効果的なツール——自然頻度——が法律専門家の数字オンチ解消にも役立つことである。

親子関係の不確実性

犯罪事件のほかに、DNA鑑定にはもうひとつ大きな使い道がある。親子関係を調べることだ。DNA指紋は以前のABOの血液型グループの分析に比べれば大きな進歩である。以前の血液型による検査では、ある男性が父親である可能性を排除することはできても、父親であるという証明には近づくこともできなかった。DNA鑑定以前には、男性は父親であることを否定し、その友人は母親がふしだらであると証明しようとするというわけで、多くの場合、裁判は未婚の母親に対する公然たる侮辱という色合いが濃かった。たとえばイギリスでは一九五九年に嫡出法が成立するまでは、公開の裁判所で聴取が行なわれるのがふつうで、一般市民も新聞記者も傍聴することができたから、夕刊紙は関係者の氏名住所を含む詳細を報道した。DNA鑑定は過去の法廷による聴取がもっていた侮辱的な性質を追放するのに役立った。現在ではＤＮＡという親子関係の証拠が存在するから、法廷で母親が性生活について反対尋問されることはめったにない。ＤＮＡ鑑定の可能性だけで親子関係の否定を撤回して告白する場合があることは、つぎのイギリスの事例が示しているとおりである。

どちらの親も一八歳だった。父親と推定される少年の母親は、冒頭の聴取のときに法廷に留まろうとして廷吏に連れ出された。連れ出されながら、彼女は息子に向かって「あたしが言ったとおりに言うのよ」と叫んだ。少年は父親であることを否定し、法的扶助とＤＮＡ鑑定について検討するために裁判はいったん休廷となった。次の聴取の際に少年はただちに父親であることを認め、子どもなんか欲しくなかったと述べて、毎週一ポンドの養育費を支払うよう命じられた。

わたしが言いたいのは、ＤＮＡ指紋が調べられるという可能性だけで否定が覆り、母親は性生活を探られずにすむし、父親には養育費の支払いを義務付けられる場合があるということだ。ただし、このイギリスの法廷は育児を安上がりな仕事だと考えているようだが。

ある男性がある子どもの父親である確率を推計するためには、事前確率、医学診断でいえば有病率（ベース・レート）を知る必要がある（第5章を参照）。だが、この事前確率はいくらなのだろう？　多くの検査機関では、遺伝以外の証拠という観点からするとどの親子関係でも被告人が父親である事前確率は〇・五であると想定して、この問題を簡単に処理している。この恣意的な判断について、検査機関は「無差別の原理」で説明する。訴えられている人物は父親であるかないかのどちらかであり、したがってどちらの場合についても事前確率は〇・五だというのだ。だがこのやり方には異論があるだろう。なぜなら、すべての親子関係確認裁判で、被告が親である確率は他のすべての男性を足し合わせたのと同等だということになるからだ。無差別の原理は法律の世界では長い歴史をもつ。一九世紀はじめにはまだ、確率理論が適用される主要な場のひとつが法律の世界で、証人の信頼性の評価などが課題だった。当時と同じくいまでもリベラル派と保守派の争点になっているのが、判事が犯す可能性のある二つの過誤にどのようなウェイトをつけるか、ということだ。無実の被告に有罪を宣告する可能性をできるだけ小さくしようとすれば、代わりに有罪なのに無罪とされる者が増える。しかし有罪なのに罪を逃れる人間をできるだけ少なくしようとすれば、代償として無実なのに投獄される人間が増えることになる。フランスの数学者ドニ・ポワソンとピエール‐シモン・ラプラスは保守派の見解をとり、啓蒙派の哲学者で政治家でもあるコンドルセが提案したリベラルな改革に反対した。ポワソンはラプラスよりも強硬に個人の権利より社会の安全だと強調し、被告が有罪である事前確率は少なくとも〇・五とすべきだと主張した。親子関係確認裁判の証拠として、二〇世紀のDNA鑑定もポワソンと同じ倫理的な立場をとっているわけである。

親子関係の調査は父親たちにとっての関心事だろう。母親は病院での赤ん坊の取り違えという可能性を除けば自分の子どもであることを確信できるが、男性は自分の子どもの生物学的な親であるという確信がもてない。第8章にも記したとおり、最近の西欧諸国でのDNA分析によると、子どもたちの五パーセントから一〇パーセントは、当人が父親だと思っている人物と生物学的な父親が違うという。ふつうはこのような偽りを暴かないほうが子ども自身のためなのだが、親子鑑定の市場は拡大している。アメリカ血液バンク協会によれば一九九七年にはアメリカで二四万件の親子関係鑑定が行なわれ、件数は一〇年前の三倍以上に増えている。交通量がとくに多いシカゴのある自動車道のわきには、「父親は誰ですか?」というピンクのネオンが輝いている。これこれの電話番号に電話すれば、五〇〇ドルで答えが得られ、必要なのは母親と子ども、それに父親であるはずの男性の頬の内側から綿棒で採取した唾液だけ、というのである。

DNAでも不確実性は消えない

すべての新しいテクノロジーと同じように、DNA鑑定はたとえば親子関係のような面で古い不確実性を減らしただけではなく、新しい不確実性をもたらしている。

容疑者の母集団は？

本章の最初に紹介したクリスティーナ殺害事件の場合には、警察は以前の被害者から得た情報をもとに、犯人の母集団についての仮説をたてていた（一八歳から三〇歳までで、オルデンブルグとその近郊に住む男性）。だがこの仮説が確実ではないことは、殺人者が三〇歳で、想定された母集団の年齢の定義ぎりぎりだったという事実からも推測できる。しかしクリスティーナの場合にはこの仮説は有効だった。ほかの刑事事件の場合には、合理性のある容疑者母集団を定義することはもっと難しいかもしれない。だが帰属者の確率を推計しようとすれば──推論の二番目のリンクから三番目のリンクに進もうと思えば──ベース・レート、つまり容疑者の母集団が必要になる（法廷では根拠のない事前確率は認められないだろう）。この不確実性に対処する方法のひとつは、母集団のサイズの上限と下限を設定し、二つの極端なベース・レートから出発することだ。たとえば一八歳から三〇歳までの男性一万八〇〇〇人を下限とし、もっと多い一六歳から五〇歳までの男性を上限とする。こうすれば、帰属者の確率も下限と上限が計算できる。

容疑者の母集団を確定するという問題は犯罪事件の場合だけではなく、先に見たとおり親子関係の鑑定にも存在する。容疑者の母集団が不確実だということは、DNAの一致から帰属者の確率を推測するうえでの基本的な問題なのだ。

容疑者には兄弟がいるか？

偶然の一致の確率は無関係な人々を対象としている。したがって、一致をどう解釈するかにあたっては、被告に近い親族がいる可能性が問題になってくる。たとえば一卵性双生児は同じDNAプロファイルをもっているし、近親者は無関係な他人よりもDNAプロファイルが似通っている。スコットランドでのある事例では、法医学者が、無関係な個人ならDNAが偶然に一致する確率は四万九〇〇〇分の一だが、兄弟ならば一六分の一であると述べている。このときの被告にはたまたま五人の兄弟がいた。したがって、ほかに兄弟を見分ける証拠がなければ、DNAの一致だけでは証拠としては弱い。犯罪を犯した、あるいは子どもの父親の可能性がある近親者の存在も、DNAの一致を解釈する際には考慮に入れなければならない。

一致はどれくらい確実か？　偶然の一致の確率は？

DNAプロファイリングについて慎重であるべきもうひとつの理由は、どうしても主観的判断が入ることである。これは一致するかしないかの判断でも一致の確率の大きさの判断でも生じる。前述のように二つのDNAのプロファイルが一致するかどうかはDNAのバンドを並べて判断する。だが、つねに正確に並ぶとは限らないので、ずれが一定の誤差の範囲内であれば一致という結論を出す。したがって一致は黒か白かという問題ではなくて、どこまでの誤差を許容するかということになる。この恣意的な線引きのために、一致しないと判断されたプロファイルと一致と判断されたプロファイルが似通っているという望ましくないことも起こる。

同じく偶然の一致の確率では、統計的母集団を探すだけが問題ではない。たとえば一九八七年にヴィルマ・ポンスと二歳になる娘が刺殺された。ホセ・カストロという近所に住むヒスパニック系の男性が尋問され、腕時計についた小さな血痕が分析にまわされた。血痕は自分のものだとカストロは主張した。だが分析を行なったライフコーズ・コーポレーションは血痕のＤＮＡと被害者の血液のＤＮＡが一致したと報告し、偶然に一致する確率は一億分の一以下であると述べた。同じデータを検討したハーヴァード大学とマサチューセッツ工科大学は、確率を二四分の一とした。このように大きな差が出るのは、サンプルが化学的、生物学的に汚染されたか、日光などの有害な環境要因にさらされたか、検査機関の手続きが劣悪であるか、分析が不適切な場合である。

プライバシーへの脅威か？

ＤＮＡ分子の生物学的な機能は、塩基の配列にコードされた遺伝メッセージを提供することだ。したがってＤＮＡデータ・ベースにはプライバシーに対してかなりの脅威になりそうな個人的性質の情報が含まれる。そこで一部の人々は、ＤＮＡが「読める」ようになれば、誰かがわたしたちの遺伝的未来をシナリオのように読めるのではないかと心配している。この心配が現実的なものかどうかを判断するときには、DNAデータ・ベースにはDNA配列全部が登録されるのではなく、DNAプロファイルだけであることを念頭に置く必要がある。DNAプロファイルはいくつかの遺伝子の座に関する情報を含むが、ゲノム全体ではない。そのうえデータ・ベースにはふつう「コード化されていない」座、つまり遺伝子が含まれないと思われている座が使われる。DNAのこの部分——「ジャンクDNA」と呼ばれることもある——には遺伝子がもっているようなコードの機能はないと考えられている。コード化されていない座が注目されているのは、プライバシー保護のためではない。このほうが個人の識別がしやすいからだ。そこで、現在のテクノロジーではDNAデータ・バンクには特に個人的な情報はほとんどないはずだ。

しかし、将来も現在と同じかどうかについては慎重でなければならない。新しいテクノロジーが市民の自由についての考え方を変えてきた歴史がある。本来の指紋がアメリカで最初に導入されたときには、多くの裁判所が指紋を司法の場で利用することは市民の権利の侵害であると判断した。近い将来、求職者、健康保険の申込者、移民から唾液を採取することが、現在の指紋採取と同様に問題なしとみなされることも考えられないわけではない。DNAのコード部分を解読するヒトゲノム・プロジェクトと違って、DNAプロファイル用のデータバンクに含まれているのは、コード化されていないDNAサンプルである。

これには性犯罪その他の犯人を迅速に認識できるというはっきりした利点がある。データバンクに支えられる技術が活用されれば、長期的には一部の犯罪を抑止できるかもしれないし、少なくとも自分の記録がデータバンクにあると知っている者は犯行を躊躇するだろう。抑止力がほとんど、あるいはぜんぜん考えられないとしても、データバンクは犯行後の犯罪者の特定と、さらなる犯行の防止には役立つ。

新しいテクノロジーが法を変えるかもしれない

O・J・シンプソンの手袋やモニカ・ルインスキーの青いドレスに残った痕跡によって、アメリカ人にはDNAが証拠になることが知れわたった。同時にDNAが刑事事件の証拠として認められるようになって、法律には新しいプレッシャーがかかり、司法の専門家には新しい要請がつきつけられている。

強姦犯の公訴時効は、変化へのプレッシャーがかかっている一例である。たとえばニューヨーク州では、強姦事件は五年で公訴時効となる。五年以上たってしまえば訴追の可能性はなくなるということだ。二年前に起こったが犯人がまだつかまっていないある強姦事件の被害者であるローワー・イーストサイドの学生は、こう語っている。「どうして、この犯罪に時効があるのかわかりません。強姦によってわたしの全人生がまったく変わってしまったのに」公訴時効が定められている理由は、被告に公正なチャンスを与えるため、ということだ。時がたってしまえば証拠は消えるし、記憶も薄れる。その結果、被告が何年も前の特定の日の特定の時間に自分がどこにいたかを証明することは難しい。この歴史的な合理性は、現在ＤＮＡ指紋の可能性によって揺らいでいる。これまでのどんなテクノロジーよりも決定的な証拠を提供し得るからだ。その結果、フロリダ、ネヴァダ、ニュージャージーを含むいくつかの州は最近、性的暴行の公訴時効を撤廃した。科学によって強姦事件捜査に革命的な変化が起こり、法律が新しい状況に追いつきつつある。

ＤＮＡ指紋の導入によってプレッシャーがかかると思われるもうひとつの法律分野が、死刑制度である。民主主義大国のなかではアメリカ、インド、日本だけがいまも死刑を実行している。二〇〇〇年のギャラップ調査では、死刑を認めるべきだというアメリカ人の数は減少（それでも、三分の二は賛成）し、無実の者が死刑になる場合が少なくともゼロではないと考えているひとは増加した。ギャラップの調査担当者は、この変化はＤＮＡ技術の進歩と関係しているかもしれない、この技術のおかげで無実の者が死刑を宣告されたいくつかの事例が明らかになったからだ、と示唆している。

ＤＮＡ指紋はまた、司法の専門家に新たな要請をつきつけている。このなかには確実性の幻を克服し、不確実性を理解して伝える方法を学ぶことが含まれている。この章でわたしは、ＤＮＡの一致から有罪判決にいたる推論の連鎖に存在するさまざまな不確実性の根源を指摘し、医師やカウンセラーに役立ったツールが司法の専門家にも役立つことを示した。たとえば確率の代わりに自然頻度を使えば、訴追者の誤謬のような混乱をかなり防ぐことができる。わたしたちの調査では、不確実性を適切に表示できれば、ロースクールの学生や専門家の洞察力が高まるだけでなく、彼らが下す「有罪」判決の数も変化することが明らかになった。

そこで、裁判で不確実性をどう表示するかが重要であることを法廷が認識しているかどうかが問われる。イギリスとアメリカにはそこに気づいている検事や弁護士、判事がかなりいる。イギリス上訴裁判所は最近、ＤＮＡの証拠を頻度のかたちで提示することを勧告した。だがこの認識も依然として、司法関係の訓練や手続きのなかで系統的に取り入れられているというより、たまたまそういう場合もあるという程度のようだ。たとえば司法関係の雑誌に自然頻度による提示が重要であるという記事を書いたわたしの同僚のひとりは、Ｏ・Ｊ・シンプソン裁判の弁護団に加わっている弁護士と知り合いだった。その結果、弁護団は検事側のＤＮＡ専門家ブルース・ウィア教授には条件付確率や（条件付確率の比率である）尤度比《ゆうどひ》で証言させないでもらいたい、とイトウ判事に要求した。代わりに陪審員には頻度で情報を知らせてほしい、そうでないと陪審員は偶然の一致の確率とミスター・シンプソンが証拠サンプルの真の帰属者である確率を混同するかもしれない、というのが弁護団の主張だった。イトウ判事も検察側もこれに同意した。検察側証人の専門家は、それでも結局は尤度比を使ったのである！（ウィア教授のような）統計専門家がリスク伝達の心理学に気づいているとは限らないのだ。

11　暴力的な人々

いま、あるいは将来直面するリスクを知ることができるか？　ノー、知ることはできない。しかし、イエスでもある。知っているかのように行動しなければならないのだ。

——メアリ・ダグラス＆アーロン・ウィルダフスキー『リスクと文化』

第1章で、プロザックを服用すると三〇パーセントから五〇パーセントの割合で性生活に問題が生じると患者に説明した精神科医を紹介した。患者はこの言葉を精神科医とは違った意味で理解していた。精神科医は、自分の患者のなかで薬を服用して問題が起こる者の割合、という意味で使った。だが患者は自分の性的出会いのなかでうまくいかない割合と取ったのだ。どちらも自分の立場で基準となる集まりを考えている。精神科医にとっては、基準となる集まりは「わたしの患者たち」で、患者にとっては「わたしの性的出会い」である。一度限りの出来事が起こる確率の場合には、この基準となる集まりが不明だ。

一度限りの出来事なのだから、それしかない。しかしひとは少なくとも暗黙のうちに、基準となる特定の集まりを想定して確率を理解しようとしたがる。そのために互いに解釈が矛盾したり、意味合いが違ったりする可能性がある。同じあいまいさは、司法と臨床の場で暴力行動を予想しようとするときにも起こり得る。

暴力の予測

暴力はわたしたちの生活にはつきものだ。近所でも夜歩くのは怖い。アメリカの学校では子どもたちが銃を振り回して、生徒や教師を殺傷する。元東ドイツでは右翼の成人や少年がナイフ、拳骨、ブーツで外国人を襲う。妻への暴力と子どもの虐待は西欧社会の家庭生活の一部になっている。なぜ、そしてどんなときにひとは暴力をふるうのだろう？

暴力行動を予測するのは難しい。アメリカ精神科学会とアメリカ最高裁のあいだでやりとりされた文書には、「精神科医が行なう暴力に関する長期的な将来予測の三件に二件は間違っているとみていいのではないか」と記されている。それにもかかわらず、アメリカ最高裁はそのような精神科医の証言を証拠として認めるという判断を繰り返してきた。精神保健のプロの予測は「必ず間違っているわけではない……大半が間違っているというだけである」という結論を下したからだ。この予測の弱点は大きな問題の存在を教えている。司法制度のなかで専門家が役割を果たそうとするとき、状況はろくに理解されていないし、証言にはわずかな科学的根拠しかない、ということである。

保護監察官の職務は、仮釈放、保釈、執行猶予、週末の解放など条件付で自由が認められた犯罪者を監督することだ。保護監察官には暴力を予想するという仕事がある。この仕事には二つの過誤が起こる可能性がある。再び暴力をふるう人間に自由を認めること、そして暴力をふるわない人間に自由を認めないことの二つだ。最初の過誤は、前章に出てきたクリスティーナを殺害した男の釈放をそれ以前に勧告した専門家が犯した過ちである。

保護監察官のような専門家は、犯罪者の再犯リスクについて法廷でどう助言するのか？　最近までは専門家はイエスかノー、つまり「危険」か「危険ではない」かというレッテルを使用してきた。たとえば、放火犯を捜査していた警官に呼び止められたあと警官を殺害したとして死刑判決を受けたテキサスのトーマス・ベアフットの事例がある。ベアフットの量刑審問手続きで証言した専門家のひとりは〝ドクター・デス〟として有名な精神科医だったが、ベアフットが将来も暴力をふるうことは「一〇〇パーセント、絶対に」確実であると述べている（この精神科医はベアフットの面接をしたことも、会ったことすらなかった）。だが天気予報の確率と同じで、最近では暴力行動についての専門的な予測でも不確実性を認める言い方をすることが多くなってきた。たとえば心理学者のジョン・モナハン、ポール・スロヴィックらは、精神保健の専門家は将来の暴力行動について言葉でレッテルを貼るのではなく、確率予測を行なうべきだと主張した。そこで保護監察官は、ある人物に仮釈放あるいは執行猶予を認めた場合、再び暴力をふるう確率を推定することが求められるようになった。

だが、これらの専門家は暴力行動のリスクを伝えるのに確率数値を使うことをためらってきた。それよりも大きな区分を選んだのは、数値は正当化できるほど確実ではなく、そこまでの正確さを求められたくないと考えたからである。スロヴィックとモナハンは一連の独創的な研究を実施して、専門家の数値を使ったリスク判断について調べたが、驚くべき結果が出ている。

一度限りの出来事の確率と頻度の判断

ある研究で、モナハンとマグレガーはアメリカ精神科・法学会（AAPL）の会員四〇〇人以上とアメリカ心理学会第四一支部（アメリカ心理学・法学協会）の会員四〇〇人あまりを対象に調査を行なった。この調査で専門家に見てもらったのは、実際に一九九六年に救急入院施設から退院した四人の患者の退院記録にあった一ページ分の概略の情報である。

次の文章は、落ち着きがなく、不安があり、判断力と集中力が乏しいと記されたある女性の退院記録の前半にあたる。

症例二二一一九〇　退院記録要約

既往症および現在の病状

患者は五二歳のヒスパニック系女性で離婚しており、双極性障害、分裂感情障害を含めた精神科疾患の既往歴がある。認知機能のレベルが低く、知的障害の境界線上にある。姉によれば、患者は入院当日、煙を出そうと窓を開けたという理由で姉を数回殴ったという。姉は患者の肩をつかんで部屋に連れ戻した。患者は、「姉がわたしの顔をつかんで、傷つけた」と不満だった。患者は姉に妄想を抱いており、幻聴がある。また、男が窓辺にいるとか居間に座っているという幻想、自分の髪にしらみがわいているという幻想もある。自分の頭をかきむしる、つねるなどし、過度に身体を洗う。患者は（殺人や自殺願望を）否定し、治療にはすなおにしたがった。

家族および社会生活の状況

患者は離婚しており、四人の子どもがいる。前夫はアルコール依存症だった。現在は姉のもとで、姉の夫、姉の父親、患者の弟とともに暮らしている。弟は統合失調症の診断を受けている。姉は重度の精神遅滞の孫のめんどうもみている。患者は子どものころは孤児院で育ち、性的虐待を受けた経験がある。学業不振で一年生で学校を中退している。

退院記録の後半には患者が受けた治療と、退院させたいという家族の希望が記されている。この女性は退院後六カ月以内に自分以外の誰かを傷つけるだろうか?

専門家の半分には、この女性(あるいはその他の三例の患者の誰か)が退院後六カ月以内に自分以外の誰かを傷つける、つまり暴力をふるう確率を判断してもらった。残る半数には、この女性と同じような女性が一〇〇人いたとして、同じ期間に何人が暴力をふるうかを判定してもらった。専門家は同じ退院記録を読んでいるのだから回答は同じになるはずだ、と思われるかもしれない。だが、そうはならなかった。二つの問いは、二つの系統的に異なった回答につながったのである。確率による判断のほうが頻度判断よりも約五〇パーセント高いという結果が出たのだ。図11-1は四人の患者の暴力行動についての平均的な予測を示している。これらの患者の暴力行動に関するアメリカ精神科・法学会会員の平均的な予測は、頻度のほうが一〇〇人のうち二〇人で、確率のほうは三〇パーセントだった。アメリカ心理学・法学協会会員の暴力行動予測のほうが一般に高いが、頻度と確率の判断の違いには同じ傾向が見られた。

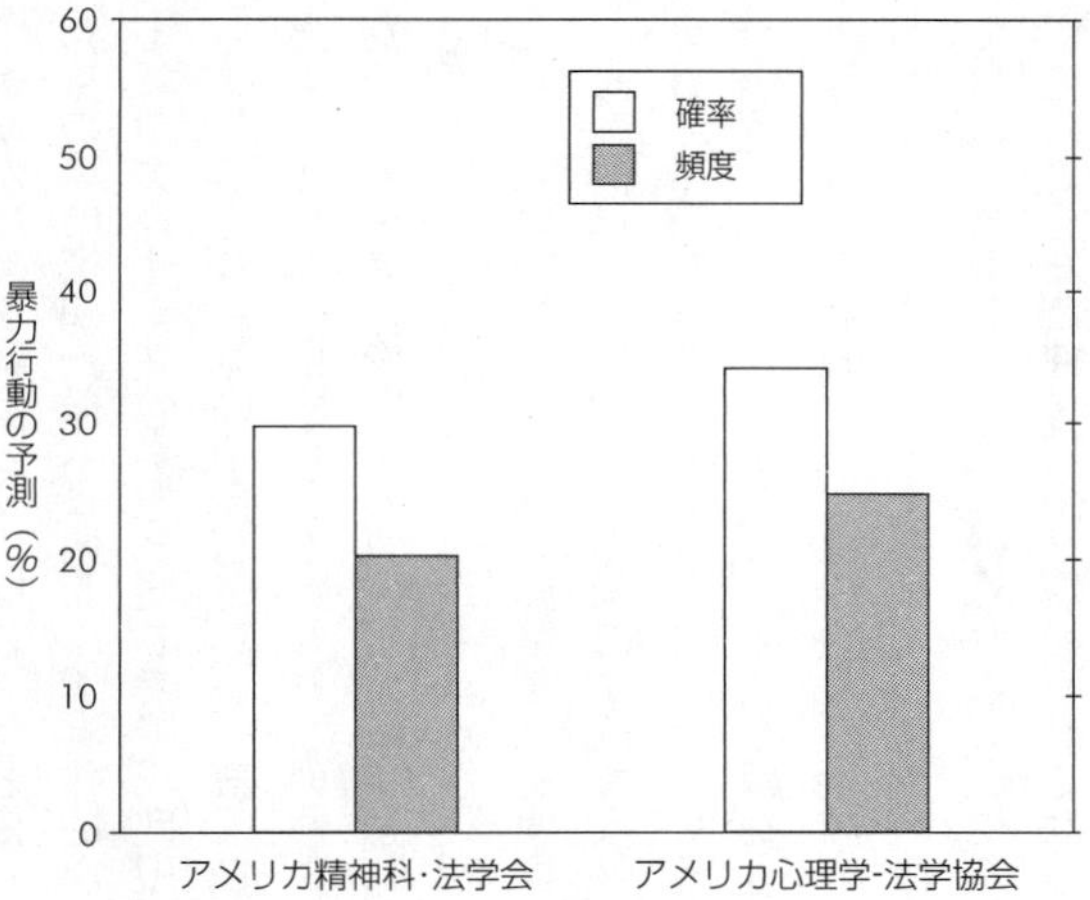

図11-1　患者の暴力行動に関する平均的予測。アメリカ精神科・法学会の会員400人余り（左側）と、アメリカ心理学会41支部（アメリカ心理学 - 法学協会）の会員400人余り（右側）が、4人の患者が暴力をふるうかどうかを予測した。それぞれのグループの会員の半数には確率による判断が、残る半数には頻度での判断が求められた。アメリカ心理学 - 法学協会の会員には、ほかに危害の定義と確率理論の指導があった。しかし、どちらの専門家グループの回答にも、頻度による予測と確率による予測で系統的な相違が生じている。（After Slovic, Monahan, and MacGregor, 2000.）

患者が誰かに暴力をふるうかどうかに関して、確率による判断を求められると専門家の予測値が高くなるというのはちょっと信じられない。理由の説明はつくのだろうか？　これらの専門家が一般人と同じく、具体的なケースを基準に確率を考えているとしよう。第1章のプロザックの事例と同じで、一度限りの出来事の確率についての解釈は、暗黙のうちに想定された集団に左右される。あるひとは出来事の集まり、つまり特定の患者の週末帰宅の繰り返しを考えるかもしれない。この場合には、繰り返して条件付自由を認められた一人の患者についての質問だと解釈される。一方、べつのひとは週末帰宅を認められた患者の集団を基準と考えるかもしれない。「この患者が今後六カ月に暴力をふるう確率はどれくらいか」という問いの解釈は必ず同じとは限らないのだ。

対照的に、「この女性と同じような女性が一〇〇人いたとして、そのうち何人が今後六カ月に暴力をふるうでしょうか？」という頻度の質問は、暴力的な患者と同じようなほかの患者であると、基準となる集団をはっきり指定している。そう考えると、なぜ頻度判断と確率判断の相違が生じたのかは説明できそうだが、相違の傾向までは説明できない。傾向的な違い、すなわちなぜ確率の判断のほうが頻度の判断より高い数値が出たのかについてははっきりした答えは得られないので、想像するしかない。だが専門家が、患者が週末帰宅のような条件付自由を認められる回数が多くなれば、暴力行動の可能性も高くなると考えたとすれば、一〇〇人の患者が一度だけ（つまり初めて）条件付自由を認められた場合の暴力行動のほうが、一人の患者が何度も条件付自由を認められた場合よりも少ないという結果になるはずだ。こう考えると、確率の問いのほうはどちらの状況を基準とするかが明確ではないから、頻度判断のほうが結果としてリスク予測が低くなることは説明できる。

一度限りの出来事に関しては、確率の判断と頻度の判断には系統的な相違が生じる。確率の場合、基準となる集まりをいろいろに想定できるが、頻度の場合にははっきりと指定されている。「この人物が再び暴力をふるう確率はどれくらいですか?」というような問いのあいまいさが、専門家の側の判断に系統的な相違を生み出す可能性があることを、先に要約した研究は教えている。

回答票の目盛りは専門家の判断に影響するか?

降雨予測もそうだが、暴力行動の確率ではたとえば三一パーセントというような細かい数値は出せない。それよりも五パーセント、一〇パーセント、二〇パーセント、三〇パーセントというように目盛られるほうがふつうだろう。そこで、あなたが専門家に患者の危険性を回答してもらう回答用紙を設計すると考えていただきたい。あなたはどんなふうに目盛るだろうか? その目盛りはただの好みの問題として片付けていいのか、それとも目盛りの間隔が回答者の判断に影響するだろうか? この問いに答えるため、スロヴィック

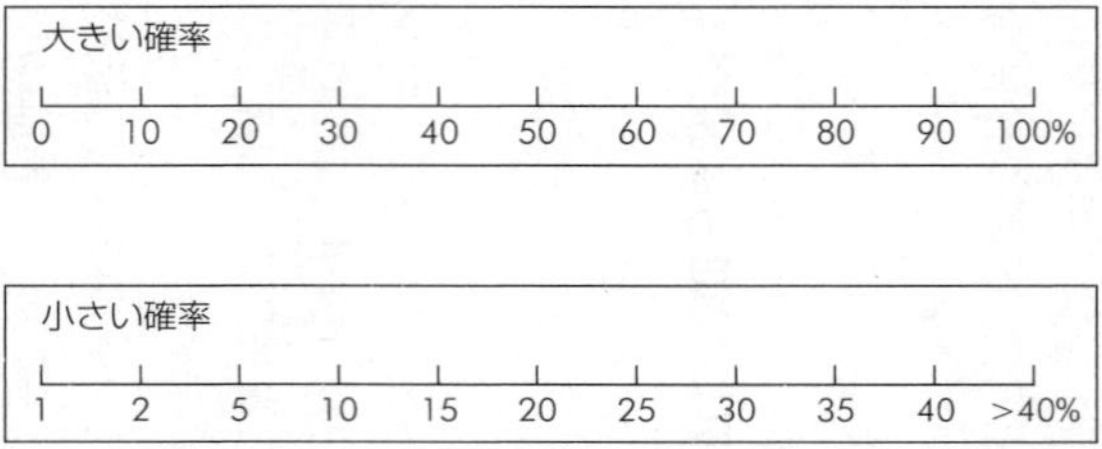

図11-2　患者が誰かに危害を与える確率はどれくらいですか？　2つの回答票の目盛りは、刻み方が違っている（From Slovic, Monahan, and MacGregor,2000.）

らは、調査に参加したアメリカ精神科・法学会会員に図11－2にある回答票のいずれかを渡した。一方のグループの会員は一パーセント、一〇パーセント、二〇パーセントと一〇パーセント刻み（「大きな確率」）の回答票を使って予測を行なった。もう一方のグループは低いほうの数値を中心としたもっと刻みの細かい（「小さな確率」）の回答票を用いた。

目盛りの間隔は暴力行動の予測に影響しただろうか？　スロヴィックとモナハンは以前の調査で、大きな確率の目盛り（図11－2）を使った場合のほうが危害を予測する確率が高くなることを示した。この目盛りの間隔が判断に及ぼす影響を「目盛り効果」と呼ぶことにしよう。ただしこの目盛り効果は、寸劇に出てくる人間が危害を加えるかどうかをしろうとに予測してもらったときに明らかになったもので、専門家が実際のケースを判断したのではなかった。目盛りの選択は、実際のケースに対する専門家の判断にも影響するのだろうか？

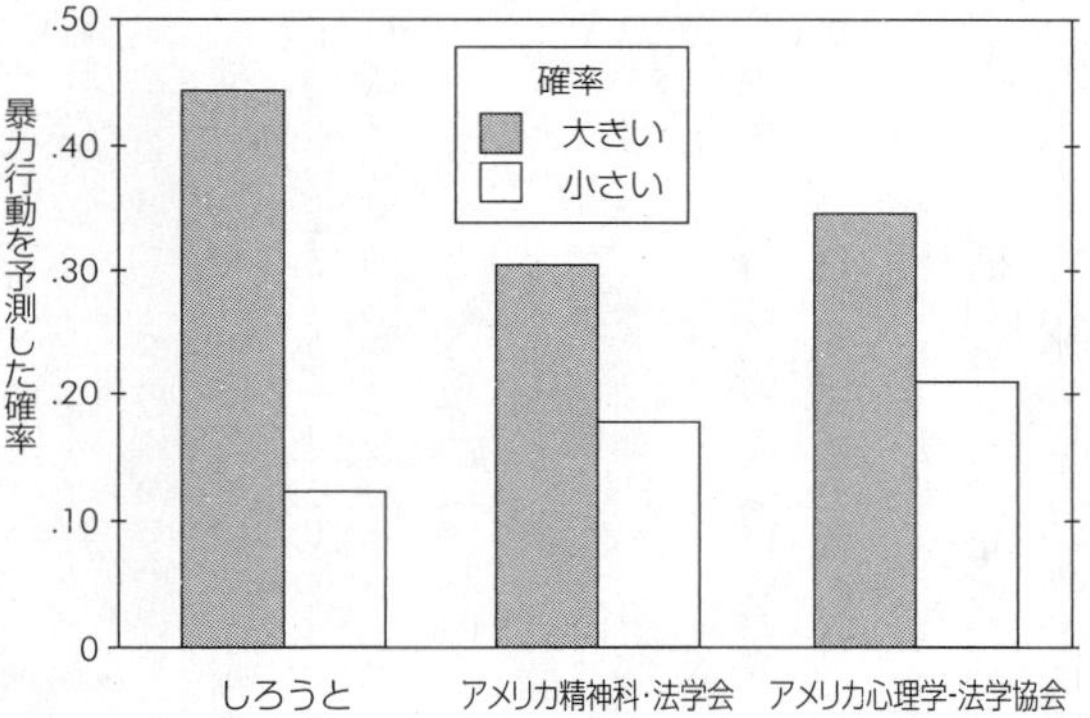

図11-3　回答票の区分の選択は暴力行動を予測する確率の判断に影響するか？　しろうとと専門家の違いはあるが、回答票の選択（大きい確率か、小さい確率か、図11-2を参照）は、判断に一貫した影響を与えている。アメリカ心理学 - 法学協会の会員は、危害の定義と確率理論について指導を受けている。(After Slovic et al., 2000.)

図11－3に示されたとおり、アメリカ精神科・法学会の会員にはしろうとと同じ目盛り効果がみられる。専門家のほうが効果は小さいが、それでも実質的な効果が見て取れる。専門家は確率判断とは何かをほんとうには理解していなかったのではないか、と疑問をもたれるかもしれない。この可能性を検討するため、スロヴィックらはアメリカ心理学 - 法学協会の会員には危害とは何を意味し、確率とはどんなもので、確率の評価はどう行なうかを説明する確率理論の指導を行なった。そのなかには目盛り効果の説明と警告まで含まれていたのである。だが、この指導によっても違いは出なかった。指導を受けた専門家にも受けなかった専門家と同じ程度に目盛り効果があった。

さらに数値によるリスク評価を頻繁に行なっているひとと、一度もあるいはめったに行なっていないひとに参加者を分けたが、どちらのグループにも同じように目盛り効果が認められた。

したがって、目盛りの選択はしろうとだけでなく、専門家の確率判断にも影響を及ぼす。同様の目盛り効果は、専門家が頻度について判断を求められたときにも生じた。しかし専門家の場合もしろうとの場合も、危害を加えそうな順に患者を並べてもらう順位付けには目盛り効果の影響はなかった。この結果は、患者どうしを比較するとどちらのほうが危険が大きいかという専門家の判断は信頼できるが、量的な推測は表示法の目盛り効果の影響を受けることを意味している。言い換えれば、専門家はどの患者が危険かという順番については信頼できる判断をくだすが、危害を与える確率の大きさのほうはあてにならないということだ。

信頼できるというのは正確だということではない。確率からみた危険な患者の順位付けが二つの目盛りを比べて変わらなかったとしても、その順位付けは実際に患者が後日暴力をふるう順位付けを反映しているとはいえない。スロヴィック、モナハン、マグレガーは専門家の判断がどこまで正確だったかを報告していない。しかし三件に二件は間違いだというアメリカ精神科学会の推計を思い出していただきたい。しかも実際の仮釈放決定に関する研究では、これらの判断の予測的中度は非常に低いのである。

手がかりとしての回答票

目盛り効果は暴力の予測に限ったことではない。リスク以外の無害な習慣や行動などの出来事に関する判断にも目盛り効果が観察されている。目盛り効果は、限定的な知識しかないひとが行動の報告や予測を求められるというような、不確実性が付きまとう状況で起こるようだ。ひとが決定的な知識を持っている場合、あるいは持っていると信じている場合、つまり、「お子さんは何人ですか？」と聞かれるような場合には、目盛り効果は生じない。この場合には、回答者は目盛り上で正しい数字を探すだけだ。だが、ある程度の不確実性をともなう状況は非常に多い。

ひとつの例がアンケート調査で、回答者は区分のなかから選んで回答することを求められる。たとえばノーバート・シュウォーツらは、ドイツの成人を対象に、ふつう一日に何時間テレビを見るかと尋ねた。一方のグループの参加者には「三〇分以内、三〇分から一時間、一時間から一時間半……二時間以上」という目盛りの回答票が与えられた。こちらは「小間隔」と呼ばれた。第二のグループには大間隔の回答票が与えられた。こちらの六目盛りは「二時間以内、二時間半から三時間、……四時間以上」となっていた。この回答票の選択はテレビ視聴時間の回答に影響した。たとえば小間隔の参加者では、一日に二時間半以上テレビを見ると答えたのは一六パーセントだったのに対して、大間隔のほうのグループでは三八パーセントに上った。これは注目すべき現象で、目盛りの間隔の選択に判断が影響されるというもうひとつの例である。同じく性的行動、消費者行動、医学的な症状などの頻度も、回答者に与えられる目盛りに影響を受ける。これらの結果は、回答者が嘘をついているつもりがなくても、自分に有利な回答をしようと思わなくても、調査結果のデータを額面どおりとることは危険であることを教えている。目盛り効果は非常に一般的な現象で、リスクやその他の判断に影響を及ぼすのである。

目盛り効果には、どんな説明が考えられるだろうか？　必要なのは、人々が回答に対する答えについて確信できない状況だ。ふつうはテレビの視聴時間の記録はとっていない。不確かな知識しかないときに、テレビ視聴時間を尋ねられると、ひとは回答票の目盛りを手がかりに使う。自分は平均的な視聴者だと考えれば、目盛りがどんな間隔になっていても真ん中あたりを選ぶ。同じく、患者の母集団に暴力行動のリスクがどのように配分されているかに確信がない精神科医は、回答票が真のリスク配分を反映していると想定する。テレビ視聴者と同じく、専門家も調査者が集団全体の一般的な傾向を知っていると考え、それにしたがって適当な目盛りを選ぶ。それぞれ社会的な知恵を働かせて、調査者が選んだ目盛りの間隔は回答に関係していると、もっともな想定をするのだ。しかしこれは調査者にしろPR会社にしろ、自分たちの経済的、社会的、政治的立場に有利な結果を引き出そうとすれば、目盛り効果を利用して簡単に好ましい方向に誘導できるということでもある。その場合には測定のものさしは背後にある考え方に中立ではなく、判断の一部になる。

リスクの評価にあたって、どうすれば目盛り効果を減らせるだろうか？　方法は二つある。第一はたとえば、仮釈放者や週末帰宅患者の実際の暴力行為に関する統計情報を提供するなどによって、リスクの評価者の頭にある不確実性を減らすことだ。知識が増えれば不確実性は減少し、結果として目盛り効果もいずれは消えるだろう。第二の方法は回答に目盛りを使わず、自由回答方式などのべつのリスク評価ツールを使うことだ。「ミスター・ジョーンズのような患者一〇〇人を考えてください。このうち、六カ月以内に暴力をふるうのは何人でしょうか？（一〇〇人のうち［　　］人）」というように尋ねるのである。一般にしろうとも専門家も予測やアンケート調査結果などを解釈するときには、目盛り効果を考慮する必要がある。

一度限りの出来事の確率は間違いと言えるか？

シアトルに住む二六歳のD・A・クラウドは、自分やほかの生徒を虐待していた中学時代の教師を射殺した罪で有罪になった。裁判で検察側は、第一級殺人で裁判を受ければどんな判決が出るかわからないが、第二級殺人で有罪を認めれば一五年の求刑にする（答弁の取引）とクラウドに伝えた。だがクラウドによると、弁護人――シアトルでは著名な刑事弁護士――は、第一級殺人で裁かれても心神耗弱を申し立てて無罪放免となる確率が九五パーセントだと言った。この高い確率が念頭にあったクラウドは検察側の申し出を拒否して裁判を受け、結局、第一級殺人で二〇年の刑を言い渡された。失望したクラウドは弁護人が非現実的な確率を教えたと非難し、この判決の取り消しを求めた。一二日という異例の事情聴取ののち、法廷はこの要求を却下した。

ここで弁護人が一度限りの出来事に関する確率というかたちでクラウドの状況を表現したことに注目していただきたい。無罪放免の確率が九五パーセントということは、有罪になる確率も五パーセントはあるということだ。この確率が間違っていたと言えるだろうか？ これは非現実的な数値か？ 間違ったとはいえないようだ。なぜなら、クラウドの判決という一度限りの出来事について述べているからである。被告は無罪になるか有罪になるかのどちらかで、確率は両方の場合について推計している。確率がゼロか一ならば別だが、クラウドの場合はそうではなかった。ただし、頻度による予測ならば間違いということがあり得る。一〇〇人の被告（被虐待後の殺人という類似のケース）のうち九五人は無罪放免になるだろう、という予測ならば、判例のデータに照らし合わせれば正しいか間違っているかが判明する。

問いは回答の一部

英国産の牛肉を食べたあとに狂牛病にかかるリスクから、原子力発電所の近くに住んでいてがんになるリスクまで、さまざまな事柄に関する人々の考え方に関する調査が設計されている。ふつうは、こういう調査はデータの分析に便利なように目盛りを使って回答するようになっているが、その底には、人々は主観的なリスクを脳裏に描いていてそれを回答票に表現するという想定がある。ここではタイプライターが文字や句読点で考えを記録する道具であるのと同じように、回答の目盛りも中立的な測定道具と考えられている。だが、本章で紹介した研究でこの想定が間違っていることがわかった。暴力的な人間が近い将来に他人を傷つけるリスクを専門家が推定するとき、目盛りの間隔は専門家の判断に実質的な影響を及ぼす。質問の仕方も同じで、確率で表わされているか頻度で表わされているかで結果が違ってくる。事実、質問の仕方と回答票は回答の一部なのだ。

それではこのような危うい確率、基準となる集まりや回答の目盛りをどう想定するかで違ってくるような確率については、何ができるだろう？　回答への目盛り効果は自由回答方式を使えば排除できる。基準となる集まりのあいまいさに関して、わたしのお薦めはこうだ。一度限りの出来事について云々するのなら、まず頻度で表わしなさい。頻度で表わそうとすれば、基準となる集まりをはっきりさせざるを得ないので、誤解の可能性が少なくなる。「ミスター・ボールドと同じような一〇〇人の受刑者のうち、二〇人は仮釈放されれば六カ月以内に暴力をふるうと予想されます。言い換えれば、ミスター・ボールドには暴力をふるう確率が二〇パーセントあります」こうすれば、最初の頻度の説明で、その後の確率の基準となる集まりが明確にされる。

確率の判断を求めるか頻度の判断を求めるか、どんな間隔の目盛りを提供するか、どちらもしろうと専門家から得られる予想と推計に影響を及ぼす。次の章では、相対リスク減少などさまざまなメリットとデメリットがある表現を利用すれば、他人の数字オンチにつけこんで政策判断に影響力を行使できることをお目にかけよう。表現がもつ力は、公共政策の問題では大きな懸念のもとである。人々が気づかないうちに利用される可能性があることを教えているからだ。しかし、同時にこれらの物語はこっけいな側面もあわせもっている。数字オンチが自分のオンチに気づいたときというのは、たいていはこっけいなのである。

第三部　数字オンチを解消する

12　数字オンチはどう搾取されるか

現在のアメリカほど振るわない教育実績が、敵対的な外国勢力の謀略に起因するとしたら、それは戦争行為とみなされても不思議ではない。

――教育改善全国委員会

ここに『統計でウソをつく法』という本がある。この本は五つの警句で始まるが、最初のひとつはこれだ。「嘘には三種類ある。ふつうの嘘、大嘘、そして統計。――ディズレーリ」この警句は万人に愛されていて、マーク・トウェインによればヴィクトリア女王時代の宰相ベンジャミン・ディズレーリが言ったことになっている。二番目の警句は「そのうち、統計的な考え方は、市民生活にとって読み書きと同様に不可欠なものになるだろう。――H・G・ウェルズ」この警句は統計専門家に愛され、統計学教科書に何度も繰り返して引用されている。『統計でウソをつく法』の著者はこの警句の出所をつまびらかにせず、ほかの多くの引用と同じく、単に空想科学小説作家H・G・ウェルズのものとしている。ただし、ウェルズの著作のどこにあるかと探してみたが、わたしには見つからなかった。いずれにしても、『統計でウソをつく法』という本はどうやって嘘をつくかという本ではなく、情報を正しく、しかし誤解を呼ぶやり方で提示する方法についての本である。同じく、これからお読みになる章では嘘についてではなく、間違ったことを言わずに数字オンチを誤解に導くやり方について説明する。「数字オンチ」の数の多さから考えれば、彼らを誤解に導くチャンスは数限りなくある。ふつうの市民が相対リスクや一度限りの出来事の確率、あるいは条件付確率を理解できないとしても、それは当人がいけないのだ、そうだろう?

どうしてみんなは一目瞭然のわかりやすいかたちでリスクを伝えないのか? わたしは数え切れないほど自問してきた。答えのひとつは、数字オンチは搾取しやすい、ということだ。数字オンチのほうが圧倒的多数なら、わかりにくくしておけば「数字がわかる人間」は得をする可能性がある。したがって数字オンチの数が多いあいだは、リスクのわかりやすい伝達方法は広まらない。それでは、他人の数字オンチを利用するにはどうするか?

表12-1　冠動脈バイパス手術と薬物治療の効果比較。この表は実際の臨床研究の結果。本文には結果を４つの方法で示している。（After Fahey et al.,1995.）

治療	患者数	死亡者
冠動脈バイパス手術	1325	350 (26.4%)
薬物治療（非外科的治療）	1324	404 (30.5%)

資金集めに利用する方法

研究者や保健機関はなぜ、治療法の効果を相対リスクで報告するのか。この種のリスク伝達方法は治療効果の大きさを誤解させることがわかっているではないか？

イギリスのある研究チームは、アングリアとオックスフォードの保健当局の関係者がどのように意思決定を行なっているかを研究した。関係者には購買や財務、人事の責任を負う執行理事のほか、地元市民の代表として内務省が任命した執行担当ではない理事も含まれている。これらの関係者に四つの心臓病治療プログラムと四つの乳がん検診プログラムを見せて、採用するかどうかを尋ねた。じつはどのプログラムも効果は同じで、ただ効果を説明する方法だけが違う。一つは相対リスク減少率で、二番目は絶対リスク減少率で、三番目は一人の死亡を防ぐために必要な治療数（ＮＮＴ）で、そして四番目は「何事も起こらなかった」（つまり生存）患者数の割合で説明が行なわれた。

表12－1は心臓冠動脈バイパス手術（心臓病治療プログラム）の

相対的効果を示すデータである。

治療効果を表わす四つの方法

バイパス手術の絶対リスク減少率は四・一パーセント
（404－350=54; 54/1325=4.1％）
バイパス手術の相対リスク減少率は一三・四パーセント
（4.1/30.5=13.4％）
一人の生命を救うために必要な手術件数は二五。
生存患者の割合はバイパス手術が七三・六パーセントで、薬物治療が六九・五パーセント。

バイパス手術の相対リスク減少率は一三・四パーセントで、絶対リスク減少率は四・一パーセントである。バイパス治療で薬物治療よりも一人多く生命を救うために必要な手術件数は二五（二五人のうち一人は、四・一パーセントにあたることに留意）。言い換えれば、二五人がバイパス手術を受けると一人の患者の（一〇年以内の）死亡が防げるという計算になる。ほかの二四人は死亡率減少という面では手術の恩恵を受けない。最後に、何事も起こらなかった患者（ここでは生存患者）はバイパス手術では七三・六パーセント、薬物治療では六九・五パーセントである。これらはすべて、二つの治療法に関する同一の任意抽出調査の結果だ。

さて、どの治療プログラムに資金を出すかを決定するにあたって、イギリスの保健当局は成果の説明方法の違いには影響されないだろうと考えるかもしれない。ところが影響されたのである。心臓病治療プログラムについても乳がん検診プログラムについても、当局は相対リスク減少率で説明されたケースを、もっとも治療効果が高いと――予算をつけてもよいと――判定した（図12－1）。絶対リスク減少率や生存患者数で示されると、治療効果が最も低いとみなした（要するに一三・四パーセントは四・一パーセントよりも多いというわけだ）。一人を救うために必要な手術件数で示された場合、プログラムに与えられた支持は両者の中間だった。この結果からみて、これらの専門家のうち何人が四つのプログラムの効果は同じだと気づいていたか疑問になる。実際、一四〇人の専門家のうち、四つは同一の臨床結果を示していると気づいたのは三人だけだった。

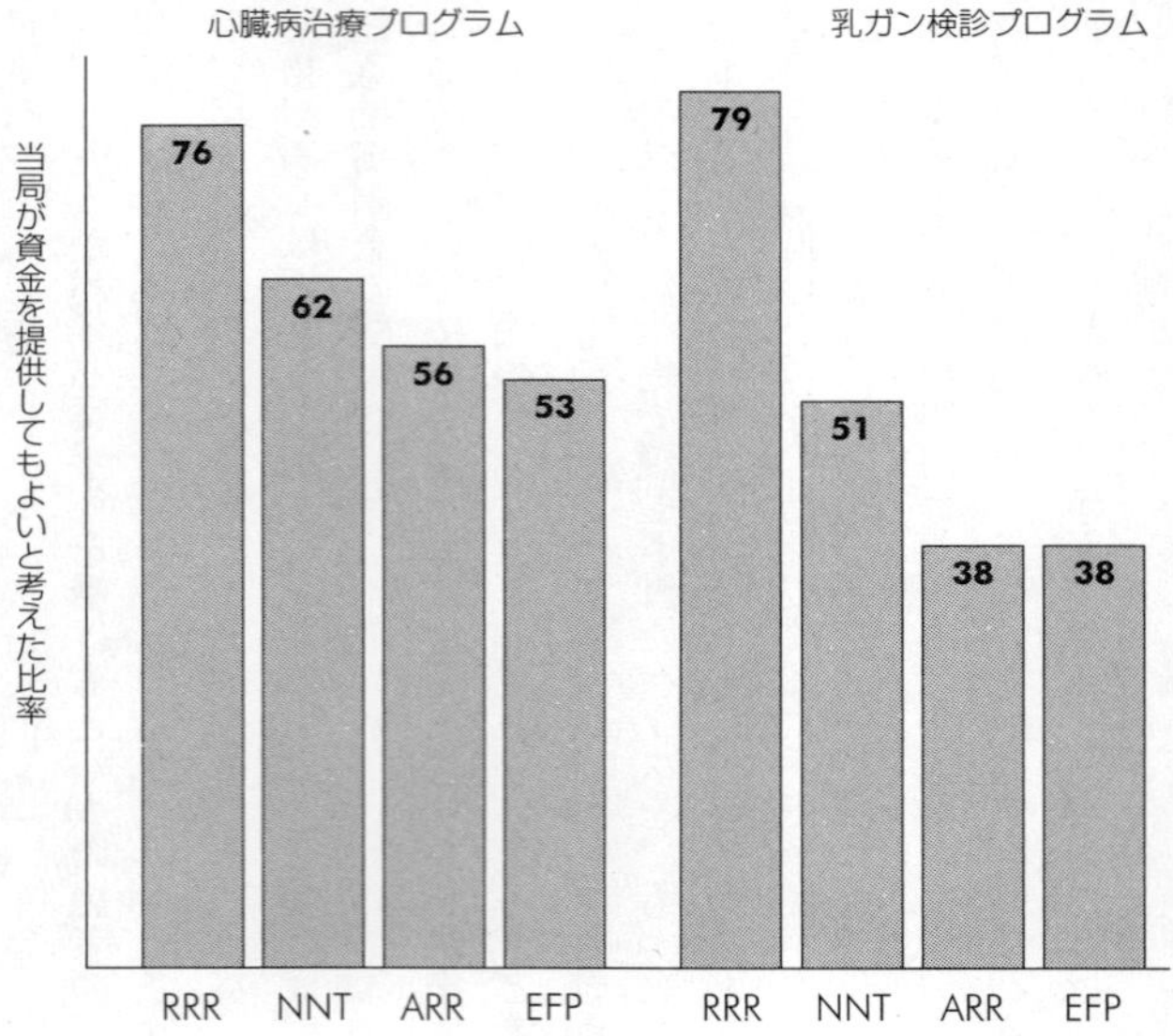

図12-1　保健当局のプログラムへの予算支出は効果の説明方法に左右されるか?
資金提供の意向が最も高くなるのは、相対リスク減少率（RRR）で効果が報告されたときで、次が必要治療件数（NNT）で、次が絶対リスク減少率（ARR）、そして生存患者数（EFP）だった。（After Fahey et al.,1995.）

自分の治療法を売り込むには

第5章で、オーストラリアの保健当局が配付している乳がん検診のパンフレットを取り上げ、検診の効果が（説明されているとすれば）相対リスク減少率で表わされていることを見た。これらのパンフレットの対象は一般市民で、専門家ではない。それなのに、検診の効果をしろうとにも理解しやすい方法で書いたものは一つもなかった。同じく、食餌療法や薬物治療の効果も相対リスク減少率や相対リスク増加率で表わされることが多い。コレステロール値の高い男性は心臓発作で死ぬリスクが五〇パーセントも高いと報じる新聞記事を考えてみよう。五〇パーセントという数字にはぎょっとするが、しかしこれは何を意味しているのか？　これは、コレステロール値が高くはない五五歳の男性一〇〇人をとると四人が一〇年以内に心臓発作で死ぬと予想されるが、コレステロール値が高い男性だと六人になる、という意味だ。四人から六人に増えれば、相対リスク増加率は五〇パーセントである。だが、二つのグループのうち、一〇年以内に心臓発作で死なない人のほうを数えると、九六人から九四人に減る。つまりリスクの増加率は二パーセントになる。こうなると、コレステロール値低下の効果はあまり大きくは見えない。絶対リスク減少率では、このトリックは使えない。絶対リスク減少率は一〇〇人のうち二人、二パーセントで、死ぬほうを数えても死なないほうを数えても変わらない。絶対リスクには数字をごまかす余地がないのだ。

ホルモン代替療法を受けようかどうしようか、と迷っている女性を考えてみよう。ホルモン療法にはメリットとコスト、つまり効果と副作用がある。充分な情報を得たうえで決断したいと思う患者を助ける気があるなら、両方を同じ「通貨単位」で、たとえば絶対リスクで説明するべきだ。だが医師のなかには情報を提供するのではなくて、決断を左右したい者がいるらしい。そのときに利用されるテクニックのひとつが、リスクの表わし方に関する患者の無知につけこむことなのだ。ホルモン療法を受けさせたいと思えば、効果を相対リスク減少率で（こちらのほうが大きく見える）、副作用を絶対リスク減少率で（こちらは小さく見える）説明すればいい。ホルモン療法を勧めたくなければ、逆にするだけの話である。たとえば、以下のパンフレットは一二人の医師が書いたもので、ドイツの産婦人科の待合室に置かれている。

ホルモンとがん　最新の情報

患者のみなさんへ

マスコミなどでは依然として、閉経期のホルモン代替療法と関連して、がんが増加する恐れがあると報じられています。以下は最新の科学的データですので、客観的に判断する参考にしてください。

乳がん　いままでに六〇ほどの詳しい研究が行なわれています。全部の結論が一致しているわけではありません。これらの研究を要約すると、ホルモン療法で乳がんの発生率はわずかに増加するとみられます。

通常、生涯のうちに乳がんにかかるのは、女性一〇〇〇人あたり六〇人です。ホルモン療法を一〇年受けると、乳がんにかかる女性が六人増えます。つまり、〇・六パーセント（一〇〇〇人のうち六人）リスクが増える可能性が考えられます……

その他のがん　比較的に多い大腸がんはホルモン療法で増えるどころか、減る（五〇パーセント以上）ことがわかっています。つまり、ホルモン療法を受けている女性が大腸がんになる確率は半分……

このパンフレットを書いた医師たちが、どちらの方向に患者を誘導したいかは容易に想像がつく。予想されるコスト（乳がん増加のリスク）は絶対リスクで、予想されるメリット（大腸がん減少）は相対リスクで表わされて、コストは小さく、メリットは大きく見えるようになっている。「わずか」な増加は〇・六パーセントではなく一〇パーセントと表わすこともできる。しかもコストのほうは、「可能性が考えられる」という一方で、メリットのほうは「わかって」いるという。こういう言葉や説明が選ばれたのは偶然とは思えない。むしろ、医師たちはほとんど確実に、患者の無理解を利用してリンゴとオレンジを比較してみせているといっていいだろう――ホルモン代替療法に同意させるためである。

不安を煽る方法

一九六〇年代に避妊用ピルが開発されてから、女性は何度か「ピル恐怖」を味わわされてきた。数年前、経口避妊薬の副作用に関する情報がイギリスで公表された。公式声明は「デソゲストレルとゲストーデンを含む経口避妊薬を使用すると、血栓のリスクが約二倍になる」と述べた。相対リスク増加率を使ったこの警告は、女性たちや医師たちのあいだに大きな懸念を呼び起こした。多くの女性がピルの使用を中止し、そのために望まない妊娠や中絶が増えた。

同じ情報が血栓の絶対リスクで説明されていたら、この危険な副作用が実際にはどのくらいの頻度で起こるのかがはっきりしただろう。相対リスクは、ピルを利用する場合と利用しない場合を比べてどれくらい血栓が増加するかを示しているだけで、血栓が実際にどのくらいの頻度で起こるかとは関係ない。絶対リスクで見れば、血栓は一万四〇〇〇人あたり一人から二人に増える。相対リスクで言うと二倍だ。

相対リスクは人々の不安を煽る可能性がある。不安は人々の行動を変化させ、これもまた身体に危険を及ぼす中絶や望まない妊娠など、ピルを利用しないことの副作用から目をそらさせてしまう。注意していただきたいのは、これがリスク（血栓）か確実性（血栓にかからない）かという選択ではなく、二つの選択肢のどちらにもリスクがともなうことである。絶対リスクを明らかにすれば、女性たちはそのリスクがどれくらいの頻度で起こるか、理解できるだろう。ここでも透明性は不必要な不安を減らし、たぶん中絶も減らすことになる。

金儲けをする方法

あなたが重病に苦しんでいて、適切な薬をのまなければ確実に死に至るとしよう。いまであなたがのんでいる薬は、費用一八五ドルで死の確率を〇・〇〇〇六にまで減らしてくれる。この薬を製造している会社が、死の確率を〇・〇〇〇三にまで減らしてくれる新薬を開発した。さて、あなたはこの新薬のためにいくらなら払ってもいいと思うだろう？

これはスイス大学の学生グループに出された問いである。学生たちは、新薬に少し高い値段（平均二一三ドル）払ってもいいと回答した。もうひとつのグループには、リスク減少率を絶対的頻度で表わし、新薬は死の確率を一〇〇万人あたり六〇〇人から三〇〇人に減少させると説明した。こちらのグループは新薬にかなり高い値段（平均三六二ドル）払ってもいいと答えた。効果が一度限りの出来事の確率ではなく頻度で表わされると、金銭に換算した新薬の値打ちは跳ね上がったのである。

ここで、ふたつ注意しなければならないことがある。第一は、一度限りの出来事の確率ではなく頻度で表わすと製品の値打ちが上がるといっても、たぶん限度があり、そもそもその出来事がごく稀だとしたら、この効果は薄れるだろうということだ。たとえば上記の場合、リスクがそもそも（一〇〇万人に三人か六人かというように）非常に稀だとしたら、学生たちは余分に払おうという気にはならなかったかもしれない。第二に、本書でこれまで紹介してきた研究とは違って、この場合、対象は専門家ではなく学生で、リスクも仮定の病気だったということだ。したがって、参加者が余分に払うと言っても現実に行動が変化するわけではない。本物の病気にかかっていて本物の薬を必要としている本物の患者にこのテクニックが通用するかどうかは、まだ証明されていない。だがリスク減少率を頻度で表わせば、保健商品業界が消費者から高い金を取れる可能性はある。

損失を利益に見せかける方法

あなたの企業の収益はこの三四半期ほど大きく増減してきた。張り切り屋のアシスタントがこの期間の売上げをグラフにまとめたのだが（図12－2）、これで見ると全体として売上げは減少した。このアシスタント以外に、グラフを見たのはあなただけである。この損失を表に出せば、株主の一部が動揺するだろうから、あなたとしてはまずいことになる。さて、あなたはどうするべきか。

グラフを公表するのではなくて、言葉で説明すればいい。一月から五月までは残念ながら売上げは五〇パーセント減少したが、これは市場全体の低迷によるものである。しかし、いろいろと対策を講じた結果、当社はこの減少を回復することができた。五月から九月までに、当社の売上げは六〇パーセント増加した。こう発表すれば、最初の五カ月の落ち込みもその後の急増によって影が薄れる。発表では全体の実績は良かったように受け取れる。六〇パーセントは五〇パーセントよりも大きいからだ。実際には最初の五〇パーセントは五〇万ドルであり、次の六〇パーセント増加は三〇万ドルに過ぎないのだが。

一九七〇年代の終り、メキシコ政府は四車線の高架自動車道路の輸送力をどう増やすかという問題に直面していた。政府は新しい高速道路を作ったり既存の道路を拡大するのではなく、賢明で安上がりな解決策を講じた。四車線の道路のラインを引きなおして六車線

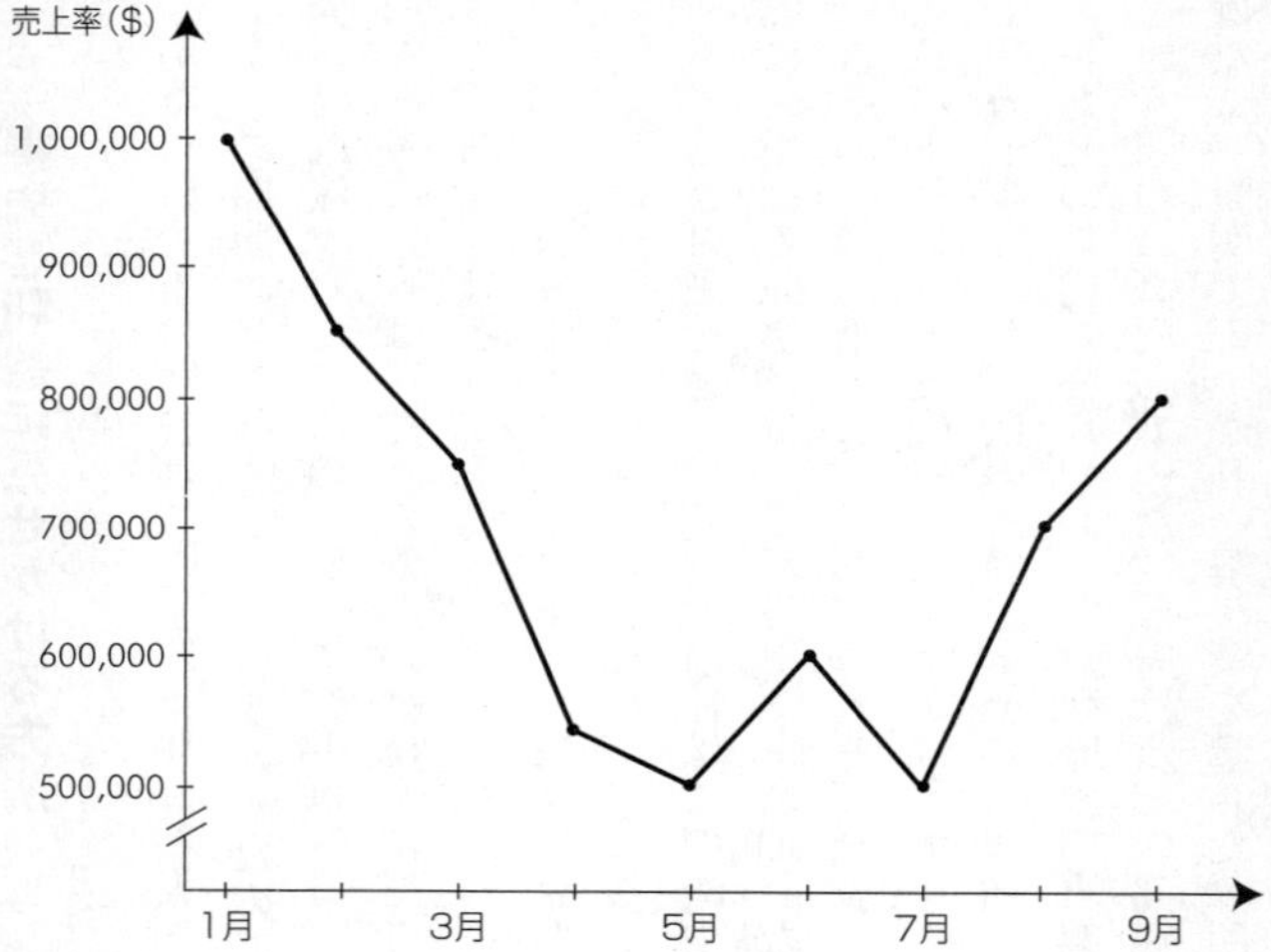

図12-2　損失と利益。この数字で見れば売上げ減少は明らかだが、言葉で説明するとわからなくなる。「この期間の前半には50%、売上げが減少しましたが、その代わりに後半には60%増加しました」しかし1月から5月までの50%の減少分は、5月から9月までの60%の増加でも取り戻せてはいない。

にしたのだ。四車線から六車線に増えれば、輸送力は五〇パーセント増加することになる。残念ながら、車線が狭くなったので交通事故の死者も増加し、結局一年後には、政府は四車線に戻した。六車線から四車線に減ったのだから、輸送力は三三パーセントの減少である。だが国家のインフラが改善されていることを示そうとした政府は増加分から減少分を差し引き、この対策によって問題の道路の輸送力は一七パーセント増えたと発表した。もちろん、実際には輸送力は元に戻っただけで、実質的には増えていない。かかったコストはペンキ代と交通事故死者の増加だった。

13 愉快な問題

人生はやらなければならないゲームだ。

——E・A・ロビンソン

この章では、実世界を離れて、ゲームと頭の体操の世界にお連れしよう。この世界に入れば、知らなかったことに目が開かれるし、楽しめるし、思考力が研ぎ澄まされる。最初の問題は、最も古い種類の問題のひとつである。

天国の最初の夜

アダムとイブが天国で最初に一日を過ごしたあとの夜のことです。二人は太陽が昇って、すばらしい木々や花々、小鳥たちを照らし出すのを見つめていました。ところが、やがて空気がひんやりしてきて、太陽は地平線のかなたに沈んでいきました。このまま闇が続くのだろうか？　アダムとイブは考えました。明日また太陽が昇る確率はどれくらいだろう？

いまから考えれば、アダムとイブは太陽がまた昇ることを確信していたはずだと思う。だが、二人は太陽が昇るのを一度しか見たことがなかった。では、どう予想すればいいのか？　これに対する古典的な回答は次のようなものである。アダムとイブが一度も日の出を見たことがなかったとしたら、二つの可能性に同等の確率を与えるだろう。この予想確率にしたがって、アダムとイブは白い小石を一つ（太陽は昇る）と黒い小石を一つ（太陽は昇らない）袋に入れる。それから、一度は太陽が昇るのを見たのだから、もう一つ白い小石を袋に入れる。これで袋のなかには白い小石が二つ、黒い小石が一つ入っている。これで、二人にとって明日太陽が昇る確率は二分の一から三分の二に増えたわけだ。翌日も太陽が昇るのを見て、二人は三つ目の白い小石を袋に入れる。二人が考える確率は三分の二から四分の三に増えた。したがって、一度日の出を見たあとの二人にとっての翌朝太陽が昇る確率は三分の二である。（図13−1）

一八一二年にフランスの数学者ピエール・シモン・ラプラスが紹介した継起法則によれば、日の出をn回見た後にあなたが考える太陽が昇る確率は（n＋1）／（n＋2）と

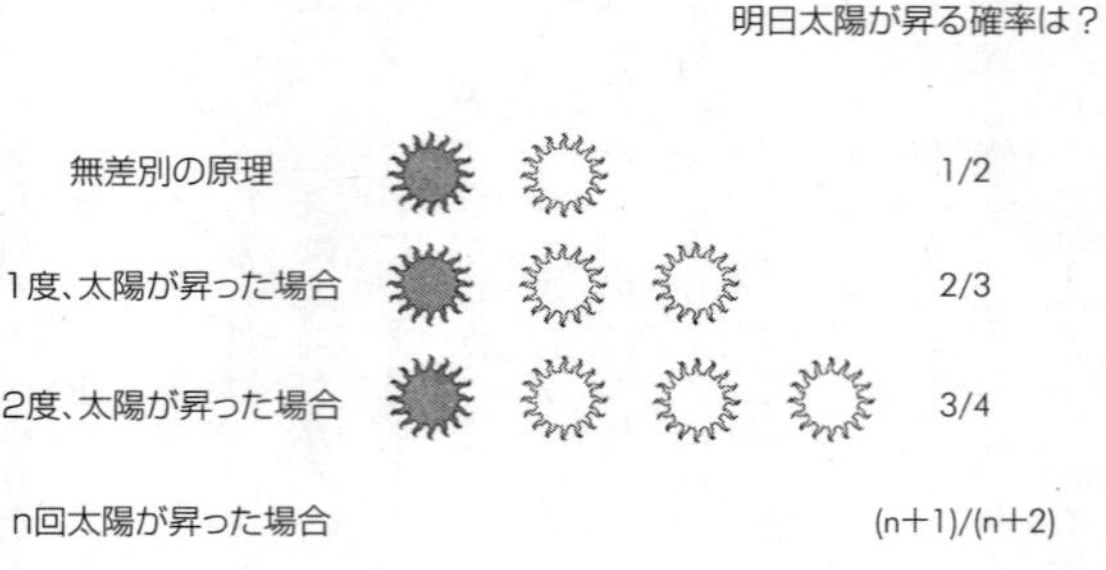

明日太陽が昇る確率は？		
無差別の原理	☀︎ ☼	1/2
1度、太陽が昇った場合	☀︎ ☼ ☼	2/3
2度、太陽が昇った場合	☀︎ ☼ ☼ ☼	3/4
n回太陽が昇った場合		(n+1)/(n+2)

図13-1　無差別の原理。この原理は、2つの出来事のうち（明日、太陽が昇るか昇らないか）、どちらの可能性が大きいかがわからないときに適用される。無差別の原理は黒い太陽が1つ、白い太陽が1つで表されている。つまり確率は1／2。アダムとイブが1回日の出を見れば、白い太陽が追加され、太陽が昇る確率は2／3になる、というぐあい。

なる。あなたが二七歳のときには太陽は一万回昇っているから、継起法則によって、あなたにとっての明日太陽が昇る確率は１０００１／１０００２となる。

これまでの章の医学的な問題では、ある病気の有病率（ベース・レート）はわかっていたが、アダムとイブには、太陽が昇るかどうかのベース・レートはわかっていない。最初に白と黒の小石をひとつずつ入れたのは、経験に基づいていたわけではない。二人が悲観論者だとしたら、白い小石を一つ、黒い小石を一〇個から始めたかもしれないし、楽観論者だったら逆のことをしたかもしれない。推定の根拠（ベース）がない場合に、可能性のある二つの事柄に同等の確率を与えるのは、無差別の原理と言われる。この原理には異論もある。賛成するひとたちは、最初に想定する確率は観察回数が増えれば増えるほど影響が薄れるから、これでいいのだと擁護する。たとえば一〇年間日の出を見続けたあとに考える明日も太陽が昇る確率は、最初に悲観論者であっても楽観論者であっても事実上、変わらなくなる。

基準値（ベース・レート）の誤り

アダムとイブの物語は、ほとんど何も知らない状況で予測するとはどういうことかを教えてくれる。次の頭の体操は賢くなってもらうためではなく、ふつうの人間は認識の間違いを犯しがちだということを示すためのものだ。これはのちに基準値（ベース・レート）の誤りと呼ばれるようになった認識の間違いを、ごく最初に指摘した例である。心理学者のM・ハマートンはイギリスのケンブリッジの主婦たちに次のような問題を出した。

1　なんじゃもんじゃ病という病気の診断方法が開発されました。
2　この診断方法はとても優れていますが、しかし完全ではありません。
3　あるひとがこの病気にかかっていれば、九〇パーセントの確率で陽性になります。
4　病気にかかっていなくても、一パーセントの確率で陽性と出ます。

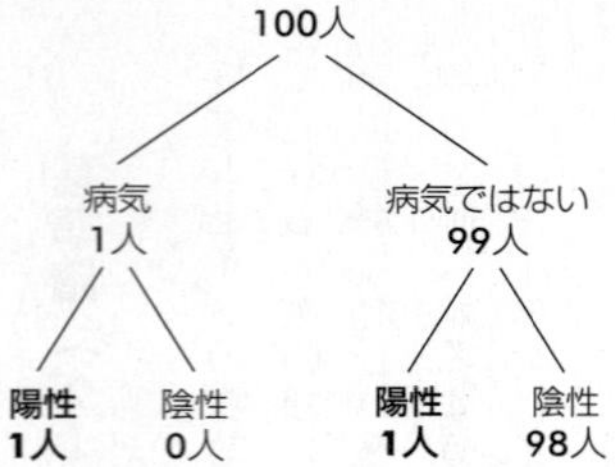

図13-2　仮定の病気の自然頻度のツリー。適切な説明をすれば、陽性という結果になった2人のうち、ほんとうに病気にかかっているのは1人だけとわかる。

5　人口のほぼ一パーセントがこの病気にかかっています。

6　スミスさんが検査を受け、結果が陽性と出ました。スミスさんがほんとうに病気である確率はいくらでしょうか？

主婦たちは正しい答えが出せなかった。スミス氏がこの仮定の病気にかかっている確率として、主婦たちが出した解答の平均は八五パーセントだった。だが、ベイズの法則（第4章を参照）によれば、正しい答えは五〇パーセントだ。ハマートンは、主婦たちには医学的診断の経験がないからだろうと考えた。だが、ほんとうの原因はもっと簡単に解決できるかもしれない。この情報は条件付確率で表わされている。本書でこれまでに説明したように、この問題については数字オンチを解決するもっと簡単な方法がある。確率を自然頻度で表わすことだ（ここでは概数で示してある）。

一〇〇人の人間を考えてください。このうち一人はなんじゃもんじゃ病にかかっており、検査を受ければほぼ陽性という結果が出ます。残りの九九人のうち一人もやはり陽性になります。陽性という結果が出たひとのうち、ほんとうに病気にかかっているのは□人のうちの□人です。

この答えは明らかに「二人のうちの一人」になる（図13－2）。問題は主婦たちに医学的診断の経験がなかったことではない。情報を自然頻度のかたちで教えられれば、最初から混乱することはなかったのだ。適切な提示の仕方をすれば、いちばんややこしい「認識の誤り」もきれいに消滅する可能性がある。

どうして平均的ドライバーは平均よりも安全か

あなたは安全運転ですか、と聞かれると、たいていは平均以上ですと答える。リスク認識の研究者は、「大半が平均よりも安全（なドライバー）だというのは、大半が平均より知能指数が高いというのと同じで、あり得ない」と言う。ほとんどのドライバーが自分は平均よりも安全運転だと答えるというのは、もう一つの認識の誤りの例とされ、ビジネスや心理学その他の研究者たちが首をひねってきた。そして、原因は人々の過信にある、楽観主義にある、支配という幻想にあるなどと、つまり自分が事故を回避する力を過大評価しているためだろうと考えられてきたのである。

ここでべつの見方をしてみよう。ほとんどのひとの知能指数が平均知能指数より高いということはあり得ない。知能指数の分布は定義からして対称的だからである。言い変えれば、知能指数が平均（算術平均）より高い人の数と低いひとの数は同じなのだ。しかし、大半の人々が平均より安全運転だということはあり得るか？　あり得る。なぜなら安全運転は平均値を中心に対称に分布しているわけではないからである。頻度分布図を描いてみればよくわかる。説明しよう。

便宜上、ドライバーが生涯に起こす自動車事故の回数を安全運転のものさしにする。一〇〇人のドライバーを考えよう。一人当たりの事故回数は三とする。事故の回数が平均値である三の両側に対称に分布しているのであれば、分布図は図13－3の上のようになる。一度も事故を起こさないドライバーが五人、一度が一〇人というぐあいだ。平均値の両側に同じかたちに分布する。分布は対称的である（「安全なドライバー」は黒い部分）。このように分布が対称的なら、ドライバーの半数（それ以上ではない）が平均以上の安全運転ということになる。

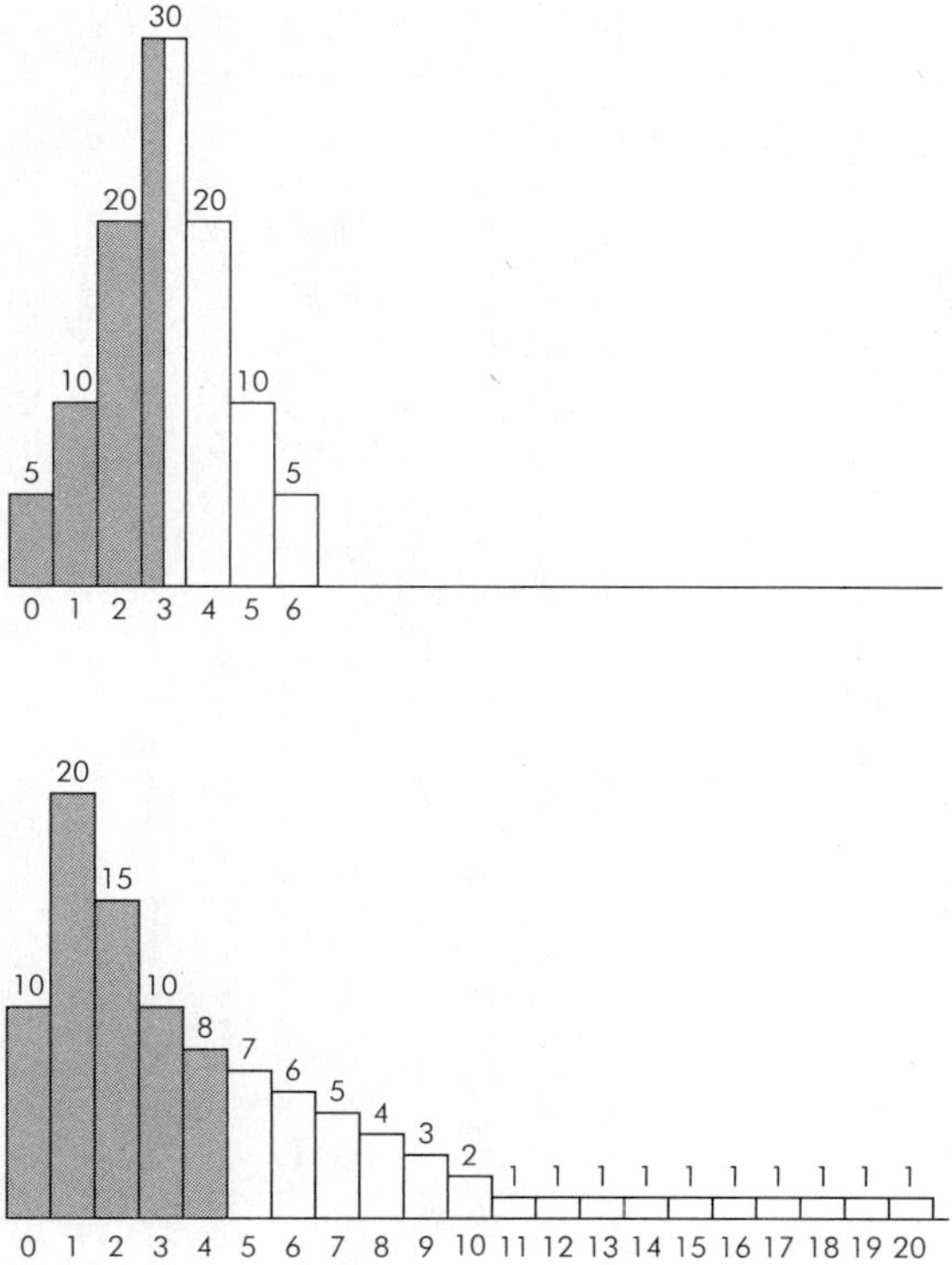

図13-3　ほとんどのドライバーが平均より安全？　事故の分布が対称的なら（上図）、平均より安全なドライバーは半数（黒い部分）で、平均より危険なドライバーが半数である。だが分布が歪んでいれば（下図）、ほとんどのドライバーが平均より安全だということになる。こちらはでは平均事故回数は4.5。分布の歪みのせいで、大半のドライバー——100人のうち63人——が、平均より事故回数が少なくなる。

しかし、現実には安全運転の分布は対称ではない。少数のドライバーが何回も事故を起こす。図13－3の下はこのような分布で、これも一〇〇人のドライバーについてである。右側は少数の非常に危険なドライバー、左側は無事故か事故一回だけの大勢の安全なドライバーだ。分布図は対称ではなく歪んでいる。平均事故回数は右側に――四・五回に――ずれる。少数の悪質ドライバーが平均値を押し上げるからだ。これで、五〇パーセント以上が――一〇〇人のうち六三人が――平均より安全であることは一目瞭然である。

グラフを描いてみると分布が対称か歪んでいるかがよくわかる。出来事が対称に分布していれば、五〇パーセントは平均値より上だし、五〇パーセントは下になる。だが、交通事故の回数のように分布が歪んでいれば、平均値の両側に同じ数が並ぶということはない。人々が自分の運転能力を過大評価しているという結論は早計というものだ。ちょっとした統計的思考で、ほとんどのドライバーが実際に「平均」より安全であることはすぐにわかる。

モンティ・ホール・プロブレム

モンティ・ホールは三〇年ほど、「レッツ・メイク・ア・ディール」という人気クイズ

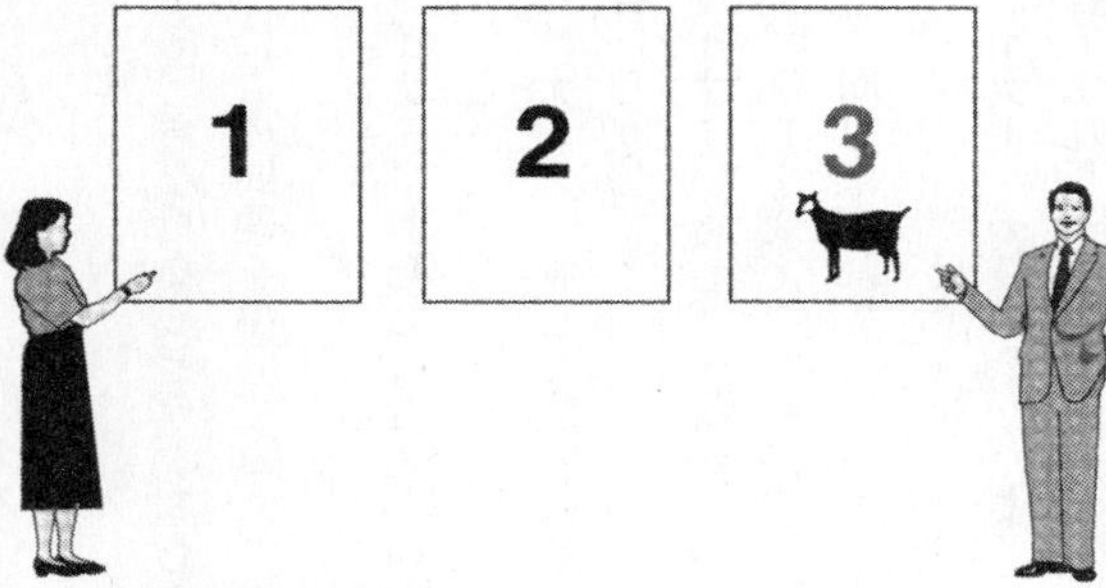

図 13-4　3つのドアの問題。モンティ・ホール・ショーの出演者は、3つのドアから1つを選ぶ。3つのうちの1つには自動車があり、あとの2つにはヤギがいる。出演者（左側）は1番を選んだ。自動車がどこにあるかを知っているモンティは3番を選んでヤギを見せる。出演者は2番に変えるべきだろうか。それとも1番のままのほうが得か？

番組の司会をしていた。番組の最後に、出演者は高価な商品を獲得するチャンスを与えられる。『パレード』誌コラムニストのマリリン・ヴォス・サヴァントによれば、こんなふうになる（サヴァントはIQ最高記録保持者といわれている）。（図13－4）

あなたがクイズ番組の出演者だとします。あなたの前には三つのドアがあります。一つのドアの向こうには自動車があり、あとの二つにはヤギがいます。あなたがたとえば一番を選ぶと、どのドアが当たりかどうかを知っている司会者が別のドア、たとえば三番を選びます。それから司会者が言うのです。「二番のドアに変えますか?」さてドアを変えるか、変えないか、あなたにはどちらのほうが得でしょうか?

さあ、あなたならどうするだろう? ドアを変える? わたしはグラフィック・デザイナーにこの問題を出してみた。以下がそのときのやりとりである。

デザイナー わたしは変えないな。
著者 どうして?
デザイナー 一度した決心は変えちゃいけない。
著者 どうして?
デザイナー もし、一番が当たりだったら、気分が悪いだろう。せっかく当たっていたのに、決心を変えたために、ヤギになっちゃうんだから。
著者 同じはずれでも、当たりのドアを選んだのに変更してはずれた場合のほうが、最初に選んだドアがはずれだったときより、もっとがっかりするというわけ?
デザイナー そりゃそうだよ。
著者 それじゃ、ドアが一〇〇あって、一つが自動車、九九がヤギだったとするよ。きみは一番を選び、モンティは三七番だけを残してあとの全部のドアをあける。それでも、きみは三七番に変えようとは思わない。

デザイナー　変えないな。だって、開いていないドアは二つだろう。チャンスは五分五分だもの。変える理由はないよ。

著者　ドアの当たりの確率は一〇〇のうちの一だ、そうだね？　そこで、九九のヤギのドアのうちの一つをきみが選ぶと、モンティは残りのヤギのドアを全部開け、自動車のドアだけを残す。この九九のケースでは、ドアを変えなければはずれで変えれば当たりだ。きみが幸運にも最初に自動車のドアを選んだという場合にだけ、ドアを変えるとはずれになるんだよ。

デザイナー　なんだか、わけがわからなくなったなあ。やっぱり、変えるのはやめるよ。

たいていのひとはこのグラフィック・デザイナーと同じように、変えても変えなくても自動車に当たる確率は同じだと考えて、選択を変えるのはよそうと思う。だが、ヴォス・サヴァントは変えるべきだとコメントした。この頭の体操に対する彼女の解答は全国的な論争を巻き起こした。『ニューヨーク・タイムズ』は変えるべきか変えるべきでないかという騒ぎを取材して一面に特集記事を組み、『パレード』誌やほかの雑誌には何千通もの手紙が殺到した。ほとんどの手紙は、マリリンが間違っているという意見だった。ある数学教授はこんな手紙を書いた。

親愛なるマリリン
あなたは率直にものを言われる方らしいので、わたしも率直に申し上げましょう。以下の問題と解答では、あなたは間違っています！　説明いたしましょう。あるドアがはずれだとわかれば、その情報によって残りの選択肢が当たる確率が変化しますが、残るドアのどちらかの確率が二分の一より大きくなることはありません。数学の専門家として、わたしは一般市民の数学理解力がお粗末なことを懸念しています。どうぞ間違っていたことをすなおに認め、今後はもっと注意なさってください。

問題の本質を衝いたこんな手紙もあった。

女性の理屈はこれだから困る。新しい状況では、確率は五分五分です。

最後に、ある大学教授は自分と同意見の三人の仲間をこんなふうに擁護した。

……教育者として、言わせてもらうが……あなたのコラムはじつにけしからん。今後の執筆についてはよく考えるべきだ。もうあなたは読者に有益なコラムを提供していないのだから……『パレード』誌はあなたのコラムの掲載を中止したほうがいいのではないか。それに出版社は、あなたが非論理的な反論を行なった三人の学者に深謝すべきだろう。いっそ、彼らがあなたを訴えたらいいと思う！

わたしの知っているかぎりでは、学者たちはヴォス・サヴァントを訴えなかったし、訴えないほうが賢明だよと助言されたのだろう。変えるべきか変えざるべきか——問題はそれだ。これに答えるためには、ヴォス・サヴァント版モンティ・ホール・プロブレムの説明では触れられていないいくつかの条件を置かなければならない。第一は、モンティはつねに出演者に選択肢変更のチャンスを与えるか、少なくとも出演者の選択とチャンスを与えるかどうかとは関係がない、ということだ。たとえば出演者が自動車のドアを選んだときにだけ変えるチャンスを与えるのだとしたら、明らかに変えないという戦略が勝利につながる。第二の条件は、モンティは必ずヤギのドアを開ける、決して自動車のドアは開けない、ということだ。そして第三の条件は、モンティがどのドアの向こうに自動車を置くか、ヤギのドアが二つ残っている場合にどちらを選ぶかを含め、すべての選択を無作為に行なうということである。こうして条件をはっきりさせれば、ヴォス・サヴァントが正しかったことが証明できる。選択を変えれば、当たりの確率は三分の一から三分の二に増えるのだ。ただし、これまでの問題と同じように、情報を適切なかたちで示せば、いちばん

モンティは３番を開く。
選択を変えれば当たり。
変えなければはずれ。
モンティは１番か３番
を開く。選択を変えれ
ばはずれ。変えなけれ
ば当たり。
モンティは１番を開く。
選択を変えれば当たり。
変えなければはずれ。

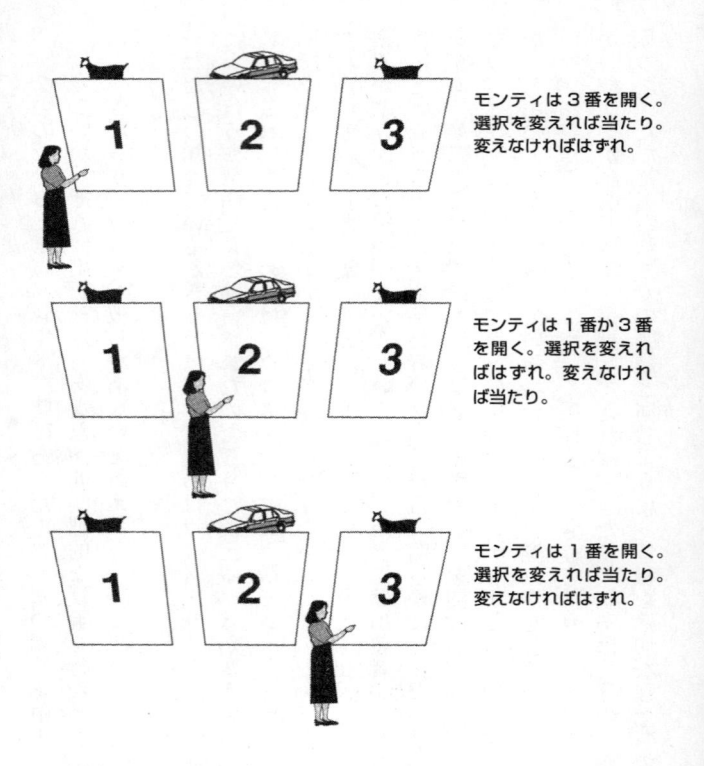

図 13-5　選択を変えたほうが得？　出演者は１番、２番、３番のドアのどれでも選べる。選択を変えなければ、賞品を獲得できるのは３つのケースのうちの１つだけだ。だが、変えれば、３つのケースのうち２つで、賞品を獲得できる。

うまく正しい解答にたどりつける。そこで、クイズ番組の出演者は選択を変えたほうが得になることを説明する方法をいくつか。

●頻度で判断

選択を変えるか変えないかと考えるのではなく、変えたほうが得なケースはどれくらいあるかを考える。言い換えれば、一度限りの出来事で考えるのではなく、繰り返し起こる出来事で考える。このやり方で考えると――選択を変えるかどうかを決める時点で――可能なケースが三つある。①あなたが最初に選んだのはヤギのドアだった、②最初に選んだのは自動車のドアだった、③最初に選んだのはもう一つのヤギのドアだった。さて、最初に選んだドアを変えなければ、三つのケースのうちの一つ、②の場合だけ自動車を獲得できる（図13－5）。ドアを変えれば、三つのうち二つのケースで当たりになる。あなたが最初にヤギのドアを選び、モンティが別のヤギのドアを開いた場合で、どちらも残ったドアに変えれば自動車が当たるからだ。

●視点を変える

出演者ではなくて、モンティの立場で考えてみる。言い換えれば、ドアの前ではなくて、裏側にいると想像する。司会者であるあなたはどのドアが当たりかを知っている。当たりは三番目のドアで、出演者はすでに一度選んだとしよう。この場合、三つのケースが考えられる。出演者が一番目のドアを選んだのなら、あなたは二番目を開くしかない。出演者が二番目を選べば、あなたは一番目を開くしかない。どちらも出演者が選択を変えれば当たりになる。出演者が三番目を選んだ場合にだけ、あなたは一番目でも二番目でも好きなほうを開くことができる。三つのシナリオのうち、最後のケースだけ、出演者は自動車を獲得できない。つまり、出演者は三つのケースのうち二つで、選択を変えれば賞品が手に入り、選択を変えないほうがいいのは一つのケースだけだ。モンティの目から見れば、選択を変えることで賞品獲得の確率が三分の一から三分の二に高まることがよくわかる。

●繰り返し

三つめの方法は、ゲームを繰り返すというシミュレーションをすることだ。コーヒーカップを三つ伏せて任意の一つを選び、そこに一〇ドル札を入れる。そして、友だちにカップを選ばせる。それから、あなたはお札が入っていないカップを開けてみせ、モンティ・ホールと同じように先を進める。友だちは最初に選んだままでもいいし、まだ開けてないカップを選んでもいい。このゲームを一〇〇回繰り返し、選択を変えなかった友だちがいくら獲得したかを調べる。それから、同じゲームを選択を変えて一〇〇回やってみる。たぶん選択を変えなかった友だちは三〇〇ドルから三五〇ドル手に入れるだろう。約三分の一ということだ。これに対して、つねに選択を変えた友だちは六〇〇ドルから七〇〇ドル獲得する。約三分の二、ゲームに勝つはずだ。

要するにこういうことだ。モンティ・ホール・ジレンマでベストの戦略は選択を変えることである。変えないひとは、テーブルにお札を置いていくことになる。お金を賭けて覚えた教訓は忘れないものだ。

そこで、「レッツ・メイク・ア・ディール」の出演者には選択を変えなさいとアドバイスするべきだということになる。だが、ちょっと待っていただきたい。ここで取り上げたのは仮定の問題で、現実の問題や実際の番組とは違うことを思い出してほしい。いままで説明した条件付の文章題では選択を変えるというのがベストの戦略だが、実際のテレビ番組のルールはまた違っているかもしれない。モンティは番組の最後で常に出演者に選択を変えるチャンスを与える、という条件を考えてみよう。実際そうなのかと尋ねられて、本物のモンティ・ホールは、めったに選択肢を変えますかと聞かなかったし、出演者が何度くらいこの申し出に応じたかも覚えていないと答えた。だが、長年番組の制作アシスタントをしていたキャロル・アンドリューズは、モンティは一度も選択肢を変えるチャンスを与えなかったと言った。モンティ・ホール・プロブレムについて最初の記事を書いた記者のひとりバリー・ネイルバフは、番組を見ていたときに選択肢を変えますかと出演者が言われたのを覚えているが、毎回そうだったのか、それとも出演者が最初にどのドアを選ぶかで違っていたのかは覚えていないという。実世界では、クイズ番組ですら不確定な世界なのだ。この場合、不確定なのは不完全な記憶だけではない。モンティ・ホールが司会するクイズ番組、それに彼の性格からして、その時々の決断はきちんとした方法論に従うのではなく、とっさの思いつきで行なわれる。先がわからないクイズ番組のおもしろさは、ひとつにはモンティ・ホールがどんな動機でどんな行動をとるかが出演者には不確定だということから生まれており、モンティが毎回同じルールに従って行動していたのでは、そのサスペンスは失われてしまうのである。

三人の死刑囚

ある国に――トム、ハリー、ディックという――三人の囚人がいて、それぞれ独房で刑の執行を待っておりました。そこへ、健やかな王女さまが誕生なさったので、王さまが神さまへの感謝のしるしとして囚人の一人に恩赦を与《あずか》れることになったという知らせがきました。王さまはどの囚人が助かるかなどには関心がありませんから、誰が果報者になるかはくじ引きで選ばれました。囚人が恩赦に与れる確率は三分の一です。看守はくじ引きの結果を知っていましたが、囚人には誰が当たったのかを教えてはいけないと言われていました。ディックは、トムとハリーのどちらかは死刑になるのだから（なぜなら二人のうちの一人が助かるか、一人も助からないかしかないから）、トムかハリーが死刑になるかどうか教えてくれても、指示に反したことにはならないだろう、と看守を説得しました。看守はハリーは死刑になるだろう、と教えてくれました。ディックは快哉を叫びました。それなら自分かトムが恩赦になるのだから、助かる確率は三分の一から二分の一に増えたと思ったのです。ディックの考え方は正しいでしょうか？

この三人の囚人の物語は、たいてい大論争を巻き起こす。二人の学生のやりとりを聞いてみよう。

イローナ　二人の囚人が残ったでしょ。それならチャンスは五分五分だわ。簡単な話よ。

ララ　違う、ディックが助かる確率はやっぱり三分の一じゃないの。どうして助かる確率が上がるのよ？

イローナ　だって、残ったのは二人よ！　最初は三人いたから、確率は三分の一ずつだわ。でも、いまは二人なんだから二分の一じゃないの。残ったのが一人なら、助かる確率は一だわ。単純なことじゃない。

ララ　違うと思うな。ディックの確率はやっぱり三分の一、それ以上にはならないわ。看守はディックのことは何も言ってないのよ。自分の状況について新しいことがわかったわけじゃないわ。新しい情報がないんだから、変化もなしよ。

イローナ　ちょっとちょっと。それじゃ筋が通らないわよ。あなたの言ったことを考えてごらんなさいよ。何も変わらなくて、ディックの確率は相変わらず三分の一、トムも三分の一だとしたら、ハリーの分の消えた三分の一はどこへ行ってしまったの？　頭を使いなさいな。確率が消えちゃうなんてことはないわよ！

ララ　消えたんじゃないわ――トムが恩赦になる確率が三分の二になったのよ。

イローナ　からかわないでよ。そんなのフェアじゃないわよ。

ララ　もう、頭がおかしくなりそうだわ。いいこと、ディックの確率は三分の一、トムが三分の二よ。あなたは看守がハリーを名指ししたから、ディックの確率が五分五分になったという。でもね、看守がトムを名指ししても、あなたはディックの確率が五分五分になるって言うんでしょ。すると、看守が何を言おうとディックの確率が上がる、ってことじゃないの。それならディックは看守に聞く必要はないわよ。答えがどっちだって、自分の確率が上がるんでしょ！　看守の耳が聞こえなくたって、口がきけなくたって、同じことじゃないの！　ディックが看守と話す夢を見ただけだって、やっぱり確率は不思議なことに五分五分に増えちゃうわ。だって、看守の返事がどうだろうと関係ないんだからね！　そんな馬鹿な話ってある？

イローナ　そんなにかっかしないでよ。あなた、感情的になってるわ。頭を使いなさいってば。看守に聞いたのがトムだったと考えてごらんなさい。あなたの言い方だと、看守が何を言おうと、トムの確率は三分の一のままなんでしょ。でも、誰が看守に聞いたかでトムの確率が変化するなんて、おかしいじゃないの。ディックが聞けばトムの確率は三分の二になり、トムが聞けばトムの確率は三分の一だって、あなたは言ってるのよ。そんなの、理屈にあわないわ。

ララ　そうじゃないわよ。おかしいのはあなたの考え方のほうだわ。看守に尋ねただけで、返事がどうであれ、その囚人の恩赦の確率が二分の一に増えるって言うんでしょ。そんなこと、誰も納得しないわよ。トムとディックとハリー、つまり三人のそれぞれが看守に聞いたとしてごらんなさいよ。そうしたら、三人とも自分の確率が二分の一に上がったと喜んで独房に戻るわけでしょ？　三人とも大喜びだわね！　そんなの、理屈にあっていると思う？

ディックの恩赦の確率は五分五分に増えたのだろうか？　この問題に答えるためには、モンティ・ホール・プロブレムと同じように、いくつかの条件を設定しなければならない。

まず、看守はディックにおまえが恩赦になるとは言わない（モンティ・ホールが自動車のドアを開けなかったように）ということ。第二に、看守がハリーかトムかを選ぼうとするとき――つまり、助かるのがディックであるとき――看守は無作為にどちらかを選ぶ（出演者がすでに自動車のドアを選んでいた場合、モンティ・ホールは残ったヤギのドアのどちらかを無作為に選んだように）。この条件のもとでは、ララの言うことが正しい。ディックが助かる確率は看守の返事に左右されず、やっぱり三分の一だ。理由はモンティ・ホール・プロブレムの場合と同じである。出演者が最初に選んだドアの向こうに自動車がある確率は、モンティ・ホールがヤギのドアを開けても変わらない。同じく、ディックが恩赦になる確率は、看守が死刑になる囚人の名前を教えても変わらない。

ディックは「レッツ・メイク・ア・ディール」の出演者に、看守はモンティ・ホールに、恩赦は自動車に、そしてヤギのドアを開けるのが死刑になる囚人の名前を明かすことに相当する。ディックがもう一人の囚人に変身できるなら、彼はトムになるべきだ。トムのほうが幸運に恵まれる確率が大きいからである。この問題をもっとよく理解するために、モンティ・ホール・プロブレムのときと同じように説明してみよう。

●頻度で判断

モンティ・ホール・プロブレムでは、出演者が選択を変えるべきかどうかという問題を、変えたほうが得なケースはどれくらいあるか、というふうに書き変えた。同じく、三人の囚人の問題では、看守に尋ねて「得をする」ケースがどれくらいあるかを考える。モンティ・ホール・プロブレムと同じく、考えられるケースは三つに絞られる。①恩赦になるのはトム、②恩赦になるのはハリー、③恩赦になるのはディック（図13－6）である。はじめは、囚人のそれぞれが恩赦になる確率は三分の一だ。トムが恩赦になるとしたら、看守はハリーが処刑されると言う。この場合、ディックも処刑される。ハリーが恩赦になるとしたら、看守はトムが処刑されると言う。この場合も、ディックも処刑される。ディックが恩赦になるとしたら、看守は（無作為に）処刑されるのはハリー、あるいはトムと言う。この場合にだけ、ディックは助かる。さて、三つのケースのうち二つはディックが処刑されることがわかった。言い変えれば、恩赦の確率は看守に尋ねたあとも、やっぱり三分の一である。

●視点を変える

ディックではなく、看守の立場で考えてみる。あなたは誰が恩赦になるかを知っている。さて、囚人の一人が処刑される囚人を教えてくれと言った。あなたは三つのケースのうち二つは、尋ねた当人が処刑される一人であることを知っている。たとえば、三人全員が尋ねたとする。そのうち二人は処刑される。看守の目から見れば、質問をしたあとでも、囚

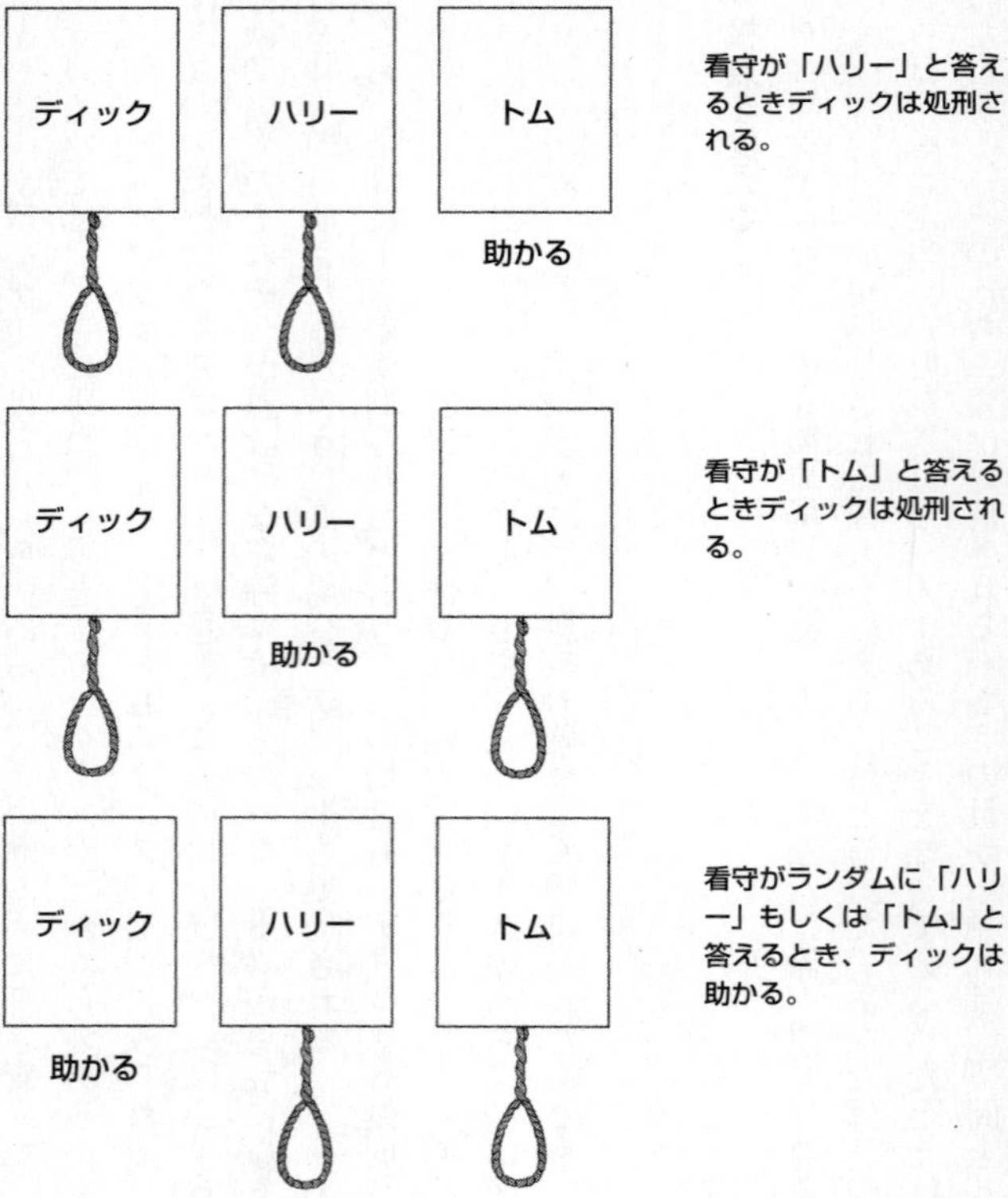

図 13-6　３人の死刑囚。助かる確率が３分の１から２分の１に増えたと思ったディックは正しいか？　考えられるケースは３つ。トムが助かる場合、ディックが助かる場合、ハリーが助かる場合である。このうち２つのケースで、ディックは処刑される。看守が何と答えようと変わらない。したがって、ディックが助かる確率は増えない。だが、看守が名指ししなかったほうの囚人が助かる確率は３分の１から３分の２に増える。

人が助かる確率はやっぱり三分の一であることは明らかだ。

●繰り返し

第三の方法はゲームを繰り返すことだ。コーヒーカップを三つ並べて伏せ、それぞれに囚人の名前を書く。それから無作為に一つを選び「恩赦」と書いた紙切れを入れる。あなたは看守になって、紙切れが入っていないほうのカップの一つを選ぶ。つまり、問題のようにハリーとトムのどちらかが処刑されることを明らかにする。このゲームを一〇〇回繰り返し、このうち何回、「恩赦」の紙切れが「ディック」のカップに置かれるかを数える。こうすれば、ディックが助かるのは二分の一ではなくて、三分の一であることがわかるだろう。

問題の組み立て方が大事

たぶんおおぜいが頭の体操の問題にひっかかったはずだ。あとから考えれば、どうしてもっと早く答えがわからなかったのだろうと思うだろう。これまでの章で取り上げた実生活の問題と同じで、伝え方や問題の組み立て方が適切なら、答えもわかりやすい。頭の体操は、伝え方、問題の組み立て方をいろいろに変えてリスクを考えることを学ぶきっかけになるかもしれない。それに頭の体操は単純化されているから、答えを決めるために必要な条件もわかりやすい。次の最終章では、考え方を教えるというもっと大きな問題を取り上げ、現代のテクノロジーの世界にご招待しよう。

14　明晰な考え方を教える

社会の究極的な権力を安全に委ねられる対象として、人民以外は考えられない。もし、人民が充分な思慮をもって支配権を行使するほど賢明ではないと思うなら、対応策は人民から権力を取り上げることではなく、人民に思慮を教えることなのだ。

——トーマス・ジェファーソン

一八二〇年、ウィリアム・チャールズ・ジャーヴィスへの書簡

アメリカでは毎年四万四〇〇〇人から九万八〇〇〇人が、防げたはずの明らかな医療ミスで死亡していると推測されている。ドイツでは毎年八〇〇〇人から一万六〇〇〇人の患者が間違った薬や、薬は正しくても間違った量を処方されて死亡し、同様のミスで数十万人が重症に陥っている。ＨＩＶに感染していないのに検査結果が陽性だったため、偽陽性であることも知らずに何人が自殺しているか、その数は不明だ。またドイツでは毎年約一

○万人の女性が乳がんでもないのに、検診結果が陽性だったために事後処置として乳房の一部を外科的に切除されているが、そのうち何人が、乳房X線検査の陽性という結果の多くが偽陽性であることを知っているだろう。前にも書いたが、ニューヨーク市長だったルドルフ・ジュリアーニは、「すべての男性が前立腺がん検診を受けるべきだ」と主張したと伝えられる。何千人かの男性がこの助言に従っただろうが、その多くは、早期発見では前立腺がんの死亡率は低下しないという事実を知らない。この人たちは治療の効果を期待できない。期待できるのは失禁や勃起不全を含む副作用のリスクだけだ。法廷では陪審員も検事、弁護士も「偶然に一致する確率」と苦闘してわけがわからなくなったり、有罪判決を下してあとで覆されたりしている。こうした事例は枚挙にいとまがない。本書で説明した心理的なツールは、不必要な不安とストレスを軽減し、生命を救うのに役立つはずだ。

次の世代が自分たちのリスクを理解できるようにしてやるには、どうすればいいだろうか。子どもたちの世代は、多くの遺伝病検査を含めた新しいテクノロジーの世界で暮らすことになる。これらのテクノロジーが与えてくれる情報とテクノロジーの利用にまつわるリスクを——メリットとコストの両面で——理解する必要がある。現在、高校教育で統計的思考を教えている国は、あってもごく少ない。代数や幾何、微積分は確実性の世界での思考を教えるが、現実の世界は不確実性に満ちている。医学部では習慣的に統計学を教えているが、健全な診断やリスク評価に必要な統計的思考より有意差検定に重点が置かれていて、医学関係の専門家にも数字オンチが多いことは、第5、6、7章で紹介したとおりだ。しかも、医学や社会科学では、データ分析を統計的思考の方法論としてではなく、統計的な儀式として教えている。法律専門職の状況はさらにお粗末なようだ。一、二の注目すべき例外を除けば、ロースクールでは不確実な証拠をもとにどうやって論理的に考えるかを学生に教えていない――実際にはすべての証拠が不確実だというのに。これらの分野のどこでも、本書で説明した心理的ツールはあまり知られていないのだ。

生徒や学生、大学院生、一般市民、専門家に、どうやってリスクを見分けるかを教えることを目的に、教育キャンペーンを実施すべき時期が来ている。それでは不確実な世界での考え方を教えるカリキュラムはどんなものになるだろうか？　これから説明する三つのステップは、どんな分野にもどんな学習段階にも応用できる教育プログラムのアウトラインである。第一のステップでは、一見確実なようだが不確実という場合を含め、どんなタイプの不確実性なのかを見抜くことを教える。第二のステップは、不確実性をリスクに転換する――つまり不確実性の程度を推測することだ。第三のステップでは、リスクの説明についての実験をさせて、透明性のあるやり方でリスクを伝え、判断する方法を学ばせる。この三つのステップはすべて本書でお話ししたことだが、この最後の章では一つのプログラムにまとめて、統計的思考を強化していただこう。

第一ステップ——フランクリンの法則

ベンジャミン・フランクリンの金言を思い出そう。「死と税金のほかには、確実なものは何もない」この言葉は、実世界ではほとんどすべてのことが不確実なのだから、この事実を無視するのではなく、どう対応するかを学ぶ必要があることを教えている。確実性という幻を捨てれば、実際に暮らしている世界の複雑さを探求し、楽しむことができるようになる。教育プログラムの第一のステップは、フランクリンの法則を教えることだ。この目標は裏返せば、確実性という幻を打破することでもある。第一ステップのツールには、①日常生活につきものの不確実性を教える実話、②不確実性と過誤についての因果関係の理解が含まれる。最高の教材は仮定の事例ではなく現実の出来事だ。次に記すのは確実性が不確実性に転換した極端な実話である。

三五回の陰性

一九九五年四月、それまでは健康だった三六歳のアメリカ人建設労働者が疲労感を訴え、HIV検査を受けた。ELISA法は、アメリカ食品医薬品局に承認されたHIV検査法だが、この検査の結果は陰性だった。二カ月後、この男性は二七ポンドも痩せ、呼吸困難、下痢その他の症状で入院した。二度目のＥＬＩＳＡ法による検査が行なわれたが陰性で、通常の検査でも他に病気は見つからなかった。患者は診断がつかないまま退院した。同じ年の八月、男性は再び入院した。ユタ州保健局研究所で行なわれたＥＬＩＳＡ法とウェスタン・ブロット法による検査の結果は陰性だった。この時点で医師は二年まえから別居している男性の妻に事情を聞くことにした。妻は、結婚前に男性はＨＩＶ感染者のパートナーと性交渉があったこと、そのパートナーは少し前にエイズで死亡したことを告げた。一九九四年、妻は肺炎を起こし、ＨＩＶ検査の結果が陽性と出ていた。この事実を建設労働者自身は知らなかった。彼は結婚しているあいだ、妻とはコンドームを使わずにセックスしたが、別居後は性交渉はないと言った。感染者との接触があった事実や免疫システムの衰えという臨床的事実を考えて、医師たちは追加的な検査を何度か行ない、結局前妻と同じＨＩＶ株に感染していることが判明した。

診療のときに、建設労働者は――善意から――それまでの四年間に三〇回以上も献血したと話した。どの場合にも、通常のＥＬＩＳＡ法――献血者のＨＩＶ感染を調べるために実施される――の結果はすべて陰性だった。この建設労働者の血を輸血された人々がどうなったのかはわからない。ＨＩＶに感染したこの男性は四年のあいだに三五回以上もＨＩＶ検査で陰性という結果が出ていたのだ。

これほどの回数、偽陰性が続くという信じられないような出来事が――男性の血を輸血された人たちにどんな恐ろしい影響が及んだことか――どうして起こったのだろう？　まず、この男性の検査結果のすべてが偽陰性だったかどうかは不明である。どの時点で感染したかがわからないからだ。しかし日和見感染やエイズ特有のリンパ球減少など免疫力低下の明らかな徴候が出てからも、検査結果は陰性だった。ＨＩＶ検査にときおり偽陰性という結果が出る主な理由は二つある。ひとつは感染後もＨＩＶ抗体が検出できない期間――ふつうは六カ月ほど――があるということだ。しかし、この建設労働者の検査結果は、通常の空白期間を過ぎたあとも陰性が続いた。二つめの理由は、ＨＩＶ株が新しいと――このウイルスは変異が速いために起こる（第7章を参照）――通常のＨＩＶ検査で必ず検出できるとは限らないことだ。しかしこの患者のＨＩＶ株は妻のものと同じで、妻のほうは陽性という結果が出ている。

どうしてこの建設労働者は感染していたにもかかわらずＨＩＶ検査が陰性だったのか、いまだに説明がつかない。このようなケースは非常に稀だが、しかし再び起こる可能性はある。ＥＬＩＳＡ法もその他のＨＩＶ検査も、これまで開発されたなかでは最高の抗体検査法だが、それでも確実性には手が届かないのである。

確実性という幻

この極端なケースは、フランクリンの法則がどんなに幅広くあてはまるかを教えている。

本書では第1章から確実性が幻だったたくさんのケースを見てきた。さまざまな教育水準の多くの人々が、HIV検査やDNA鑑定、それに近年増えている遺伝子検査は絶対に確実だと信じている。これらの技術は確かにすばらしいものだが、しかし絶対ではない。すべてのものごとがそうであるように、これらの技術にもフランクリンの法則があてはまるのだ。

第二ステップ――リスクに対する無知を克服する

どうしてアメリカの少年たちは地元野球チームの打率や防御率、勝敗表などをよく知っているのに、大人たちは野球場の外の世界の統計について、たとえば毎年拳銃で殺される人の数などについてほとんど知らないのだろう？　ヨーロッパの少年たちはひいきのサッカーチームの最近数年の成績を知っているのに、大人のほうは高速道路で運転中に生命を落とす確率などまるで知らないのはなぜか？　どうして大半の女性は乳がん検診のメリットとコストを知らず、大半の男性は前立腺がん検診のメリットとコストを知らないのか？

一般市民がリスクに無知なのは、何もかもが当人の責任だというわけではない。無知の原因は当人の頭の中にももちろんあるが、外側にもある。当人の中にある無知の原因には、注意散漫で情報をきちんと受け止めていないとか、無責任で受動的だということもある。だが、リスクに対する無知の火に油を注いでいるのが、仲間の圧力《ピア・プレッシャー》から業界団体のロビー活動にいたるまでの外的要因なのだ。考えることを教える第二ステップでは、無知の内的源泉と外的源泉の克服を目指す。目標は①リスクを推計するツールの使い方を教える。これには推測にまつわる不確実性を教えることも含まれる。②リスクの推計を邪魔しようとしている勢力があることに気づかせることである。

「疑いを植えつければ、こっちのもの」

アメリカには何千もの業界団体があって、アスベストのAから始まって亜鉛（zinc）のzまで、あらゆるものを推奨しようとしている。ビール業界の団体は酔払い運転による交通事故への非難から醸造業者を守ろうとする。アスベスト情報協会は市民を「アスベスト繊維恐怖症」から守るのだと言う。地球気候連合（The Global Climate Coalition）は地球温暖化の根拠を疑う科学者の集まりだ。ワシントンDCだけでも一七〇〇の業界団体がある。これらの団体は推計で毎年一〇億ドル以上を「イメージ広告」や「危機管理」に使っているという。業界団体は知識と無知の生産に忙しい。たとえばタバコ協会の喫煙の害に関する「攪乱戦術」を見てみよう。

二〇世紀はじめ、肺がんは例外的な稀ながんだった。あまりに稀ながんだったので、最初に肺がんに関する書物を著したアイザック・アドラーは、あまり意味のないマイナーな病気について執筆することを赦してほしいと述べたくらいだ。ところが二〇世紀末には、肺がんは全世界で最も犠牲者の多いがんのトップに躍り出た。なぜか？　二〇世紀はじめにはいまのような紙巻タバコを吸うひとは少なく、たいていはパイプタバコか葉巻を吸っていた。葉巻は紙巻タバコとはべつのタイプのがんの原因になる。たとえば葉巻のヘビースモーカーだったジークムント・フロイトは口腔がんにかかった。このがんは生涯最後の一六年に影を落とし、フロイトは痛みや不快感にさいなまれ、悪性腫瘍や前がん性病変除去手術を三〇回も受けた。

紙巻タバコが普及したのは第一次世界大戦のときだった。葉巻やパイプタバコと違って、紙巻タバコの煙はほとんどが吸い込まれ、肺の組織を刺激する。紙巻タバコの喫煙と肺がんの関係を最初に指摘したのはドイツ人研究者たちで、一九二〇年代と三〇年代のことだったが、アメリカではほぼ無視された。たぶん、この研究がナチスとかかわっていたためだろう。しかし一九五〇年代はじめには、アメリカの科学界でも紙巻タバコが肺がんを含む病気の大きな原因であるというコンセンサスができていた。一九五〇年代半ばには、一日二箱以上吸う喫煙者は非喫煙者よりも寿命が平均で七年短いという有力な研究結果が出た。科学者の大半は、アメリカでは毎年タバコが原因で約四〇万人が死亡し、肺がんの原因の八〇パーセントから九〇パーセントはタバコであると考えている。

タバコ協会はタバコ生産者、葉タバコ栽培者、倉庫のオーナーがつくったタバコ研究評議会の付属団体として一九五八年に設立された。それ以来、喫煙の害に関する疑惑を一般市民の心に植えつけることで、紙巻タバコの「安全性」を宣伝し続けている。一九六〇年代には、スポークスマンが学会にコンセンサスができるのを妨げ、関心をそらそうと図った。たとえば、紙巻タバコとがんのつながりは「統計数字にすぎない」のであって、証拠はないし、結論もまだ出ていないと主張し、喫煙につながり、同時にがんにかかりやすくする遺伝子があるのかもしれない、と述べた。一九六二年のギャラップ調査では、アメリカ人成人のうち、紙巻タバコが肺がんの原因になることを知っているひとは三八パーセントしかいなかった。一九六四年に紙巻タバコが病気の大きな原因であることを明らかにした公衆衛生局長官の報告書が出て、多くの医師が禁煙したのに、一般市民は依然として喫煙の害はまだ証明されていないという印象をもっていた。喫煙の害について沈黙し続ける一般誌は、一般市民の無知に重要な役割を演じた。タバコの広告主が喫煙の害に関する記事掲載を阻んでいたからだ。一九七八年に『コロンビア・ジャーナリズム・レビュー』は、主要全国誌には過去七年間に健康に対する喫煙の影響について取り上げた記事は一つもなかったと指摘した。これほど遠慮深くない大衆向けメディアはもっと露骨だ。一九六八年、『ナショナル・エンクワイラー』は記事にこんな見出しをつけた。「ほとんどの医療当局が同意、タバコが肺がんの原因というのは大嘘、七〇〇〇万人のアメリカ人は脅かされただけ」それからだいぶたった一九八九年、公衆衛生局長官は大衆向けメディアへのタバコ産業の圧力と喫煙の害の性質と程度に対する大衆の無知とをはっきりと関連づけた報告書を出した。

さらに最近、タバコ協会は「受動喫煙」あるいは「間接喫煙」といわれるものの害についての研究に挑戦しようと試みた。他人が吸うタバコの煙を吸うのも健康に有害であるという有力な研究結果が出たのが一九八〇年代で、東京の国立がんセンター研究所は、非喫煙者の妻でタバコを吸わないひとたちに比べて、喫煙者の妻でタバコを吸わないひとたちには肺がんが二倍も多いことを明らかにした。一九九〇年代、環境保護局は、非喫煙者で肺がんで死亡した人々の二〇パーセントは間接喫煙が原因であるというデータを発表した。これは、アメリカでは年間死亡者三〇〇〇人にあたる。タバコ協会はこの研究を「科学よりも（正義を気取る）政治的配慮が優先されたのが特徴」の研究であると切り捨てた。

タバコ産業の宣伝活動はいかにして無知と混乱が生産されるかという縮図である。昏迷を狙うその努力は次から次へと変化する。タバコ業界の一つの主張が間違っていることが証明されると、新たな混乱を誘う新たな主張が編み出される。彼らの主張とスローガンはこんなふうに変遷してきた。

●タバコはあなたの身体を傷つけない。タバコは安全だ。

●なるほど、タバコは身体に有害であるかもしれないし、ないかもしれない。だが、科学的な論拠は不充分だし、結論はまだ出ていない。
●なるほど、喫煙が肺がんの原因であるという研究結果は出ただろう。だが、いままでわたしたちは知らなかった。
●なるほど、タバコが有害であることはわかった。だが、ニコチンに依存性があるかどうかはまだわからない。
●なるほど、わたしたちが血液のニコチン吸収を高める化学物質をタバコに入れていたときに、ニコチンに依存性があったことはわかった。だが、それは昔の話だ。いまのタバコはタールもニコチンも含有量が少ない。
●なるほど、タールとニコチンの含有量が少ないタバコでも、実際には肺がんのリスクが低下するわけではない。しかし、それは前よりも喫煙量が多くなった喫煙者自身の責任だ。
●なるほど、喫煙量が増えたほうがわたしたちとしてはありがたい。だが、喫煙者は自由な選択として喫煙量を増やしているのだ。

同じように相手の言い分をいちおう認めては反論するというやり方は、受動喫煙のリスクについて、人々の目をくらませるためにも使われてきた。科学史の専門家ロバート・プロクターが指摘しているように、タバコ会社の内部資料はその目的がどこにあるかを密かに認めていた。「疑念、それはわれわれが生み出す商品である。疑念こそ、一般大衆の心のなかにある『関連の諸事実』に対抗する最善の手段なのだから」と。

一般市民は何を恐れるか？

数年前、わたしはミュンヘンからアルプスを越えてフィレンツェへ向かう飛行機を予約した。14Aという搭乗券をもって小型のイタリア航空機に乗り込むと、わたしは狭い通路を座席番号を探しながら歩いた。もう少しで通路が終わるというところで、一二列目を見つけたが、そのあとは一列しか座席がなかった。わたしは違った飛行機に乗ってしまったのかと思った。それから最後の列が一三列ではなく一四列であることに気づいた。そこでひらめいたのだ。航空会社は一三という数字は不吉だというヨーロッパ人の迷信を尊重して一三列目を省いたのである。アメリカの高層建築の多くで、エレベーターが一三階を「飛ばす」のと同じだ。インドにはこんな迷信はないから、一三は一二や一四と同じ扱いを受ける。

ふつうのひとが何を恐れるかは、何がいちばん当人を脅かしているかとは必ずしも関係がない。心理学的調査は、つぎのように不安の原因をとくに三つ明らかにしている。

●準備性

人間が進化の過程で繰り返し経験してきた自然な危険を恐れることは簡単に学習できるが、進化的に新しい脅威はなかなか学習できない場合が多い。ある対象に対する恐れを一度あるいは数回で学習できる能力は「準備性」と呼ばれる。たとえば研究室で育てられたアカゲザルは、毒蛇を見ても怖がらない。だが、仔ザルはおとながヘビを怖がるのを一度でも見れば、たいていヘビを恐れることを覚える。なぜある学習のほうが迅速に行なわれるか、この遺伝的な準備性の裏にある理屈は明らかだ。子どもが毒蛇を恐れることを体験によってしか学べないとすれば、その子どもが生き延びる可能性は少ない。したがって、進化的な学習が個体の学習を加速する。しかし、この準備性はある種の刺激にしかあてはまらない。たとえば、仔ザルはべつのサルが花を怖がるのを見ても、花を怖がるようにはならない。人間にも同じような学習の準備性がある。子どもたちにクモやヘビ、トラを怖がらせることは簡単だ。親がクモを怖がってみせればいい。しかし、電気のコンセントを怖がらせるのは難しい。ところが工業化された現代社会では、子どもたちはクモよりも電気のコンセントで怪我をする可能性のほうがはるかに大きい。不安や恐怖症は過去に危険だった刺激に固着しやすい。もう一つ例を挙げれば、子どもたちに暗闇を怖がらせる必要はもうない。しかし、人間は進化のなかでごく最近になって世界を劇的に変化させた。これが、わたしたちが何を恐れるかということと、実際に何がいちばん危険かということとは必ずしも一致しない理由の一つである。

●災害

ひとは多くの生命が一度に危険にさらされる状況を恐れがちだ。同じ数の死者が出る状況でも、長期にわたるならあまり怖れない。たとえば、ひとが一番怖れる飛行機事故や原子力事故は大惨事になることが多い。対照的に自動車事故や喫煙は継続的に死者を出す。こちらも長いあいだには飛行機事故や原子力発電所の事故よりも多くの人々の生命を奪っているのに、大災害ほどの恐怖を呼び起こさない。学習の準備性と同じで、災害に対する不安は進化的な合理性をもっている。あるグループの人口が一定数以下になればグループは絶滅するかもしれない。だが、同じ人口減少でも長年かかって起こるのなら、そのコミュニティあるいは種は減少をうまく補って生き延びる可能性がある。

●未知の危険

ひとは新しい知らない危険を怖がる。たとえば飲酒より遺伝子工学や原子力技術を怖れるのもその一例だ。新しい危険をはらむ可能性のある技術が支配者や外国などよく知らない人々にコントロールされていると思えば、恐怖は急拡大する。

要するに、一般市民は必ずしも自分や他の人々にほんとうに最大の危険を及ぼす状況を恐れるわけではない。わたしたちが恐れる対象や状況は、進化論的な過去には危険だったが――ヘビやクモや大型のネコ科動物や暗闇、孤独、広々とした場所にさらされること――現代の技術社会ではもう最大の脅威とはいえないことなのである。

役に立つ情報源

具体的な行動や活動にともなうリスクを知るのに役立つ情報源がたくさんある。たとえば、全国安全協議会は毎年「事故の実際」というパンフレットを発行し、アメリカ人が遭遇する可能性のある死亡事故を頻度順に掲載している。ナショナル・リサーチ・カウンシルは暴力の理解と予防、DNAデータの評価などに関する本をシリーズで刊行している。アメリカ疾病予防サービス・タスクフォースが出している「臨床予防医学サービス・ガイド」は健康や検診についての情報を提供しているし、カナダのタスクフォースの「カナダ臨床予防保健ガイド」も同様だ（www.ctfphc.org を参照）。世界中に一三カ所あるコクラン・センター（www.cochrane.org を参照）や、オックスフォード大学のバンドリア（www.jr2.ox.ac.uk/bandolier を参照）などの医師の非営利団体は、患者が知っておくべき情報をインターネットで伝えている。ダートマス保健アトラスは、なぜかアメリカ各地の病院でそれぞれ違う通例的な外科治療についての情報を提供している。ほかにも図書館に行けば多くの関連情報が得られる。優れた情報源はリスクを教えてくれるだけでなく、リスクを推計するにあたっての不確実性についても触れている。だが、脳腫瘍と携帯電話には関係があるのかといった考えうる新たな多くの危険については、科学的研究がまだ少ない。これらの危険に関しては、わたしたちは不確実性の薄闇のなかで生きていくしかないのである。

第三ステップ――コミュニケーションと合理的な考え方

情報は伝えなければならない。情報を「純粋な」かたちで伝えられるというのはフィクションだ。上手にリスクを伝えるには、直感的にわかりやすい方法で示さなければならない。この伝達方法と取り組んでみると、（現象を表わす）数字の理解だけでなく、数字から結論を引き出す（推論する）のにも役立つ。唯一のベストな方法というのはない。なぜなら、何が必要かはコミュニケーションをする当事者によって違うからだ。偽陽性という検診結果について情報を伝えたいと考えたとする。何が「優れた」伝達方法かは、相手が統計家か、医師か、検診を受けた患者かで違ってくる。

ある医師は検診結果が陽性だった受診者が実際に大腸がんである確率を出そうとして頭をひねったあげく、苛立って叫んだ。「法則があることは知ってるんだ。学校で習ったよ。だけど忘れてしまった」彼の言うのはベイズの法則のことだ。本書では、数字から結論を引き出すにあたって、ベイズの法則が役に立つたくさんの事例を説明してきた。検査結果が陽性だった場合に、ほんとうに病気であるかどうかをどう推測するかというような場合である。そして、この種の推論は、数字が確率で示されているとしろうとにとっても専門家にとっても難しいが、自然頻度で示されていると比較的容易であることも見てきた。伝達方法は統計的思考にとって大切なことなのである。

多くの西欧諸国でなおざりにされているが、正規の教育目標の一つはリスクの見分け方を教えること、つまり不確実な世界で論理的に考える方法を教えることである。この目標を――「大衆の不安」を煽らずに――実現するツールの一つが、数字を直感的に理解しやすい方法で説明することだ。教育の現場では、伝達方法がもつ教育力はあまり認識されていないように思われる。たとえば、ドイツの高校でベイズの法則がどんなふうに教えられているかを考えてみよう。ベイズの法則はドイツの全部の州ではないが、一部の州では教えられている（わたしと仲間がインタビューした教員の多くは、ベイズの法則が全国的なカリキュラムに含まれていないので、それほど重要だとは思っていなかった）。ベイズの法則が載っているドイツ語の教科書は、例外なく確率あるいは相対的頻度で説明している。

生徒にわかりやすいはずの自然頻度を使ったものは一つもない。同じく、教師に対する調査で、教室ではほとんど全員がリスクを確率かパーセンテージで説明していることがわかった。自然頻度を使って理解を深めようと努力している教師は非常に少なかったのである。この状況をさらに悪化させているのは、ベイズの法則の説明に使われる事例が、ふつうは一〇代の若者にとってはまったく退屈なものだということだ（標準的な事例は、ある引き出しに金貨が入っている確率を推計しなさい、というものである）。

大人たちが、一〇代の若者はあまり統計に興味を持たない、学習の動機が欠如しているために統計的思考の教育に成果があがらないのだ、と言うのをよく聞く。しかし実際には話は逆だという明らかな証拠がある。ある研究によれば、ドイツの数学教師は、統計に関する限り、学生の動機と学習成果に大きな隔たりがあると報告している。教師たちは、数学の分野のなかでは学生の統計への関心はかなり高く、興味も動機もあると言う。しかし悲しいことに学習成果となると、ほかの数学分野に比べてそうとうに見劣りがする、と教師たちは報告している。この食い違いから考えて、足りないのは学生の側の動機ではなく、むしろ不確実性とリスクに対する学生の理解を深めさせる適切なツールのほうではないのか。つまり直感的に理解できるかたちで数字を提示する方法である。

コンピュータ教材

思考方法を教えるツールのひとつは、コンピュータを使った学習プログラムだ。ペーター・セドルマイヤーとわたしは、数字から推論する方法を教えるプログラムを作った。このプログラムは確率を自然頻度に置き換えるというやり方で、問題を――本書で紹介したような医学的な問題、法律的な問題を――解決する方法を学生に教える。これをわたしたちは、「置き換え訓練」と呼んでいる。もっと具体的に言えば、この学習プログラムは学生に（図4-2のような）ツリーをつくって頻度を提示していく方法を教える。目標は、短期的には問題解決の成績を上げること、長期的にはこのような問題の解き方を身につけさせることである。

わたしたちはこの置き換え訓練と旧来の「法則訓練」、つまりベイズの法則に確率を挿入する方法を教えるやり方とを比較した。どちらの訓練もコンピュータ・プログラムを使って行なわれる。それぞれは二つの部分に分かれている。第一部では、ステップ・バイ・ステップで指導が行なわれる。検診結果が陽性だった場合のがんの確率と、高熱、悪寒、皮膚の病変があった場合の敗血症の確率を推計させるのだ。置き換え訓練では、確率のかたちで与えられた数値を頻度のツリーに置き換える方法を教える。法則訓練のプログラムのほうは、確率の情報をベイズの法則に挿入する方法を教える。第二部では、ステップ・バイ・ステップのフィードバックで助言しつつ、学習者に八つの問題を解いてもらう。学習者が迷ったり間違ったりしたら、どちらのプログラムもすぐに助言やフィードバックを

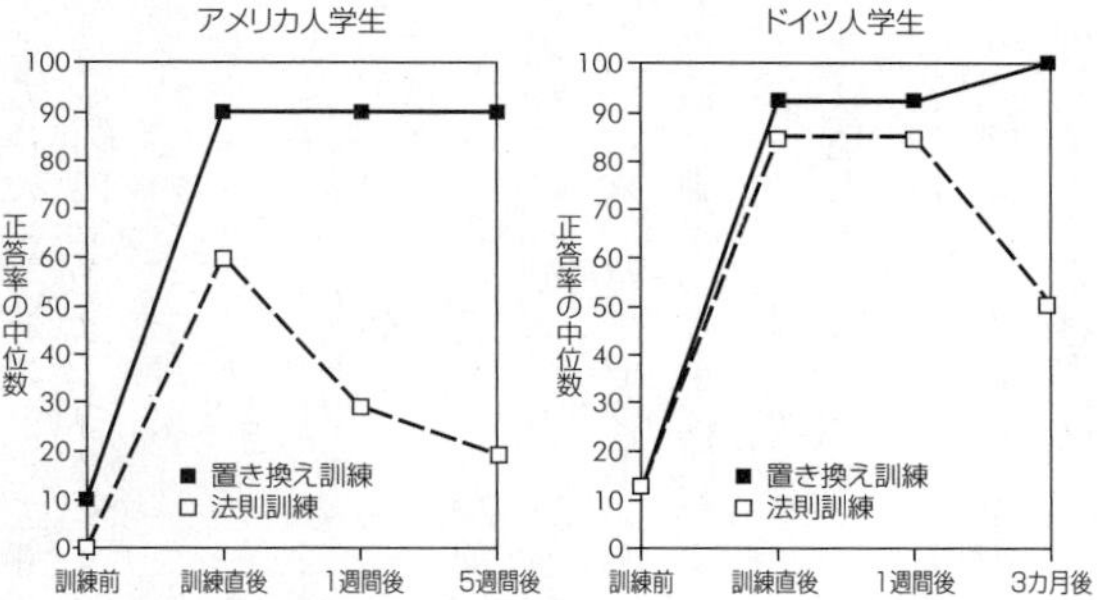

図14-1　学生たちは覚えたことをどれくらい早く忘れるか？　ベイズの法則に確率を挿入するやり方を教える旧来の方法（法則訓練）では、どちらのグループの学生も覚えたことを忘れる傾向があった。だが、確率を自然頻度に置き換えるという心理的ツールを教えられた（置き換え訓練）学生は高レベルの成績を維持した。

行なうようにできている。この助言は、すべての学習者が順番に問題を解いて、完全にコースを終了できるようにつくられている。

　さて、ベイズの法則に確率を挿入するやり方を教えるのと（法則訓練）、確率を自然頻度に置き換える方法を教えるのと（置き換え訓練）では、どちらがより効果的だっただろうか。短期的な効果と長期的な効果は必ずしも一致しない。試験のあと、学生たちが学習内容を覚えるのにかかった時間よりも早く忘れてしまうのを見て、献身的な教師たちががっかりするのを見ればよくわかる。しかし自然頻度がもともとの人間の頭の働きにあった方法なら、自然頻度による考え方のほうが確率を使う考え方よりも忘れにくいはずだ。

　わたしたちは短期的な効果と長期的な安定性の両面から、二つの学習プログラムを評価した。どちらのプログラムも、問題はすべて確率のかたちで表現されていることにご留意いただきたい。また、どちらのプログラムも学習者が自分のペースで進めるようになっている。図14－1は二つの学習の成果を示す。一方はシカゴ大学の学生（アメリカ人学生と記されている）を対象としたもの、もう一方はミュンヘン大学の学生（ドイツ人学生と記されている）を対象としたものである。アメリカ人学生は訓練前後のテストを含め、プログラムの終了に一時間から二時間かかった。ドイツ人学生のほうは、もう少し時間がかかっている。

どちらの参加者も、訓練前の成績は非常に低かった。アメリカ人学生の正答率は置き換え訓練ののち一〇パーセントから九〇パーセントに上がったが、法則訓練ではゼロパーセントから六〇パーセントである。ドイツ人学生のほうは訓練前の成績が少し良かったが、置き換え訓練の成果は似たようなものだった。全体として、どちらの学習プログラムも終了直後の効果は大きかったが、置き換え訓練のほうが一〇パーセントから三〇パーセント大きな効果を上げている。

学習者は学んだことをどれくらい早く忘れただろうか？　アメリカ人学生には一週間後と五週間後にテストを行なった。多くの数学教師が嘆くとおり、一週間後には法則訓練を受けた学生の正答率は三〇パーセントに落ち、五週間後にはわずか二〇パーセントになってしまった。しかし置き換え訓練を受けた学生のほうは、成績が下がらなかった。五週間後でも、ベイズ式推論の成績は依然として九〇パーセントだった。これらの学生は覚えたことを忘れなかったようだ。

ドイツ人学生のほうはアメリカ人学生よりも条件が厳しく、一週間後と三カ月後にテストが行なわれた。一週間後、法則訓練を受けた学生はアメリカ人学生の場合とは違って、覚えたことを忘れたようには見えなかった。しかし、三カ月後には法則訓練の成果は五〇パーセントに低下した。かなりの落ち込みではあるが、アメリカ人学生ほどではない。ドイツ人学生のほうで、最も驚くべき結果はつぎのようなことだった。置き換え訓練を受けた学生の学習成果は三カ月たっても少しも衰えていない。しかも、最初の学習効果が三カ月後も持続していただけではない。なんと正答率が一〇〇パーセントに上がっていたのだ！

これらの学習実験の結果は、学生に適切な数値の表わし方を教えれば、記憶力の衰えという問題は――この場合は不確実性についての考え方を忘れるという問題は――ほぼ克服できることを教えている。同時に、学生が――機械的に確率を数式に挿入するのではなく――置き換えの方法を覚えれば、アメリカ人学生とドイツ人学生の差異も解消したのである。

数値の表わし方を教える

これらの結果は、統計的思考の教育の前途が明るいことを示唆している。置き換え訓練にはテストを含めてもわずか一、二時間しかかからないから、たとえば高校のカリキュラムでも、妊娠検査結果の判断やドラッグ使用の危険についての統計を教えるときに活用できる。同じように医学部では陽性という検査結果とがんの存在について、法学部ではDNA鑑定のような不確実性をともなう証拠からどのように結論を導くかについて教えるのに使える。すべて、コンピュータを使った学習プログラムでもいいし、教師が教えてもいい。コンピュータの学習プログラムにはいろいろなひとが興味をもっているし、わたしたちの訓練の参加者は驚くほど意欲的で、学習に熱心だった。

この実験結果は、若者にテクノロジーの世界におけるリスクの認識方法を教えようとする大学教育予備カリキュラムを企画する指導者や、学部学生に統計を教えるはめになってこれまではご愁傷様と思われていたひとたちには、良いニュースである。教育者と学習者が人間の頭の働きにあった情報の提示方法を身につければ、統計的思考力を目指す悪戦苦闘が成功する可能性は大きい。

知る勇気

アリストテレスは世界を二つに分けた。規則的で変化がなく、確かな知識がもてる天国のような世界と、変化と不確実性の混沌とした世界である。西欧文明では、人々は理解も予想も難しくて事故や過ちがはびこる世界ではなく、確かな知識の世界で生きることを望んだ。何世紀ものあいだ、数学者は神学者やその弟子たちのように、自分たちが絶対的確実性の存在する世界に生きていると信じてきた。しかし宗教改革と反宗教改革は、確実性の帝国を大きく侵食した。たとえば異端審問の際には、拷問が決定的真実を発見する手段と考えられ、崇高な目的のゆえに崇高ならざる手段が正当化された。この宗教的な惨事がなくなってから確率に関する数学的理論が現われたこと、あるいは確率に基づくもっと新しい穏やかな証拠の考え方が広まるにつれて、拷問が減ったことは偶然ではないだろう。一七世紀半ばには確実性を追求するのではなく、不確実性のもとで合理的な判断をするという合理性の新しい基準が生まれたのである。

現代のような技術社会でも、アリストテレスの二つの世界は混在する。大半の人々はあまり考えもなく二つの世界を行ったり来たりしている。たとえば、スポーツでは不確実性の世界を楽しむ。試合の結果は戦略と偶然の産物であることがわかっている。スポーツや株式市場、その他の競争的状況では不確実性を享受する。そうでなければ興奮も期待も驚きも消えてしまう。だが他の分野では確実性の幻を後生大切にし、競争や娯楽の世界ではあれほど楽しむ不確実性に背を向ける。食品や健康に関しては、多くの人々が権威者やジャーナリストの意見を、理屈にあうかどうかチェックもしないで鵜呑みにする。本書の目的のひとつは、読者のみなさんに確実性の幻に気づいていただくことだ。第二の目的はリスクを理解し、それをうまくひとに伝えるのに役立つツールを提供することである。これらのツールを使うと、数字オンチが解消する。相対リスクではなく絶対リスクを、確率ではなく自然頻度を使うという方法は覚えるのも容易だ。

多くの人々が、健全な統計的思考を「考える習慣」にするのは容易ではないと言う。政治家から医師にいたる権威者はこの主張を口実にして、一般大衆に情報を与えないことを正当化してきた。だが、わたしはこの「考える習慣は難しい」論には賛成しかねる。本書の最大の眼目は、数字について考えるのは難しいとあきらめる必要はない、ということだ。その難しさは克服できるからである。難しさの原因は当人の頭ばかりではない。多くの場合、解決策は周辺に、つまり数字的情報の表わし方にある。直感的に理解しやすい表わし方をすれば、統計的思考は「考える習慣」になり得る。

本書のはじめに、「死と税金のほかには、確実なものは何もない」というベンジャミン・フランクリンの言葉と、「そのうち、統計的な考え方は、市民生活にとって読み書きと同様の不可欠なものになるだろう」というウェルズの予想を紹介した。わたしはウェルズの夢は現代でも実現の努力をする価値があると信じている。本書の終わりにあたって、この夢の実現には二つのことが必要だと指摘したい。知ること、そして勇気だ。どちらか一方では、刃がひとつしかないハサミのようなものだ。どちらも不可欠なのである。そこで、カントの呼びかけで本書を終わることにしよう。Sapere aude――知る勇気をもて。

用語解説

一度限りの出来事の確率　もとになる集団がわかっていないか、特定されていない一度限りの出来事の確率。たとえば、「明日、雨が降る確率は三〇パーセント」という言葉は、一度限りの出来事の確率を指している。明日は雨が降るか、降らないかしかない。対照的に、五月には一〇日間雨が降るというのは頻度。後者は正しいか間違っているかのどちらかになる。一度限りの出来事の確率は、絶対に間違っていると証明できない（確率がゼロか一でない限り）。一度限りの出来事の確率は誤解されやすい。聞く側が違ったもとになる集団を思い浮かべるからである。たとえば、「明日、雨が降る確率は三〇パーセント」という言葉を、一日のうちの三〇パーセントの時間、雨が降ると考えるかもしれないし、三〇パーセントの地域と考えるかもしれないし、明日と似たような日々のうちの三〇パーセントと考えるかもしれない。この誤解は、一度限りの出来事の確率の代わりに頻度を使えば、避けることができる。頻度は必ずもとになる集団を明らかにするからだ。

インフォームド・コンセント 患者は治療のメリットとコストと代替療法についての情報を与えられ、それをもとに治療を受けるべきかどうかを決定できなければいけないという理想。現在の医療慣行は一般にまだこの理想に達していない。理由のひとつは患者が情報を与えられるよりも、めんどうをみてもらいたがることだが、医師が治療法を決めたがることも理由になっている。法律的にはインフォームド・コンセントとは、医学生物学的研究や治療に当人が自発的に同意したかどうかということで、充分な情報が開示されたか（医療過誤裁判など）、患者の能力（子どもや知的障害者）、そして治療を拒否する権利が問題になる。

エラー 検査結果には二種類のエラーが考えられる。偽陽性と偽陰性である。エラーには人的ミス（研究所のアシスタントがサンプルのレッテルを貼り間違えたとか、コンピュータの入力の際に間違ったとか）や医学的条件（ＨＩＶ陽性という結果は、ＨＩＶとは関係ないリューマチ性疾患や肝臓疾患の場合にも起こり得る）など、いろいろな原因が考えられる。エラーは減らせるが、完全には根絶できないし、ＤＮＡの転写ミス（変異）のように、適応と生存には不可欠なのかもしれない。

オッズ　二つの確率（ある出来事の可能な二つの結果）の比率をオッズという。たとえばインチキなしのサイコロを投げて六が出る確率は六分の一で、六が出ない確率は六分の五。したがって六が出るオッズ一対五。

科学的根拠に基づく医療　可能な限り最高の科学的根拠に基づき、患者の価値観に配慮して治療を行なうこと。

確実性の幻　ある出来事は絶対確実ではないのに、そう思い込んでいること。たとえば、ひとはＨＩＶ検査、ＤＮＡ鑑定、指紋鑑定、医学的検査、あるいは選挙のときの票集計機械ですら、絶対に間違いはないと信じて、結果を鵜呑みにする傾向がある。この幻想には自信がもてるというようにメリットに働くこともあるが、ＨＩＶ検査陽性で自殺するというようにコストもある。モラルや宗教、政治的価値観については、受け入れられる必要があるのかもしれない——社会グループへのコントロールを強化できるから。

確率　ある出来事につきまとう不確実性を量的に測定する方法。Ａという出来事が起こり得ないとすれば、確率p(A)はゼロ。確実に起こるならp(A)は一、その他の場合はp(A)

はゼロから一のあいだになる。AとBの一組の出来事が同時には起こらず、しかもこれ以外のことは起こらないという関係にあるなら、それぞれの確率を足すと一になる。

感度 病気のひとのうち検査結果が陽性になる率。つまり病気のひとを正しく検出する確率。感度は、条件付確率p(陽性|病気)、病気であって陽性という結果が出た率として表わされる。感度と偽陰性を足すと一〇〇パーセントになる。感度は「陽性的中率」とも呼ばれる。

偽陰性 検査結果が陰性（妊娠検査なら、妊娠していないという結果）だったのに、実際には陽性である（妊娠している）場合。「ミス」と呼ばれる。

偽陰性率 ある疾病や条件をもつ人々のうち、陰性という結果が出る割合。条件付確率あるいはパーセンテージで表わされるのがふつう。たとえば、乳房X線検査の偽陰性率は年齢によって五パーセントから二〇パーセント。つまり乳がんの女性の五パーセントから二〇パーセントは検査結果が陰性と出る。検査の偽陰性率と感度（陽性的中率）を足すと一〇〇パーセントになる。偽陰性率と偽陽性率は互いに関係する。一方が増加すれば、一方は減少する。

帰属者である確率　（たとえば犯罪現場で発見された血痕など）ある証拠と一致した場合に、ほんとうにそのひとに証拠が帰属する確率。p(帰属者である|一致)。

偽陽性　検査結果が陽性（妊娠検査なら、妊娠しているという結果）だったのに、実際にはその出来事が起こっていない（妊娠していない）場合。「誤警告《フォルス・アラーム》」とも呼ばれる。

偽陽性率　疾病や条件をもたない人々のうち、陽性という結果が出る割合。条件付確率あるいはパーセンテージで表わされるのがふつう。たとえば、乳房X線検査の偽陽性率は年齢によって五パーセントから一〇パーセント。つまり乳がんでない女性の五パーセントから一〇パーセントは検査結果が陽性と出る。偽陽性率と特異度を足すと一〇〇パーセントになる。偽陰性率と偽陽性率は互いに関係する。一方が増加すれば、一方は減少する。

偶然の一致の確率　ある特質あるいは特質の組み合わせがある人口に見られる相対頻度。つまり偶然の一致の確率は、犯罪現場で発見された特質（たとえばＤＮＡのパターン）と人口のなかからランダムに選ばれたひとの特質が一致する確率。

傾向性　確率についての主な三つの解釈のひとつ（あとの二つは相対的頻度と信念の度合い）。ある出来事の傾向性は、物理的なデザインで決まる。歴史的には傾向性が確率理論に入ってきたのは、賭け事からで、サイコロやルーレットの物理的なデザインが問題になった。傾向性はデザインや因果関係のメカニズムがわかっている出来事に限られる。

検査結果陰性　ふつうは良いニュース。つまり、病気の徴候は発見されなかったということ。

検査結果陽性　ふつうは悪い知らせ。病気が発見されたという信号である可能性がある。

検診（スクリーニング）　早期に病気を発見するために、症状のない人々を検査する。スクリーニングという言葉は、医学以外でも、ＤＮＡプロファイルのスクリーニングというふうに使う。

事後確率　検査が行なわれたあとの確率。事前確率を修正したもの。事前確率からベイズの法則を使って計算できる。

事前確率 新しい証拠が出る前のある出来事の確率。ベイズの法則を使えば、新しい証拠に照らして事前確率を修正することができる。

自然頻度 確率理論が発明される前に、人間が情報に接してきたやり方を表わす数字。確率や相対頻度と違って、こちらは「生の」観察結果で、ベース・レートを使って標準化されていない。たとえば、医者が一〇〇人を診察し、そのうち一〇人が新しい病気に罹っていたとする。この一〇人のうち八人は症状があらわれており、病気に罹っていない残る九〇人のうち四人にも症状があった。この一〇〇のケースを四つの数字に分解する（病気で症状あり——八、病気だが症状なし——二、病気でないが症状あり——四、病気でなく症状もない——八六）と、八、二、四、八六という四つの自然頻度が出る。自然頻度で考えると、ベイズの推論がわかりやすくなる。医師が症状を示す患者を診た場合、この患者が病気である確率は8/(8+4)で、三分の二だとすぐにわかる。だが、医師の観察が条件付確率や相対頻度（たとえば自然頻度の四をベース・レートの九〇で割って、〇・〇四四、四・四パーセントという数字を出す）に返還されていると、確率の計算はもっと難しくなり、条件付確率のベイズの法則が必要になる。自然頻度は健全な結果を出すのに役立つが、条件付確率は頭を混乱させる。

死亡率低下　救われた患者の数で治療の効果を測る方法。死亡率低下は相対リスク減少、絶対リスク減少、余命増加など、さまざまな方法で表わされる。

条件付確率　Bである場合にAという出来事が起こる確率で、通常はp(A|B)と表わされる。たとえば、乳がんであるひとの検査結果が陽性になる確率は条件付確率で、約〇・九〇、確率p(A)は条件付確率ではない。条件付確率はとくに誤解されやすいのだが、この誤解には二種類ある。ひとつは、BであるときにAである確率と、AであってBである確率の混同。もうひとつは、BであるときにAである確率と、AであるときにBである確率の混同。この混乱は、条件付確率を自然頻度に置き換えれば少なくなる。

信念の度合い　確率についての主な三つの解釈のひとつ（あとの二つは相対的頻度と傾向性）。ある出来事の確率は、そのひとが出来事にもつ主観的な信念の度合いでも表わされる。歴史的には、保証つきの信念の度合いが確率の理論に入ってきたのは、たとえば証人の信頼性など、法廷での応用から。信念の度合いは確率の原則に制約される（たとえば確率の和は一にならなければならない）。つまり、信念が主観的確率として認められるには、この法則を満たす必要がある。

信頼性　異なる条件のもとで（たとえば測定を繰り返した場合）、検査が同じ結果を出す割合。高い信頼性は必要だが、必ずしも有効性が高いとは限らない。

心理的ツール　フランクリンの法則やリスクの適切な表わし方など、確実性の幻と数字オンチを克服するのに使われる手段。

数字オンチ　数字で考える能力が劣ること。統計的数字オンチは、不確実性を表わす数字で考える能力が劣っている。リスクに関する無知や、リスクについての誤解、的外れな考え方など、いろいろなかたちの数字オンチがある。非識字と同じで、数字オンチも治療できる。数字オンチは単に不運なひとの頭の「なか」の働きに欠陥があるだけではなく、数字の提示の仕方が不適切だという「外部」の問題にも原因がある。数字オンチを外から治すことは可能なのだ。

絶対リスク減少率　治療の有効性を、救われたひとの絶対数で測る方法。治療によってある病気の死者の数が一〇〇〇人あたり六人から四人に減ったのなら、絶対的リスク減少率は一〇〇〇分の二で、〇・〇二パーセント。

専門家証人　法廷で事実を証言し、入手できるデータを持ち込んでそこから結論を引き出し、しろうとに知識がない事柄、たとえば精神障害、証言能力、介護基準などについて述べるに足る専門家であると裁判所が認めたひと。

早期発見　疾病の早期発見は検診の目標である。早期発見は死亡率を低下させる場合がある。しかし、早期発見は必ずしも死亡率の低下を意味しない。たとえば、効果的な治療法がないのなら、早期発見（と治療）は死亡率を低下させない。

相対頻度　確率についての主な三つの解釈のひとつ（あとの二つは信念の度合いと傾向性）。ある出来事の確率は、母集団のなかの相対頻度と定義される。歴史的には、頻度が確率理論に入ってきたのは、生命保険の料率計算の基本となる死亡率表から。相対頻度は繰り返され、何度も観察される出来事に限られる。

相対リスク減少率　生命を救われたひとの数で治療の効果を測る方法。たとえば、治療によって死者の数が一〇〇〇人中六人から四人に減少したとすれば、相対リスク減少率は三三・三パーセント。相対リスク減少率での報告に人気があるのは、絶対リスク減少率（こちらは一〇〇〇人中二人だから〇・二パーセント）よりも数字が大きくなるから。相対リスクは絶対数ではリスクがどれくらいかを伝えないから、誤解されやすい。たとえば、ある治療で死亡者の数が一万人中六人から四人に減少しても、相対リスクは同じ（三三・三パーセント）だが、絶対リスク減少率は〇・〇二パーセントに低下する。

訴追者の誤謬　被告が証拠の特徴と一致する確率p（一致）と、被告が有罪でなくて証拠の特徴と一致する確率p（有罪でない｜一致）を混同するという過ち。ＤＮＡの痕跡が証拠とされる場合のように、p（一致）はふつう非常に小さいので、この混同は訴追者側が被告が無実である確率も同様に小さいと思わせるから、訴追者側に「有利に」働く。

特異度　病気でないひとが、検査結果が陰性になる割合。つまり、病気でないことが正しく検出される割合。特異度はp（陰性｜病気でない）で表わされる。特異度と偽陽性を足すと一〇〇パーセントになる。特異度は検査の「検出力（パワー）」とも呼ばれる。

特徴に合致する人間の数　被告の特徴と証拠に一致が観測されたとき、その意味をわかりやすく示す方法。たとえば「この人口のなかで、一致を示すのは一万人に一人」というように。対照的に、「この一致が偶然に起こる確率は一万分の一、〇・〇一パーセントです」というような一度限りの出来事（偶然の一致の確率）についての説明は、数学的には同じだが、法廷では誤解を招く。

独立　二つの出来事が独立しているとは、一方の結果を知っても、べつの結果についてはわからないこと。AとBはp(A&B)つまりAとBが同時に起こる確率がp(A)とp(B)の積であるときは独立。独立という概念は、被告のDNAと被害者から発見されたDNAの一致をどう評価するかというときには不可欠。DNAが一致するのは一〇〇万人に一人だったとする。全市民のDNAがデータバンクに入っていて、ある市民のDNAを無作為に取り出したときにそれが一致する確率は一〇〇万分の一である。だが、被告に一卵性双生児の兄弟がいれば、この二人のDNAが一致する確率は一〇〇万分の一ではなくて一だ。同じく、被告に兄弟がいても、一致する確率は市民全体よりもかなり高くなる。血縁者のDNAは独立ではないからである。兄弟のどちらかが一致すれば、もう一方が一致する確率は高くなる。

乳房X線検査結果陽性　乳房X線検査の結果は陽性（疑わしい）と陰性に分けられるのがふつう。陽性は通常、さらに「再検査が必要」「悪性の疑いあり」「X線検査によれば悪性」の三つのレベルに分けられる。陽性の大半（九〇パーセント以上）は、疑わしさのレベルが最も軽いレベルにあたる。

乳房X線検査の感度　乳がんにかかっている女性のうち、乳房X線検査で陽性結果になるひとの割合。乳房X線検査の感度は八〇から九五パーセントで、年齢が低いほど低い。この感度は第一に乳がんを診断する放射線専門医の能力と、検査と検査のあいだにがんの大きさが二倍になる率に左右される。

乳房X線検査の特異度　乳がんでない女性が、乳房X線検査で陰性になる割合。九〇から九五パーセントで、年齢が若いほど数値は低い。

パーセンテージ　パーセンテージには三種類ある。ひとつは一度限りの出来事の確率に一〇〇を掛けたもの（ウォシュカンスキーの生存率は八〇パーセント）。この言い方だと、一度限りの出来事の確率と同じ誤解を生みやすい。二つ目は、条件付確率に一〇〇を掛けたもの。この言い方は条件付確率と同じ誤解を生む可能性がある。三つ目は、（条件なしの）相対頻度に一〇〇を掛けたもの。たとえば、一九六二年のギャラップ調査では、喫煙が肺がんの原因になることを知っているアメリカ人は三八パーセントに過ぎなかった。このパーセンテージは、もとになる集団がはっきりしてさえいれば、わかりやすい。

頻度　ある集団のなかで、ある出来事が観察される回数。頻度は、相対頻度、絶対頻度、自然頻度で表わすことができる。

不確実性　確実でなくて、起こるかもしれず起こらないかもしれない出来事や結果は「不確実」である。不確実性が実験的観察をもとに量的に表現されれば、「リスク」と呼ばれる。

プラシーボ効果　プラシーボ効果は、身体ではなく心を通じて働く。たとえば医師が患者に砂糖で作った丸薬を与えたり、患者の風邪や湿疹に有効だということがわかっている成分がまったく入っていない注射をしたとき、それでも患者がよくなれば、プラシーボ効果だという。プラシーボというのはラテン語で「わたしに喜ばしいことが起こるだろう」という意味。プラシーボ効果はすべての場合、すべての病気にあるわけではない。プラシーボ効果は、患者が治療の効果をどれくらい強く信じているかによって左右されるらしい。プラシーボ効果は、インフォームド・コンセントという理念に問題を投げかけている。

フランクリンの法則　「死と税金のほかには、確実なものは何もない」あらゆる人間の行為には、人間のミスや技術的ミス、知識の限界、予測不可能性、欺瞞その他の理由で不確実性がつきまとうということを教えている。

ベース・レート 人々のあいだの属性（あるいは出来事）のベース・レートは、（ある時点で）その属性をもつ人の数の割合をさす。病気の場合には有病率とも言う。罹患率も参照のこと。

平均 観察サンプルの中心的傾向性を測る方法。いちばんよく使われるのが算術平均だが、中位数が使われることもある。たとえば、五人のブローカーの年間所得が八万ドル、九万ドル、一〇万ドル、一三万ドル、六〇万ドルだったとする。算術平均は、所得の総計をブローカーの数で割るので、二〇万ドルになる。中位数は数値を並べて真ん中を取るので、一〇万ドルになる。所得のように分布が対称的でない場合は、算術平均と中位数は異なる。大半のひとが平均以下の所得しかないこともあり得る。

ベイズの法則 ある仮定のうえでの確率を新しい事実にもとづいて修正する手続き。この法則を発見したのはトーマス・ベイズ牧師だと言われている。単純に二つの可能性が考えられる場合（Hであると Hでない〔非H〕。たとえばがんであるとがんではない）と、データD（たとえば検査結果が陽性）を組み合わせると、ベイズの法則は次のようになる。

$$p(H|D)=p(H)p(D|H)/[p(H)p(D|H)+p(非H)p(D|非H)]$$

〔p(H|D)は事後確率、p(H)は事前確率、p(D|H)はHである場合のDの確率、p(D|非H)＝はHでない場合のDの確率〕

多くの専門家はこの法則を充分に理解していない。おもしろいのは、確率よりも自然頻度で数値が表わされると、p(H|D)の計算は直感的にわかりやすくなり、簡単になることだ。自然頻度で表わすと、ベイズの法則はこうなる。

$$p(H|D)=a/(a+b)$$

〔aはDでHである場合、bはDでHでない場合である〕

的外れな考え方　数字オンチのひとつ。リスクがあるのはわかるが、そこからどう推論を展開するべきか、結論を出すべきかがわからない。たとえば、医師たちは乳房X線検査のエラーの率を知っているし、乳がんの有病率も知っているが、この情報から、検査結果が陽性だった女性が実際にがんである確率をどう計算すればいいかわからない。自然頻度など、これを克服するツールは、どのように数字を提示すれば結論を出しやすくなるかということにある。

無差別の原理　事前確率（ベース・レート）がわかっていない場合、無差別の原理が適用される。単純に二つの可能性が考えられるときには、無差別の原理によってそれぞれの事前確率を二分の一に、三つの可能性が考えられるときには、それぞれを三分の一にする。

もとになる集団　出来事や対象の確率あるいは頻度のもとになる集団。確率概念を頻度で考えれば、具体的な基準となる集団がない確率はあり得ない。こう考えると、一度限りの出来事の確率は、もとになる集団がないのだから定義から除外される。

有効性　検査が意図された測定をどのくらい行なえるか。高い信頼性は必要だが、必ずしも有効性が高いとは限らない。

有効性検査　DNA鑑定などのような検査手続きの正確性を推測する方法。たとえば、一定数のサンプル（DNA指紋など）をたくさんの研究所に送り、別個に分析して、サンプルが一致するかどうかを決定してもらう。結果は、偽陰性と偽陽性の率を推測したり、個々の研究所の質を判断するのに使える。有効性検査は盲検法でも（研究所も技術者も試験されているとは知らない）、非盲検法でも（試験されていると知っている）行なえるし、内部的にも外部的にも（サンプルを内部だけで分析するか、外部機関に分析してもらうか）実施できる。

有罪の確率　確率p（有罪|証拠）。ＤＮＡ鑑定などの証拠がある場合に、そのひとが有罪である確率。

有病率　ベース・レートを参照。

陽性の的中率　陽性だったひとのうち、実際に病気だった（あるいは条件があてはまる）割合。つまり、真の陽性を陽性全体の数で割った数値。

要治療数（NNT）　治療の効果を測る方法のひとつ。たとえば、乳房Ｘ線検査で参加した女性一〇〇〇人のうち一人の生命が救われたとすれば、ＮＮＴ（一人の生命を救うために必要な治療患者数）は一〇〇〇である。言い換えれば、あとの九九九人は死亡率低下という面では利益を受けない。NNTは治療の副作用を測るのにも使われる。経口避妊薬をのんだ女性七〇〇〇人のうち一人が血栓になったとすれば、NNT（一人が血栓になるために必要な経口避妊薬利用者の数）は七〇〇〇、言い換えれば、六九九九人には副作用がない。

余命　ある年齢のひとがあと何年生きられると予想されるか、という数字。

余命の増減　治療あるいは習慣の効果を、余命の増減で測る方法。三〇年間、毎日一ないし二箱のタバコを吸ったひとは平均して二二五〇日、あるいは約六年余命が短くなる。

ランダム化比較試験　ランダムに選んだグループのあいだで比較して治療の効果を推計する方法。ランダム化比較試験の参加者は、治療や処置（たとえば前立腺がん検診）を受けるグループと、統制群（検診を受けない）のグループにランダムに振り分けられる。一定期間が過ぎたあと、二つのグループを死亡率などの基準で比較し、治療や処置の効果を測る。ランダム化比較試験では――年齢、教育水準、健康状態など――治療や処置以外に、死亡率の違いという結果に影響を及ぼす変数をコントロールする場合がある。ランダム臨床比較試験は、臨床実験に同じランダム化の考え方を適用したもの。

罹患率　有病率（ベース・レート）はある一時点でのある人口に対する患者の割合を指すが、罹患率（疾病率）は、ある期間に新規に発生した患者の割合を指す。たとえば、五〇歳の男性のなかの前立腺がん患者の割合は有病率で、五〇歳から六〇歳までに前立腺がんになった患者の割合は罹患率（疾病率）。

リスク　ものごとにつきまとう不確実性のうち、実験的観察あるいは因果関係の知識をもとに、量的に測定できるもの。頻度と確率はリスクを表現する方法。日常的に使われているのとは違って、リスクは必ずしも害を意味しない。良いことも中立的なことも悪いことも指す場合がある。

リスクに関する無知　数字オンチの要素のひとつ。関連リスクがどの程度かまるでわからないこと。確実性の幻（「喫煙は肺がんの原因にはならない」）とは違い、当人は不確実性があることはわかっているのだが、それがどの程度の大きさかがわからないのである。

リスクの伝達ミス　数字オンチの形態のひとつ。ある出来事や行動のリスクを知ってはいるが、それをひとにわかるように伝えることができないこと。これを克服するツールは、理解しやすい説明方法である。

謝　辞

ひとに歴史があるように本にも歴史がある。本は愛に包まれて身ごもられ、汗とともに執筆される。わたしが不確実性とリスクという問題のおもしろさを感じたのは、チャンスと合理性と統計的思考についてのイアン・ハッキングやロレーン・ダストンの書物がきっかけだった。医学的診断に関するデイヴィッド・M・エディの研究、意思決定とリスクに関するローラ・L・ロペスの研究は、このような考え方が現実の世界でどんなふうに花開き、形作られているかを教えてくれた。医学や法律の専門家の考え方に関する興味や、どうしたら不確実性をもっとよく理解するための心理的ツールを提供できるかという思いつきは、教え子のひとりで現在は同僚かつ友人でもあるウルリッヒ・ホフラーゲに端を発しており、楽しく一〇年余の共同研究ができたことを心から感謝する。この研究はラルフ・ハートウィグ、スティーヴン・クラウス、シュテフィ・クルゼンホイザー、サム・リンゼイ、ローラ・マーティノン、ペーター・セドルマイヤーその他のマックス・プランク人間発達学研究所の研究員に引き継がれた。研究グループ以外に、本書で展開しているわたしの考え方が形成されるうえでお世話になった方として、ジョナサン・J・ケーラー、ジョン・モナハンの両氏に感謝したい。

多くの友人、同僚が原稿を読み、意見を述べ、助言してくれた。マイケル・バーンバウム、ヴァレリー・M・チェイス、クルト・ダンツィガー、ノルベルト・ドナー‐バンツホフ、ジョージ・ダストン、ロバート・M・ハム、ウルリッヒ・ホフラーゲ、マックス・ホウク、ギュンター・ヨーニッツ、ゲイリー・クライン、ジョナサン・J・ケーラー、ハンス‐ヨアヒム・クーベネツ、シュテフィ・クルゼンホイザー、ローラ・L・ロペス、ジョン・モナハン、イングリッド・ミュールハウザー、マリアンネ・ミューラー‐ブレットル、R・D・ネルソン、マイク・レッドメイン、ジョーン・リチャーズ、ポール・スロヴィック、オリヴァー・ヴィタッチ、ウィリアム・ザングウィル、マリア・ツムビールの方々である。

法律家と精神科医のクリスティン・トムソンとアンディ・トムソンには、とくに感謝する。本書で紹介したケース・スタディのいくつかは、お二人に教えてもらったものである。ヴァレリー・M・チェイスは原稿の整理をしてくれた。本書が読みやすくなったのは、彼女の洞察力のおかげである。ドナ・アレクザンダーはあらゆる段階で、本書の執筆を助けてくれた。彼女は冷静ですばらしい支援者だった。ハンネス・ゲルハルトは最終段階で参加し、ヴィーブケ・メラーははるか遠くにあるものまで含めた文献調査を手伝ってくれたし、ダグマー・フェクトは資料整理や片付けをして執筆を可能にしてくれた。

本書を温めていた四年間、わが愛する妻ロレーン・ダストンは情緒の面でも知的な面でも支援者であり、娘のタリアはいつも喜んで力になってくれて、二人とも本書を読みやすくするために貴重な助言をしてくれた。

人間関係は重要だが、作業をするうえでは環境の影響も大きい。この数年、マックス・プランク研究所の優れて知的な雰囲気と資源を活用できたことは幸運だった。同研究所に感謝する。

本書は二〇〇三年九月に小社より、『数字に弱いあなたの驚くほど危険な生活』と題して刊行した単行本を文庫化したものです。

訳者略歴　翻訳家　東京教育大学文学部卒　訳書に『見る』イングス，『火星の人類学者』サックス，『失語の国のオペラ指揮者』クローアンズ（以上早川書房刊），『書きたがる脳』フラハティ他多数

HM=Hayakawa Mystery
SF=Science Fiction
JA=Japanese Author
NV=Novel
NF=Nonfiction
FT=Fantasy

〈数理を愉しむ〉シリーズ

リスク・リテラシーが身《み》につく統計的《とうけいてき》思《し》考法《こうほう》

初歩からベイズ推定まで

〈NF363〉

二〇一〇年二月十日　印刷
二〇一〇年二月十五日　発行

（定価はカバーに表示してあります）

著者　ゲルト・ギーゲレンツァー
訳者　吉《よし》田《だ》利《とし》子《こ》
発行者　早川浩
発行所　株式会社 早川書房
郵便番号　一〇一‐〇〇四六
東京都千代田区神田多町二ノ二
電話　〇三‐三二五二‐三一一一（大代表）
振替　〇〇一六〇‐三‐四七七九九
http://www.hayakawa-online.co.jp

乱丁・落丁本は小社制作部宛お送り下さい。送料小社負担にてお取りかえいたします。

印刷・中央精版印刷株式会社　製本・株式会社明光社
Printed and bound in Japan
ISBN978-4-15-050363-5 C0141

＊本書は活字が大きく読みやすい〈トールサイズ〉です